普通高等教育"九五"教育部重点教材

认知心理学（重排本）

Introduction to Cognitive Psychology

王甦 汪安圣

北京大学出版社
PEKING UNIVERSITY PRESS

图书在版编目(CIP)数据

认知心理学/王甦，汪安圣. —重排本. —北京：北京大学出版社，1992.4（2006.8 重排）
（北京大学心理学教材）
ISBN 978-7-301-01810-1

Ⅰ.认… Ⅱ.①王… ②汪… Ⅲ.认知心理学 Ⅳ.B842.1

中国版本图书馆 CIP 数据核字（2006）第 056156 号

书　　　名：	认知心理学（重排本）
著作责任者：	王　甦　　汪安圣
责任编辑：	陈小红　朱新邺
标准书号：	ISBN 978-7-301-01810-1/C·54
出版发行：	北京大学出版社
地　　　址：	北京市海淀区成府路 205 号　100871
网　　　址：	http://www.pup.cn
新浪微博：	@北京大学出版社
电子信箱：	zpup@pup.cn
电　　　话：	邮购部 62752015　发行部 62754140　编辑部 62752021　出版部 62754962
印　刷　者：	河北滦县鑫华书刊印刷厂
经　销　者：	新华书店

　　　　　　　787 毫米×960 毫米　16 开本　16 印张　349 千字
　　　　　　　1992 年 4 月第 1 版　2006 年 8 月重排
　　　　　　　2025 年 2 月第 41 次印刷

印　　　数：279401—286400 册
定　　　价：42.00 元

未经许可，不得以任何方式复制或抄袭本书之部分或全部内容。
版权所有，侵权必究
举报电话：010-62752024　电子信箱：fd@pup.pku.edu.cn

重排本说明

《认知心理学》一书自1992年出版以来,深受广大读者欢迎,并于1994年获第三届全国普通高校优秀教材一等奖,迄今为止已印刷15次,共计79000余册。由于当时是铅排版,加之印刷次数很多,目前有些字迹不清、图案模糊,北京大学出版社决定按新式流行开本,采用新的排版印刷技术,对本书进行重排出版。

在重排的过程中,北京大学出版社邀请教学一线的老师,对本书的印刷错误做了校正。在内容主体上,完全尊重原著,重排本与原版是一样的。以下同志参与了校正工作,北京大学出版社与本书作者的家属对他们的辛勤工作表示由衷的感谢(按拼音为序)。

包　燕(北京大学心理学系)
牛　盾(曲阜师范大学教育科学学院)
王晓明(曲阜师范大学教育科学学院)
王云强(曲阜师范大学教育科学学院)

本书作者王甦教授于2003年10月3日不幸逝世。我们谨以此书的重排出版作为对他的深切怀念。

北京大学出版社
作者家属
2006年6月28日

目　　录

第1章　绪论 ……………………………………………………………………… (1)
　　第一节　认知心理学的对象 ……………………………………………… (1)
　　第二节　认知心理学的方法 ……………………………………………… (4)
　　第三节　认知心理学的兴起及影响 …………………………………… (11)
　　第四节　关于认知心理学的争论 ……………………………………… (15)

第2章　知觉 …………………………………………………………………… (20)
　　第一节　知觉信息与知觉过程 ………………………………………… (20)
　　第二节　模式识别 ………………………………………………………… (31)
　　第三节　结构优势效应 …………………………………………………… (43)

第3章　注意 …………………………………………………………………… (53)
　　第一节　过滤器模型和衰减模型 ……………………………………… (53)
　　第二节　反应选择模型与知觉选择模型 ……………………………… (57)
　　第三节　中枢能量理论 …………………………………………………… (61)
　　第四节　控制性加工与自动加工 ……………………………………… (65)

第4章　记忆结构 ……………………………………………………………… (69)
　　第一节　两种记忆说 ……………………………………………………… (70)
　　第二节　感觉记忆 ………………………………………………………… (75)
　　第三节　记忆信息三级加工模型 ……………………………………… (80)
　　第四节　加工水平说 ……………………………………………………… (85)

第5章　短时记忆 ……………………………………………………………… (90)
　　第一节　短时记忆容量 …………………………………………………… (90)
　　第二节　短时记忆信息编码 …………………………………………… (96)
　　第三节　短时记忆信息提取 …………………………………………… (101)
　　第四节　短时记忆中的遗忘 …………………………………………… (107)

第6章 长时记忆 (111)
- 第一节 长时记忆的类型 (111)
- 第二节 层次网络模型和激活扩散模型 (114)
- 第三节 集理论模型和特征比较模型 (121)
- 第四节 HAM ELINOR (127)

第7章 表象 (132)
- 第一节 表象 知觉 表征 (132)
- 第二节 心理旋转 (140)
- 第三节 心理扫描 (148)
- 第四节 表象的功能 (152)

第8章 概念 (157)
- 第一节 概念形成 (157)
- 第二节 概念结构 (170)

第9章 问题解决 (180)
- 第一节 问题与问题解决 (180)
- 第二节 问题解决过程 (183)
- 第三节 问题解决的策略 (191)
- 第四节 问题解决的计算机模拟 (197)

第10章 推理 (200)
- 第一节 三段论推理 (200)
- 第二节 线性三段论 (205)
- 第三节 命题检验 (209)
- 第四节 概率推理 (213)

第11章 言语 (218)
- 第一节 语言的结构 (218)
- 第二节 言语的理解和产出 (226)
- 第三节 双语 (235)

参考文献 (239)

后记 (249)

1

绪 论

认知心理学(Cognitive Psychology)是以信息加工观点为核心的心理学,又可称作信息加工心理学。它兴起于 20 世纪 50 年代中期,其后得到迅速发展。认知心理学以其新的理论观点和丰富的实验成果迅速改变着心理学的面貌,给许多心理学分支以巨大的影响,当前已成为占主导地位的心理学思潮。在此期间,认知心理学在丰富的研究成果的基础上,也逐步形成了自己的内容体系,因而它也被看作心理学的一个新的分支。从世界范围来看,认知心理学的兴起和壮大是近 30 年来心理学中出现的一件大事,对心理学的发展有深远的意义。

需要指出,在当前的心理学文献中,有时也将一切对认知(Cognition)或认识过程的研究,包括感知觉、注意、记忆、思维和言语等,都统称为认知心理学。但是,目前所说的认知心理学主要是指以信息加工观点为特征的心理学,即信息加工心理学。它是本书所要论述的对象。

第一节 认知心理学的对象

认知心理学运用信息加工观点来研究认知活动,其研究范围主要包括感知觉、注意、表象、学习记忆、思维和言语等心理过程或认知过程,以及儿童的认知发展和人工智能(计算机模拟)。所谓信息加工观点就是将人脑与计算机进行类比,将人脑看作类似于计算机的信息加工系统。但是这种类比只是机能性质的,也就是在行为水平上的类比,而不管作为其物质构成的生物细胞和电子元件的区别。换句话说,这种类比只涉及软件,而不涉及硬件。作为信息加工系统,人与计算机在功能结构和过程上,确有许多类似之处。例如,两者都有信息输入和输出、信息贮存和提取,都需要依照一定的程序对信息进行加工。信息加工观点将计算机作为人的心理的模型,企图对人的心理和计算机的行为作出某种统一的解释,发现一般的信息加工原理。

一、信息加工的一般原理

关于信息加工的一般原理,Newell 和 Simon 提出了迄今最为完整的说明。他们认为(Newell & Simon, 1972; Newell, 1981; Simon, 1981),无论是有生命的(人)或人工的(计算机)信息加工系统都是操纵符号(Symbol)的。符号是模式,如语言、标记、记号等。在信息加工系统中,符号的功能是代表、标志或指明外部世界的事物。一些符号通过一定联系而形成符号结构(Symbol Structure)。符号结构又可称作语句(Expression)。符号和符号结构是外部事物的内部表征。但是,符号不仅可以代表外部事物,而且还可以标志信息加工的操作。一个符号结构可以标志另一个符号结构,或标志一个程序。信息加工系统得到某个符号就可得到该符号所代表的事物,或进行该符号所标志的操作。Newell 和 Simon 进而认为,信息加工系统也就是物理符号系统(Physical Symbol System)或符号系统。之所以冠以"物理"一词,目的在于强调这种符号系统确实存在于现实世界之中,或者在现实世界中是可以实现的。

  Newell 和 Simon 认为,包括人和计算机在内,信息加工系统都是由感受器(Receptor)、效应器(Effector)、记忆(Memory)和加工器(Processor)组成的,其一般结构见图 1-1。感受器接收外界信息,效应器作出反应。信息加工系统都以符号结构来标志其输入和输出。记忆可以贮存和提取符号结构。加工器包含 3 个因素:(1) 一组基本信息过程(Elementary Information Processes),如制作和销毁符号,制作新的符号结构和复制、改变已有的符号结构,以符号或符号结构来标志外部刺激并依据符号结构作出反应,以及贮存符号结构,进行辨别、比较等;(2) 短时记忆,它保持基本信息过程所输入和输出的符号结构;(3) 解说器(Interpreter),它将基本信息过程和短时记忆加以整合,决定基本信息过程的系列。对基本信息过程系列的规则的说明即构成程序,它是信息加工系统的行为的机制。这也是解说器名称的由来。信息加工系统的上述功能也可概括为输入、输出、贮存、复制,建立符号结构和条件性迁移。照 Newell 和 Simon 看来,凡具有这些功能的系统必然表现出智能行为,同样,凡表现出智能行为的系统必然具有这些功能。这样,以符号操纵为基础的信息加工系统就具有对环境的适应能力,表现出目的性行为。这种系统的加工能力是有限的,加工方式是系列的。

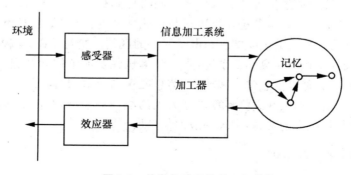

图 1-1　信息加工系统的一般结构
(引自 Newell & Simon, 1972)

二、认知心理学的实质

对上述 Newell 和 Simon 的符号系统的学说,当前存在着争论,但这个学说却是比较集中地体现出信息加工观点的特色。将这种观点应用于心理学,自然会得出一些重要的心理学结论。第一,心理学应当研究行为的内部机制,即研究意识或内部心理活动。第二,心理过程可理解为信息的获得、贮存、加工和使用的过程,或者一般地来说,经历一系列连续阶段的信息加工过程。第三,可以并应当建立心理过程的计算机模型(计算机程序)。这些结论勾画出心理学的信息加工范式,构成认知心理学的框架,同时显示出认知心理学的特色。

从这些结论可以看出,认知心理学的实质就在于它主张研究认知活动本身的结构和过程,并且把这些心理过程看作信息加工过程。例如,汽车司机在十字路口见到红灯而停车,照认知心理学看来,这个事件经历了一系列连续阶段的信息加工过程,并在不同的阶段有不同的加工。简单地说,首先是红灯及其他有关刺激的信号进入视觉系统而被登记;其次,在注意的作用下,红灯信号得到识别并转到短时记忆,再与从长时记忆中提取来的红色交通灯的信息相匹配;然后根据已经掌握的遇红灯停车的交通规则来作出停车的决定,再进行停车的实际操作。认知心理学对这个事件的解释不仅与取消意识和内部心理活动的行为主义有根本区别,而且比以往任何一个心理学思潮似乎都更好地表明心理活动的特殊性及其内部机制。

在认知心理学出现以前,对于心理活动的机制,撇开行为主义不说,心理学家主要关心的是心理活动的生理机制或神经机制,在某些情况下,甚至将心理活动的机制归结为其生理机制。在行为主义占统治地位的情况下,这种倾向带有反抗行为主义的含义。当然,研究心理活动的生理机制是心理学的重要任务之一。但是,心理活动的机制不能归结为生理机制。认知心理学倡导信息加工观点,实际上是在高于生理机制的水平上来研究心理活动,也就是立足于心理机制,研究信息加工过程。人们在认知心理学中看到的各种心理过程的模型就是如此,如众所周知的包含瞬时记忆-短时记忆-长时记忆的记忆信息的三级加工模型。同时,在研究内部心理机制中,认知心理学还强调策略的作用。由于信息加工系统的能力有限,人不能同时应用一切可能的信息,也不能采取一切可能的行动,因此人必须采用一定的行动方案、计划或策略,从而体现出人的主动性和智慧性。认知心理学的这些看法是有道理的,富有启发性。其实,早在认知心理学出现之前,心理学家就曾尝试揭露有别于生理机制的内部心理过程,其中突出的有符兹堡学派之研究思维、格式塔心理学之研究知觉,后来还有英国著名心理学家 Bartlett (1932)之研究记忆。但是,格式塔心理学强调综合而忽视分析,符兹堡学派侧重心理内容,都不可避免地限制了对内部心理机制的研究。它们的有益的东西被认知心理学所继承。认知心理学的功绩主要不在于它主张研究内部心理机制,而在于它提出了研究这种机制的新的方向,即信息加工观点。这种观点因强调研究心理活动本身的结构和过程而带有更多的心理学色彩,并能使各种心理过程有机地统一起来。正像人们指出的,在以往的心理学中,关于知觉是讲格式塔心理学、关于学习是讲条件反射,而记忆和思维则是一个大杂烩,现在认知心理学可用统一的语言予以描述。但这并不意味着认知心理学否定生理机制的研究,其实它只不过是强调了内部心理机制的研究而已。生理机制的研究将有助于心理机制的研究,这一点容易被人们理解和接受。但心理机制的研究反过来可以促进生理机制的研究,这却是不易为人们接受的。苏联著名心理学家Лурия(1973)曾经指出,记忆的脑机制的研究,长期以来之所以进展缓慢,在很大程度上,是由于绝大多数生理学家对近30年来心理学家揭示的记忆过程结构的复杂性估计不足,这番话是令人深思的。

认知心理学的核心是揭示认知过程的内部心理机制,即信息是如何获得、贮存、加工和使用的。尽管目前一些心理学家对认知心理学的对象有不同的表述,侧重的方面有所不同,但他们所涉及的实际上都还是认知的内部心理机制问题。于是还可以进一步地说,认知心理学是阐述智力的本质和过程的,它是关于智力的理论(Anderson,1980;Simon,1981)。由于认知心理学强调研究意识和心理机制,它被称作心理学中的"心理主义"(Mentalism),并且又由于它强调人的行为受其认知过程的制约,而被看作一种带有强烈的理性主义色彩的心理学理论。

第二节 认知心理学的方法

认知心理学在其具体研究中,采用实验、观察(包括自我观察)和计算机模拟等方法。以反应时和作业成绩为指标的实验特别受到重视,利用被试的出声思考的观察法也得到发展。一般说来,当涉及快速的信息加工过程时,多利用以反应时为指标的实验;而涉及较慢的信息加工过程时,则可应用出声思考形式的观察法。计算机模拟既可运用于快速的、又可运用于慢速的信息加工过程的研究。不管应用哪一种方法,认知心理学都强调将条件与结果加以对照,即将输入和输出联系起来进行推理,以发现某一心理现象的内部机制。这称作抽象分析法。因此,认知心理学特别注重实验设计,以求获得为判定内部心理机制所需要的材料。

一、减法反应时实验

在研究快速的信息加工过程如识别、短时记忆时,常应用这种反应时实验。这个方法最初是荷兰生理学家Donders(1868)提出的,目的是测量包含在复杂反应中的辨别、选择等心理过程所需要的时间。在这种实验里,通常需要安排两种不同的反应时作业,其中一种作业包含另一种作业所没有的某个心理过程,即所要测量的过程,这两种反应时的差即为该过程所需的时间。具体地说,在一个反应时实验中,要求被试觉察一个灯光刺激并以右手按键作出反应,这样就测得一个简单的视觉反应时(RT_1)。如果实验安排红绿两个色光刺激,并要求被试看到红光时以右手按键来反应;而看到绿光时不反应,这样测到的复杂反应时(RT_2)要长于前面的简单反应时(RT_1)。这两种反应时作业的区别仅仅在于后者需要将红绿两个色光刺激区分开来,所以这两个反应时的差就是辨别过程所需要的时间,即 RT_2-RT_1 =辨别过程时间。同理,如果实验仍安排红绿两个色光刺激,但要求被试在看到红光时,以右手按键来反应;而在看到绿光时,以左手按键来反应,这时被试不仅要对两个色光刺激进行辨别,而且还要对反应作出选择,将这样测到的复杂反应时(RT_3)减去含有辨别过程的复杂反应时(RT_2),就可得到选择过程所需要的时间,即 RT_3-RT_2 =选择过程时间。从上述实验可以看出,减法反应时实验起初是用来确定某个心理过程所需的时间的,但是反过来看,也可以从两种反应时的差数来判定某个心理过程的存在。认知心理学正是这样来应用减法反应时实验的。

在认知心理学中,减法反应时实验既可用于研究某一个信息加工阶段或操作,也可用于研究一系列连续的加工阶段。例如,自 20 世纪 60 年代以来,一般认为人的短时记忆信息如字母等是以听觉形式表征的,即有听觉编码。但是 Posner 等(1969,1970)却表明,这种信息可以有视觉编码。他们的实验是这样进行的:给被试并排呈现两个字母,这两个字母可以同时给被试看,或者插进短暂的时间间隔,让被试指出这两个字母是否相同并按键来反应,记下反应时。所用的字母对有两种,一种是两个字母的读音和书写都一样,即为同一个字母(AA);另一种是两个字母的读音相同而书写不同(Aa)。在这两种情况下,正确的反应都为"相同"。两个字母如果相继呈现,其时间间隔为 0.5 s 和 1 s,或 1 s 和 2 s 等。他们得到的实验结果见图 1-2。从图中可以看到,在两个字母同时呈现时,AA 对的反应时小于 Aa 对;随着两个字母的时间间隔增加,AA 对的反应时急剧增加,但 Aa 对的反应时则没有发生大的变化,并且 AA 对和 Aa 对的反应时的差别也逐渐缩小,当两个字母呈现的时间间隔达到 2 s,这个差别就很小了。根据这些实验结果,Posner 等认为,既然 AA 对与 Aa 对的区别只是前者的两个字母有一样的写法,当两个字母同时呈现给被试,AA 对的反应时之所以较小,是由于该字母对可以直接按其视觉特征来比较,不像 Aa 对必须按照读音来比较。这意味着 AA 对的匹配是在视觉编码的基础上进行的,至少部分如此,而 Aa 对必须在听觉编码的基础上才

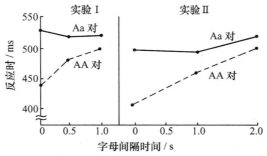

图 1-2 反应时是字母间隔时间的函数

能进行匹配,需要从视觉编码过渡到听觉编码,因此用时也较多。可以说,先出现视觉编码,它保持一个短暂的瞬间,然后出现听觉编码。这样,随着两个字母呈现的时间间隔增大,AA 对的视觉编码的效应逐渐消失,听觉编码的作用增大,其反应时也随之增加,并与依赖听觉编码的 Aa 对的反应时的差别逐步减小。Posner 等应用这种减法反应时实验清楚地确定,某些短时记忆信息可以有视觉编码和听觉编码两个连续阶段。

在认知心理学中,有些心理学家将 Clark 和 Chase(1972)所做的句子-图画匹配实验推崇为减法反应时实验的范例。在这种实验里,给被试看一个句子和紧接着的一幅图画,如"星形在十字之上,$\genfrac{}{}{0pt}{}{*}{+}$",要求被试尽快地判定,该句子是否真实地说明了图画,作出是或否的反应,记录反应时。实验应用的介词有"之上"和"之下",主语有"星形"和"十字",句子的陈述有肯定的(在)和否定的(不在),共有 8 个不同的句子。Clark 和 Chase 设想,当句子出现在图画之前时,这种句子和图画匹配作业的完成要经过几个加工阶段,并提出了度量一些加工持续时间的参数。依照他们的看法,第一个阶段是将句子转换为其深层结构,即以命题来表征句子,而且对"之下"的加工要比对"之上"的加工需时较多(参数 a),对否定句的加工需时多于对肯定句的加工(参数 b);第二个阶段是将图画转换为命题,并带有前句中所应用的介词即"之上"或"之下";第三个阶段是将句子和图画两者的命题表征进行比较,如果两个表征的第一个名词相同,则比较所需的时间比不同时为少(参数 c),如果两个命题都不含有否定,则比较所需的时间比任一命题含有否定时为少(参数 d);最后的阶段为作出反应,其所需的时间被认为是恒定的(参数 t_0)。这样,对句子和图画匹配作业来说,减法反应时实验就在于将依赖所呈现的句子和图画的诸反应时加以比较。例如,如果"星形在十字之下"这个句子真实地说明了图画,那它就有参数 a 和 t_0;如果"星形在十字之上"这个句子真实地说明了图画,那它只有参数 t_0;这两个反应时之差就为参数 a 的时间。但参数 b 和 d 只出现在否定句中,所以无法分别测量。Clark 和 Chase 用这种办法计算一个实验结果,得到如下的数据:参数 a 为 93 ms,参数 b 和 d 为 685 ms,参数 c 为 187 ms,参数 t_0 为 1763 ms。他们发现,这些数据可以很好地说明一些实验。Clark 和 Chase 的这个实验得到肯定的评价,但在观点和方法上也受到批评。一些批评意见指出,这种实验未必经常能容易地将诸加工阶段区分开来,一个参数可能涉及两个或更多的加工阶段,例如,完成"星形在十字之上,$\genfrac{}{}{0pt}{}{*}{+}$"的匹配作业被认为只有参数 t_0,而实际上它包含前述 4 个不同的加工阶段。另外,这种实验假定,在复杂的信息加工过程中,插入或减少某些加工阶段而不影响其余的加工阶段。这种假定也受到怀疑。应当说,这两点批评是很重要的,需要加以认真对待。

减法反应时实验的逻辑是安排两种反应时作业,其中一个作业包含另一个作业所没有的一个因素,而在其他方面均相同,从这两个作业的反应时之差来判定与之相应的加工阶段。这种实验在原则上有一定的合理性,在实践上是可行的。但用这种实验来研究各种具体的心理过程,特别是在复杂的过程中,区分出不同的加工阶段,还是存在一些困难的。需要依照不同课题的特点,进行精心设计,以避免或减少一些困难。

二、相加因素法实验

这种实验是减法反应时实验的延伸,最初是 Sternberg(1966,1967,1969)发展出来的。依照他的看法,完成一个作业所需的时间是一系列信息加工阶段分别需要的时间的总和,如果发现可以影响完成作业所需的时间的一些因素,那么单独地或成对地应用这些因素进行实验,就可以观察到完成作业时间的变化。相加因素法实验的基本逻辑是:如果两个因素的效应是相互制约的,即一个因素的效应可以改变另一个因素的效应,那么这两个因素只作用于同一个信息加工阶段;如果两个因素的效应是分别独立的,即可以相加,那么这两个因素各自作用于某一特定的加工阶段。这样,通过单变量和多(双)变量的实验,从完成作业时间的变化就可确定这一信息加工过程的各个阶段。

Sternberg 最初将这个反应时实验用于研究短时记忆信息提取。在他的实验里,先给被试看 1~6 个数字(识记项目),然后再看一个数字(测试项目),并同时开始计时,要求被试回答该测试数字是否是刚才识记过的,按键作出是或否的反应,计时也随即停止。这样就可以确定被试能否正确提取以及所需要的时间即反应时。通过一系列的实验,Sternberg 从反应时的变化上确定了 4 个对提取过程有独立作用的因素,即测试项目的质量(优质的或低劣的)、识记项目的数量、反应类型(肯定的或否定的)和每个反应类型的相对频率。因此,他认为短时记忆信息提取过程包含相应的 4 个独立的加工阶段,即刺激编码阶段、顺序比较阶段、二择一的决策阶段和反应组织阶段(以前曾将最后的两个阶段合为一个阶段)。照他的看法,测试项目的质量对刺激编码阶段起作用,识记项目的数量对顺序比较阶段起作用,反应类型对决策阶段起作用,反应类型的相对频率对反应组织阶段起作用。根据上面的分析,可以将短时记忆信息提取过程用框图表示出来(图 1-3)。图中箭头表明信息流动的方向,虚线表明起作用的因素。从图中可以看出,在从短时记忆中提取信息时,被试先对测试项目进行编码,然后将它与所识记的项目顺序进行比较,再作出决定,最后进行反应。

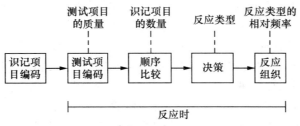

图 1-3 相加因素法实验:短时记忆信息提取

现在一般都将 Sternberg 的上述短时记忆信息提取模型看作应用相加因素法实验

的典型。但它也引起一些批评和疑问。例如,这种反应时实验是以信息的系列加工而不是平行加工为前提的,所以有人认为其应用会有很大限制。其实减法反应时实验也同样存在这个问题。这涉及认知心理学的一个基本原则,应当予以重视。然而更为直接和更加现实的问题是关于相加因素法实验的逻辑,即能否应用可相加的和相互作用的效应来确认加工阶段。Pachella(1974)曾经提出,两个因素也许能以相加的方式对同一个加工阶段起作用;也许能对不同的加工阶段起作用并且互相发生影响。应当说,这两种假设的可能性目前是不能排除的,但这还不能否定相加因素法实验。

三、"开窗"实验

前面所说的两种反应时实验都不是直接测到某一特定加工阶段所需的时间,而要间接地通过两种作业的比较才能得到,并且相应的加工阶段或操作也要通过严密的推理才能被发现。如果有一个实验技术能够直接地测量每个加工阶段的时间,从而能明显地看出这些加工阶段,那就好像打开窗户一览无遗了。现在发展出来的这种实验技术即称作"开窗"(Open Window)实验,它是反应时实验的一种新的形式。现在可用一种字母转换实验(Hamilton et al, 1977; Hockey et al, 1981)为例加以说明。在这种实验里,给被试呈现1～4个英文字母并在字母后面标上一个数字,如"F+3"、"KENC+4"等。当呈现"F+3"时,要求被试说出英文字母表中F后面第三个位置的字母("I"),换句话说,"F+3"即将F转换为I,而"KENC+4"的正确回答则是"OIRG",但这4个转换结果要一起说出来,凡刺激字母在一个以上时都应如此,即只作出一次反应。实验的具体进程如下:现以"KENC+4"为例,4个刺激字母相继呈现,被试自己按一下键就可看见第一个字母K并同时开始计时,接着被试作出声的转换,即说出LMNO,然后再按键来看第二个字母(E),再作转换,如此循环直至4个字母全部呈现完毕并作出回答,计时也随之停止。出声转换的开始和结束均在时间记录中标出来。根据这种实验的反应时数据,可以明显地看出完成字母转换作业的3个加工阶段:(1)从被试按键看一个字母到开始出声转换的时间为编码阶段,被试对所看到的字母进行编码并在记忆中找到该字母在字母表中的位置;(2)被试进行规定的转换所用的时间即为转换阶段;(3)从出声转换结束到被试按键看下一个字母的时间为贮存阶段,被试将转换的结果贮存于记忆中,从第二个字母开始还需将前面的转换结果加以归并和复述。这3个加工阶段可用图1-4来表示。在4个刺激字母实验里,可以获得12个数据,从中可以看到完成字母转换的整个过程,经过对数据的归类处理则可得到总的实验结果。这种"开窗"实验的优点是引人注目的。但它也存在一些问题,例如,可能在后一个加工阶段出现对前一个加工阶段的复查等,在后面字母的贮存阶段还会包含对前面字母转换结果的提取和整合,并且它难以在最后与反应组织区分开来。尽管如此,"开窗"实验具有其他反应时实验所没有的特点,只要将它运用得当,是可以获得有用的资料的。

前面介绍了3种反应时实验。现在需要着重指出,对于任何一个反应时实验,不管

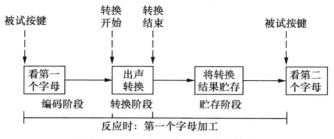

图 1-4 "开窗"实验：字母转换作业

其具体形式是怎样的,都应要求被试在保证反应正确的前提下,尽快作出反应。一个实验的反应时数据的收集也应限于正确的反应,并将错误的反应排除。这个道理是很简单的,只有正确反应的时间进程,才能反映实验作业的内部操作,其反应时数据才是有意义的。如果在一次短时记忆信息提取的测试中,被试提取失败,那么这一次测试的反应时就没有意义了。但是,由此却引出一个十分复杂的问题:在一个反应时实验中,通常要进行多次测试,被试以降低反应正确率为代价可提高反应的速度,或者相反,为了达到较高的反应正确率而减慢反应的速度。这就是反应时实验中普遍存在的一个速度-正确率权衡(Trade Off)问题。它表明被试在反应时实验中,可有不同的速度-正确率权衡标准来指导自己的反应。这个问题一直困扰着认知心理学,引出许多专门的研究,并且发展出更加复杂的实验技术。就一般的反应时实验来说,目前的主导看法是,在实验达到高正确率的条件下,反应时数据是有效的。在统计实验结果时,应单独对反应错误率进行统计,在分析结果时加以考虑。

除反应时实验外,认知心理学还应用于以作业成绩为指标的实验。它与传统的心理实验没有差别。比较而言,反应时实验有利于揭示内部的信息加工过程的诸阶段,作业成绩实验有利于揭示某一加工阶段的特点。这两类实验不是互相排斥的,事实上常可同时应用反应时和作业成绩两个指标,以取得更为完整的资料。一个实验研究究竟采取哪种方法,要依具体情况而定。

四、出声思考

在研究慢速的信息加工过程如问题解决时可利用出声思考形式的观察法。慢速的信息加工过程持续的时间较长,内部操作更为复杂,存在多种选择的可能性。这给研究工作带来许多困难。人的思维活动又总是默默地进行的,可说是借助于不出声的内部言语来进行的。一个人在完成解一道数学题的思维作业时,他通过哪些内部操作来完成是别人无法直接观察到的,而事后询问所得到的回答又常常是不完整的、不十分准确的。克服这种困难的一个有效的方法是让他利用外部言语进行思考,即进行出声思考,使他的思维过程外部言语化,这样就可以直接观察人的思维过程。这种出声思考的方法是德国心理学家 Duncker(1945)首先发展出来的,后来 Newell 和 Simon(1972)在研究问题解决时,把它当作一个重要的方法加以应用。

在利用这个方法进行研究之前,应对被试进行足够的训练,使他们能较顺利地进行出声思考。在做这种研究时,给被试一个思维作业,如一道数学题或一种智力游戏,让他们用出声思考来完成,同时用录音机录下他们的全部口述。如果被试在进行过程中间发生停顿,实验者可以问他现在想什么。但是,除非有特殊的研究目的并事先预作准备外,实验者在进行过程中,一般不应提出问题,以免干扰被试的出声思考。将录音机录下的口头报告逐字逐句整理成文字材料,就可得到出声思考的、即时的口语记录。这种记录包含许多有价值的资料,更重要的是要对记录作细致的分析,才能真正掌握这些有用的资料。一种分析口语记录的方法称作问题行为图,这是 Newell 和 Simon 提出来的分析方法,可以使人直观地看出在问题解决过程中所进行的各种操作的序列。这种问题行为图由两个成分组成:(1) 知识状态,即人在某一具体时刻所知的关于该作业或问题的全部信息;(2) 操作,即人每次用来改变其知识状态的手段。在制图时,可用方框来表示知识状态,用箭头来表示改变知识状态的操作,箭头的方向指出知识状态变化的路线,画时要依次排列,遵守从左到右和自上而下的原则。若出现知识状态的重复,即倒退到原先的状态。图 1-5 是问题行为图的两个成分的示例。这样,一个思维作业或问题解决的即时口语记录就变为由许多方框和箭头所组成的问题行为图,而经过这种分析的原始资料也就能表明人所进行的内部操作过程。详见后面"问题解决"一章。

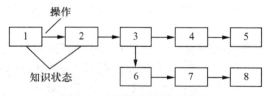

图 1-5 问题行为图片断示例

出声思考方法所提供的是被试在完成作业过程中,能被意识到的东西。它同过去心理学中熟知的内省法有某些相似之处,因此与过去内省法有关的争论问题现在又在出声思考方法上再度出现(Nisbett & Wilson,1977)。但是,出声思考方法要求被试说出他正在想什么或做什么,而不是要他来解释情境或思维过程。被试所报告的东西是他当时所注意的,并且是保持在短时记忆中的,因而也是可靠的。同时研究表明,出声思考的方式并不影响思维的正常进程。应当说,出声思考方法是一个有效的方法。

五、计算机模拟

前面已经提到,认知心理学主张建立心理过程的计算机模型。照它看来,如果认识了人的某个心理过程的规律而形成一定的心理学理论,那么根据这个理论来编写计算机程序,使计算机能以类似于人的方式来达到类似于人的活动结果,这个理论就得到证实,否则就会发现该理论的不足之处和存在的问题。在这个意义上,计算机程序也就是心理学理论,通过对心理过程的计算机模拟,也可以认识心理过程本身。所以,计算机模拟不仅是认知心理学的一个研究领域,同时也是它的一个研究方法。这实际上是一件事情的两个方面。

计算机模拟是心理学与计算机科学交叉的领域,并已成为人工智能的重要组成部分。它对未来的生产和技术的发展将有重要的影响,但它对心理学本身的意义却没有得到普遍的承认。例如,Winograd(1977)将计算机程序与机械装置的蓝图作比较,认为蓝图可以帮助说明这个机械装置,但它不是关于该装置如何工作的理论;同样,计算机程序可以帮助了解某个心理过程,但它并不是一种理论。目前的实际情况是,有些心理学家如 Newell 和 Simon 等极为重视计算机模拟对心理学的意义;少数心理学家如 Skinner 等则对计算机模拟作为心理学方法,采取完全否定的态度;而绝大多数心理学家保持某种中间立场,或者说采取一种观望的态度。

现在要就计算机模拟对心理学的意义作出结论似为时尚早。但要看到,计算机程序包含的具体的运算步骤,它具有的严密的、详尽的和逻辑的性质,使计算机模拟可以在检验和发展心理学理论中,起一定的积极作用。如 Newell 和 Simon 等(1956,1958)编写的"逻辑理论家"(Logic Theorist)和后来的(1963,1972)"通用问题解决者"(General Problem Solver)等计算机程序都产生了较大的影响。但是,并非每一项认知心理学研究都要建立相应的计算机模型。计算机模拟是一种综合性的研究,只有对某一心理过程的各有关方面或因素能加以综合时,才有条件进行计算机模拟。

第三节 认知心理学的兴起及影响

一、认知心理学的兴起

认知心理学兴起于 20 世纪 50 年代中期。Simon(1981)曾经指出,1956 年是一个重要年份,在这一年里发表的几项重要研究展现心理学的信息加工观点,例如,Miller 对短时记忆的有限容量作了信息加工的说明,Chomsky 发表了对转换语法的形式特点的一个早期的分析,Bruner、Goodnow 和 Austin 阐述了策略在思维活动和认知理论中的作用,Newell 和 Simon 发表了模拟人的启发式搜索的问题解决的计算机程序即逻辑理论家。依照 Simon 的看法,甚至可以说,认知心理学的诞生不晚于 1956 年。后来 Neisser 于 1967 年发表了心理学史上第一部以《认知心理学》命名的专著。认知心理学自诞生以来的迅速发展及其影响的扩大,在心理学史上是罕见的,过去任何一个心理学思潮或流派都无法与之相比。

1. 内部原因

认知心理学的出现有其心理学内部的和外部的原因。许多心理学家一致认为,行为主义的失败是其重要的心理学内部的原因。这个看法是正确的。心理学自19世纪末叶成为独立的学科以后,曾在一个较长的时期内,将意识作为研究对象。在这个时期,有近代心理学创始人之称的 Wundt 的观点产生过广泛的影响,可以看作有代表性的观点。Wundt 主张心理学应研究意识,心理学的任务是用实验内省法对心理内容或直接经验作元素分析。20世纪20年代,在美国兴起了反对 Wundt 以意识为心理学研究对象的行为主义,其著名的代表为 Watson。他否定意识和心理活动,认为对意识的存在的信念是回到古代的迷信,而只承认可观察到的有机体的反应或行为。Watson 主张心理学应当用纯粹客观的自然科学的方法来研究有机体对刺激的反应或行为,将刺激-反应公式奉为普遍原则。行为主义取消了意识,它所主张的心理学实际上是一种没有心理的心理学。然而由于种种原因,行为主义却在美国和西方的心理学中,占据统治地位约40年。这样,行为主义就不可避免地与积累的大量经验事实和心理学发展的要求发生尖锐的矛盾,同时必然也与其他心理学倾向发生冲突。几乎与行为主义在美国兴起的同时,在德国出现了格式塔心理学或完形心理学。格式塔心理学也是反对 Wundt 观点的,但它所反对的与行为主义有所不同。行为主义主要反对以意识为研究对象,而格式塔心理学主要反对作元素分析。格式塔心理学强调心理活动的整体性,将心理活动看作是有组织的整体,认为心理过程本身具有组织作用即完形,它的名言是整体多于部分之和。虽然格式塔心理学的理论同样存在问题,但它主张研究意识,企图揭露心理活动的内部过程,这实际上是尝试揭露有别于生理机制的内部心理过程。格式塔心理学的传播在心理学内部削弱了行为主义。行为主义走到否定意识的极端,它的失败就为心理学重新将意识恢复为研究对象创造了内部条件,而认知心理学所强调的内部心理过程的研究也就成为心理学的迫切任务。可以说,认知心理学是心理学在现阶段发展的产物。

认知心理学继承了心理学在历史发展过程中提出的许多有益的思想,特别是格式塔心理学关于内部心理组织的一些观点。即使对行为主义,认知心理学也从中吸收了一些东西,例如,认知心理学是以意识为研究对象的,但它并不排除对行为的研究;而认知心理学认为存在一定的条件就会采取相应的行动,这种看法无疑吸收了刺激-反应公式中的一些合理的东西。从这种继承性来看,也可以说认知心理学在心理学内部经历了长期的孕育过程。

2. 外部因素

认知心理学的产生还有心理学以外的原因。这里包括一些邻近学科的影响,如控制论、信息论、计算机科学和语言学等。没有这些邻近学科的影响,认知心理学就不会出现,也不会有现在这样的形态。第二次世界大战以后,控制论和信息论的思想首先渗透到心理学中,在一个时期内,关于反应时、知觉、动作和行为等的研究受到控制论和信息论的很大影响,信息量的测量得到特殊的重视。然而正像 Neisser(1967)所指出的,对人的心理活动进行信息量测量的研究是有局限性的。但是,控制论和信息论思想的渗透,特别是将机器系统与生命系统加以类比的思想,以及一些重要的概念如通道容量、过滤、编码、译码、反馈调节等的引进,却为信息加工观点的应用铺平了道路。从对心理学所起的影响来看,计算机科学后来居上,可以说计算机科学集中体现了控制论和信息论的影响。只有在计算机科学的影响下,才能将人脑与计算机作类比,从而引导出信息加工观点。认知心理学重新将意识恢复为心理学的研究对象,但不是按过去的老样子来恢复的,而是赋予新的格式,即用信息加工观点予以恢复。认知心理学似乎是通过计算机来把握意识的,计算机科学的影响是认知心理学赖以产生的重要的外部原因。

认知心理学的出现与社会的需要有着紧密的联系。第二次世界大战以后,生产自动化有了迅速发展,为了保证人-机系统工作的效率和可靠性,自动化生产线的设计和运行,都需要了解人在每一具体时刻,能够接收和加工的信息的数量、信息的选择和编码、注意的转换和保持以及其他心理过程在特定条件下的特点。这些问题的研究属于工程心理学范畴,它们直接反映了社会的一个方面的需要。同时,这些问题的研究也成为控制论和信息论这些新兴学科的思想进入心理学的一条重要渠道,促进信息加工观点的形成。因此,工程心理学的研究(Broadbent, 1958)被看作认知心理学的一个重要来源。另外,社会需要对认知心理学出现所起的作用,还可以从计算机或人工智能的发展来看。在心理学与计算机科学的关系上,我们迄今强调计算机科学对心理学的影响,但事情还有另外一面。实际的情况似乎是,早在心理学家谈论计算机之前,计算机科学家就大声谈论心理学了。不管采取什么具体观点,计算机科学家总要这样或那样将计算机与人进行比较。从解决计算机能否思维的理论问题到智能计算机的研制都要涉及心理学,需要与计算机科学有某种"共同语言"的心理学。这对认知心理学的出现是一个巨大的推动力量。计算机科学对心理学的影响同时就包含了它对心理学的需求。这也是一件事情的两个方面。归根到底,这反映了社会发展的需要。从邻近学科对认知心理学出现所起的重要作用来看,认知心理学不仅是心理学发展的结果,而且也是整个科学在现阶段发展的产物。

还应指出,认知心理学的兴起与社会的教育实践和对智力开发的需要也是密切有关的。在行为主义成为占统治地位的心理学思潮以后,教育的实践和理论不可避免地要受到行为主义的影响。但教育实践是无法全部纳入行为主义轨道的,它不能像行为主义那样否定意识,相反,它需要了解人的心理活动规律。这种需要是使心理学得以将意识恢复为研究对象的强大动力。当前,人类面临着新技术特别是信息技术的迅速发展,社会生产和生活的许多领域将会发生很大变化,社会对智力开发的要求也愈益增多。这些无疑是认知心理学近 30 年来得以迅速发展的重要原因。

由于认知心理学赖以产生的心理学内部的和外部的条件在美国显得最成熟,同时美国拥有强大的心理学家队伍,所以美国成为认知心理学的主要发源地,而横跨心理学和计算机科学两个领域的美国学者 Newell 和 Simon 成为重要的奠基人。目前大部分认知心理学研究也是在美国进行的。

二、认知心理学的影响

认知心理学兴起以后,迅速改变着心理学的面貌,给许多心理学分支以巨大的影响。首当其冲的是普通心理学和实验心理学。这是因为认知心理学倡导的信息加工观点首先涉及心理学的一般理论,而且它的研究领域也与普通心理学和实验心理学相重叠。在认知心理学所产生的影响中,人们常常指出,一个重要之点是认知心理学否定了行为主义,重新恢复了意识在心理学中的地位,这个看法无疑是对的。但要指出,这主要是对西方心理学来说的。其实,更为重要的,对原已承认意识为研究对象的心理学家也同样具有意义的,是认知心理学将心理过程看作信息加工过程,为研究心理活动的内部机制或内部心理机制确立了一个新的具体研究方向,这在前面第一节里已经提到。认知心理学似乎比以前任何一个心理学思潮都更好地表明心理过程的特殊性,也具有更多的心理学色彩。这个新的研究方向迅速渗透到普通心理学和实验心理学中,使心理过程的研究发生明显的变化。这种变化包含如下的内容:

(1) 心理过程的研究领域扩大。认知心理学的重要研究领域,如表象、注意、问题解决等,以及它提出的新的课题,如表征、记忆结构、认知策略等,都在普通心理学和实验心理学中得到恢复或体现。

(2) 从心理物理函数走向内部心理机制。以前的心理过程的研究,特别是感觉知觉乃至记忆,都以心理物理实验为基础,其研究目的为取得心理物理函数或心理测量函数,而现在则逐渐转向心理物理函数背后的内部机制。

(3) 从分析性研究转向综合性研究。过去对心理过程的研究大多是分析性的,现在开始重视各种过程之间的联系,逐渐采用模型的方法进行综合性研究。

(4) 开始重视个别差异和个案研究。以前的研究重视数量统计和平均数的应用。现在,为了揭示内部心理机制,已开始重视包括自我观察在内的个案研究及表现出来的个别差异。

这些变化表明,在普通心理学和实验心理学中,心理过程的研究已逐渐变成认知的了,或者说已开始认知心理学化了。在其他一些心理学分支如儿童心理学、教育心理学中,也出现同样的变化,只是程度不同而已。在认知心理学的影响下,现在甚至出现了社会认知心理学、认知生理心理学等新学科。

认知心理学主张研究心理活动本身的结构和过程,在高于生理机制的水平上来研究心理机制,这实际上是对心理和心理学研究采取了多水平、多层次的观点,即认为各种心理现象和过程不是处于同一个水平或层次,而是处于不同的水平或层次之上的。这种观点以前在心理学中也曾提出过,但像认知心理学这样,以系统的理论和研究在心理过程领域中予以实际贯彻,在心理学史上尚属首次,这对整个心理学将有深远的影响。

认知心理学给心理学本身带来了许多变化,同时也对一些邻近学科和有关领域的实践产生影响。认知心理学的理论已开始影响教育和管理的理论和实践,甚至在医疗中出现了认知疗法。而认知心理学对计算机科学或人工智能的作用将随新一代智能计算机的研制而愈加突出。在认知心理学的推动下,一些科学家现在企图将研究人的认知的几个独立的学科如心理学、人工智能、逻辑和认识论等加以综合,形成一个单一的学科,这就是目前所说的认知科学(Cognitive Science)。

第四节 关于认知心理学的争论

认知心理学兴起以后,迅即引起巨大的反响,许多心理学家赞同这个新的心理学思潮。在西方心理学中,甚至将认知心理学的出现看作心理学的第二次"革命"(第一次"革命"是指行为主义的兴起)。但也有人持否定态度,说认知心理学是新瓶装旧酒,不过是用信息加工的新名词来代替过去的心理学名词而已。可是认知心理学并不只是增添新的名词术语,而是提出了新的研究方向,初期出现的这种一概否定的态度很快就消失了。代之而起的是对信息加工观点的深入的讨论。

一、关于人与计算机的类比

对信息加工观点的讨论首先涉及人和计算机能否作类比的根本问题,并提出了许多批评。这些批评意见可以 Norman(1981)为代表。他认为将人看作符号系统是不够的,人有更多的东西,人是有生命的有机体,具有生物的基础和演化的历史,人还是社会生物,他与其他人、环境有着相互作用。Norman 批评认知心理学将人看作纯粹的智能有机体:可与他人进行逻辑对话,可以知觉、记忆和思维。照他看来,有生命的和人工的信息加工系统有其共同的结构,这部分可称为纯粹认知系统或认知系统,但有生命的系统与人工的系统不同,有生命的系统(人)需要维持其生命,从环境中取得食物,保护自身,繁衍和教育后代,这些都是通过可称为调节系统(Regulatory System)的生物结构来实现的。调节系统是一种内稳态系统,它与认知系统相互作用,以作出对环境的解释和维持内稳态的行动。所以,有生命的系统具有目的、愿望和动机,能选择有趣的任务以及与目的有关的作业,可以控制心理资源的分配,适时启动和结束有关的活动。Norman 认为,认知系统是服务于调节系统的,而情绪处于这两种系统之间,成为它们相互作用的桥梁。他甚至提出,调节系统是处于主导地位的,认知系统是调节系统对智力因素的需要不断增长的结果,只有当认知方面达到一定的质量以后,它才有自己的独立存在并具有自己的功能和目的。根据这些设想,Norman 提出了一个以调节系统为主体的人的信息系统的结构,见图 1-6,它与通常的信息系统的结构(如图 1-1)是有很大区别的。在图 1-6 中,信息的输入和输出是直接与调节系统相连的,而且调节系统的方框画得较大,以示其主导地位。Norman 表示,我们应当重新考虑人的信息加工的作用,而现有的理论的某些方面将会发生重大的变化。

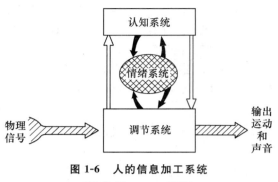

图 1-6 人的信息加工系统
（引自 Norman，1981）

Norman 在上述批评意见中,对人的信息加工系统的结构,主要是增添了一个调节系统。尽管有些看法是粗略的,甚至是假设性的,但调节系统所指明的那些因素及其作用无疑是存在的。这触及现在的认知心理学的薄弱环节:它难以把握情绪和需要、动机、能力、性格等心理现象。这种情况说明,撇开人的社会的和生物的特性而进行人与计算机的类比是有局限的。

即使在认知操作方面,也可以看出人脑的生物结构对其功能的制约与计算机的电子元件对其行为的制约也是不同的,出现功能的区别。比较而言,人脑的操作慢,易受情绪和动机等的影响,容易分心和犯错误,可能丢失信息或错误地提取信息。计算机的操作快而精确,可以永久保持和提取信息。人的知识常常是模糊的、近似的和粗略的,而信息在计算机中的表征则是详尽的、严密的和合乎逻辑的。人具有更强的适应性,可以发现新问题和吸收新知识,而这些都不是计算机的特征。看起来,人的长处却是计算机的短处,反过来也一样,计算机的长处则又是人的短处。似乎计算机不是模拟人脑,而是补充人脑的不足。这也表明人与计算机类比,的确是有局限的(Cohen,1983)。

公平地说,认知心理学即使在目前也并不是完全没有涉及情绪、动机、能力等心理现象。相反,已经从认知心理学的角度提出了情绪激活的模型,探讨了激情、认知能力、认知风格、社会性原型和图式以及社会行为等与个性密切有关的现象。但是,在这些领域里,认知心理学涉及的大多是它们的认知方面,凡是认知成分愈多的地方,它涉及得也愈多愈深入(Lindsay & Norman,1997;Anderson,1980),然而它没有在整体上把握这些心理现象。与此有关,认知心理学本是研究人的信息加工过程的,但它主张进行计算机模拟,则又会抹掉人的一些特点,如认知过程受情绪、动机等的制约。这使认知心理学受到许多批评。

前面提到的人与计算机类比所存在的局限性无疑是重要的,人们不应忽视这种局限性,而应对它作出分析。在这个问题上,一些心理学家考虑对现在的理论加以改进,另一些心理学家则否定这种类比,对认知心理学产生严重的疑问。应当看到,与任何其他类比一样,人与计算机的类比也是有条件的,是在一定的范围内、在一定的水平上的类比,总要撇开一些因素的,因而不可避免地会出现一定的局限性。但是,这种局限性不应用来否定类比本身,而通过类比得出的结论也不应超出一定的范围。人与计算机的类比只涉及软件而不涉及硬件,这种类比本身就具有某种抽象性质。从这种类比来看人的心理,自然不能把握它的全部,而要舍弃一些方面或因素,如结构和操作的一些特点。这就是现在所看到的,认知心理学确实可以较好地说明认知过程或心理过程,而难于在整体上把握个性心理特征等,并在建立计算机模型时,总要撇开制约某一心理过程的若干因素。固然人的心理是一个整体,各种心理现象之间存在着相互作用和联系。但某一心理过程受到一些因素的制约还不是事情的全部,该心理过程仍有其自己的规律。使一些因素保持相对不变,而只研究某一方面或过程,这种分析性研究不仅是可能的,而且是必要的。心理学早就这样做了,认知心理学也不应例外,它不应受到特殊的责难。问题的关键似乎在于划出从人与计算机类比得出的结论的应用范围,这就需要考虑心理学研究的多水平问题。

在第三节里已经指出,认知心理学对心理和心理学研究采取了多水平、多层次的观点。如果认真贯彻这个观点,那么就可以合理地看待信息加工观点的应用范围和认知心理学的研究领域。苏联心理学家 Ломов(1983)曾将心理学的研究分为 4 个水平或层次,认为心理学的理论大厦是由这些层次组成的。

第一个水平:在社会关系的体系中,研究人的发展,人看作是社会系统的成分、社会成员;研究人-社会系统所产生的一系列现象,如个性发展问题、社会情绪的动力过程、心理气氛等。这些主要是社会心理学的内容,与社会科学交叉。

第二个水平:研究个性的结构,如需要与动机、能力与态度的动力过程、行为的结构和动力过程、调节机制等。

第三个水平:研究从感觉知觉到思维情绪等心理过程。这些过程在第二个水平上,只是作为个性的因素出现;而在这个水平上,则作为相对独立的因素。心理学过去主要研究这一水平。

第四个水平:研究心理过程的生理机制。这是与神经生理学、化学等学科交叉的领域。

现在无须对上述心理学研究水平的划分作全面的评价,但仍可以看出,这种划分与认知心理学的观点是吻合的。应当说,认知心理学主要是有关上述第三个水平即心理过程的理论。人们不应当用这个理论来代替有关其他水平的心理学理论,或者要求它成为无所不包的理论,无论是认知心理学的支持者或反对者都应如此。如果这样来看,那么信息加工观点难以应用于动机、需要乃至情绪等心理现象,就不应成为否定认知心理学的论据。

二、关于加工方式

人与计算机在信息加工上,确实是有区别的,除前面已经提到的外,还可能在加工方式上有所不同。认知心理学将心理过程看成是一系列连续阶段的信息加工过程,即认为信息加工方式是系列的或串行的,前一个阶段的加工完成以后,接着是下一个阶段的加工。这种现代计算机的信息加工方式是否符合人的实际心理活动,有些心理学家持怀疑态度。Eysenck(1984)指出,如果坚持这个系列加工方式,那么只能有刺激驱动的加工即受刺激的性质所影响的加工,而不会有概念驱动的加工,即受过去知识和经验所影响的加工。但是现在许多心理学家一致认为,人的认知活动既包含前者,也包含后者,甚至认为这两种加工可能是同时进行的或部分重叠的。这意味着一些加工阶段可以同时起作用,即存在着平行加工方式。即使不从这两种加工过程的角度来看,也仍然可以提出平行加工问题,如对多个项目的识别或提取,不过这里涉及的主要是同一加工阶段的操作,大多具有局部的性质。平行加工方式存在的可能性是不能否定的,然而认知活动在整体上,仍可保持加工的系列性。许多实验研究表明,没有前一阶段的加工,后一阶段的加工是无法进行的。如果承认信息加工系统的能力有限,那么按照一定程序进行系列加工是可以有效地完成作业的。根据目前的情况,也许可以这样说,人的信息加工在整体上是以系列方式进行的,但也包含平行加工,实际上则是系列加工和平行加工的混合。即使如此,认知心理学的主要论点似乎也不会发生根本变化。

  人与计算机在信息加工上的区别还涉及模拟加工和数字加工的问题。现代的计算机是按数字原理来工作的,它所加工的是以 0 或 1 来表征的离散信息。连续的模拟信息需要通过模数转换器转换为离散信息,才能为计算机接收和加工。人具有极强的加工离散信息的能力,如语言信息。在这个方面,人和计算机是相似的。但信息在人脑里还可以表征为连续量,而不是全或无、是或非这样的离散状态,即人可以进行模拟加工或类比加工。例如,Shepard 及其同事在 20 世纪 70 年代初进行的"心理旋转"实验中发现,当给被试看一个偏离正的位置一定度数的正写或反写的字母,要他们判定该字母是正写的或反写的,被试作出判定所需的时间随偏离度数而增多,一般来说,偏离的度数愈大,所需的时间也愈长。实验数据和被试的报告都表明,被试要完成这种作业,需要在头脑里,将斜置的字母连续地进行旋转,直至转到正的位置。这意味着被试在心理上所作的字母旋转就像实际的物理旋转那样,即可进行类比的加工,故而旋转的度数愈大,所用的时间也愈多。这是人和计算机在信息加工上的重大区别。Dreyfus(1972)由此而否定人和计算机的机能等价。但是 Sutherland(1974)认为,对人脑的物理过程来说,类比性质的机能是典型的,但对认知过程却不是典型的。这种看法有一定的根据,然而人毕竟有不同于计算机的类比加工,这也是不容忽视的。

  这里提到的人与计算机在信息加工系统的结构和操作上的区别涉及认知心理学的基本原则,有关的争论对认知心理学的发展具有重要的意义。它可以使人们看清信息加工观点的特点,引导进一步研究的开展。总起来看,认知心理学从人与计算机类比出发,主要着眼于两者具有的相近的或共同的原理,自然要带来一定的局限性。但是,认知心理学通过这种类比得出的一般心理学的结论,并不必然排斥人的心理的特殊性,它的理论框架仍然可以容纳人的信息加工的某些特点。使矛盾变得突出的是计算机模拟,前面提到,计算机模拟是会抹掉人的心理的一些特点的。这恐怕也是计算机模拟对心理学本身的意义未得到普遍承认的一个重要原因。认知心理学在研究各种认知过程时,通常的做法是使情绪、动机等因素保持相对不变,但它也可以研究人的情绪等因素对认知过程的影响。虽然现在还不能有效地作出这种影响的计算机模拟,但认知心理学是承认这种影响的。在其他的信息加工的特点上也是这样,例如,人的记忆信息的三级加工模型是认知心理学的一个著名的模型,虽然这个模型未能全部实现计算机模拟,但许多认知心理学家目前还是将它看作较好地说明人的记忆过程的学说。这些情况提示,对认知心理学而言,计算机类比和计算机模拟具有不同的意义,认知心理学通过计算机类比得到心理学的方法学结论,而计算机模拟则是它的一个方法,两者虽有紧密的联系,但却不能等同。一些心理学家在认知心理学的框架里,仍可以研究人的认知过程,而不管是否能作出计算机模拟。这也是目前认知心理学的实际情况。

认知心理学提出了富有特色的心理学理论。它主张研究心理活动的结构和过程,因而得以成为当前占主导地位的心理学思潮。然而认知心理学只不过有30年左右的历史,还处在发展的初期阶段,有许多不成熟的地方,可以想见,有关一些基本原则的争论还将继续下去,它本身也会发生变化。从这方面来看,在信息加工系统的结构中,除目前主要研究的操作系统以外,某种类似于Norman所说的调节系统或控制系统将受到愈来愈多的重视,与此有关,人的信息加工操作的特点也将更明显地显露出来。同时,新一代的智能计算机的研制也会促使认知心理学发生变化,并给正在进行的这场争论带来有益的启示。不管认知心理学将来是什么样子,它现在开拓的研究心理活动内部机制的方向无疑具有历史的意义。

2

知 觉

知觉历来是心理学的一个重要研究领域。自认知心理学兴起以后,知觉的研究也一直在其中占有重要的地位,并取得引人注目的成果。这些研究明显地表现出认知心理学的特色,并导致对知觉的实质和过程的理解发生变化。目前认知心理学将知觉看作是感觉信息的组织和解释,也即获得感觉信息的意义的过程。这个过程相应地被看作是一系列连续阶段的信息加工过程,依赖于过去的知识和经验。但也有一些心理学家不同意这种看法,存在着争论。就具体的研究课题来看,认知心理学目前对知觉的研究比较集中于模式识别问题,而且多数研究是有关视觉的。在这些研究中,也提出了各种理论或模型,学术思想极为活跃。本章将介绍知觉领域中的一些重要的研究和存在的问题。

第一节 知觉信息与知觉过程

知觉是在刺激直接作用于感官下产生的。长期以来,在心理学中常将知觉看作刺激在神经系统或脑中留下的烙印,将知觉当作一种只具有直接性质的心理现象。支持这种看法的论点大体上可概括于下:(1)知觉是在刺激作用下即刻产生的,而且似乎是自动的;(2)人常意识不到知觉的各种过程;(3)某些空间特性的知觉似乎是先天制约的,不依赖过去的经验或学习;(4)某些几何错觉甚至不依赖于人掌握的有关概念。这些论点不可避免地给知觉过程的理解带来消极被动的色彩。虽然上述这些论点涉及知觉的一些真实的方面。但是,认为知觉只具有直接性质的看法有着严重的缺点,它贬低乃至取消了知觉的组织问题,似乎知觉的一切都是刺激所赋予的,并与人的已有知识和经验的作用无关。第二次世界大战以后,心理学逐渐摆脱这种被动的观点。随着认知心理学的兴起,知觉被看作一种主动的和富有选择性的构造过程(Bruner,1957;Neisser,1967;Gregory,1970)。依照目前的一般看法,这种知觉过程就是对刺激的解释。感觉是对刺激的觉察,知觉是将感觉信息组成有意义的对象,即在已贮存的知识经验的参与下,把握刺激的意义。因此,知觉是现实刺激和已贮存的知识经验的相互作用的结果。相对而言,感觉信息是具体的、特殊的;知觉信息是较抽象的、一般的。知觉既具有直接性质,也具有间接性质。

一、知识经验在知觉中的作用

认知心理学认为,知觉与人的知识经验是分不开的,并因此而具有间接性质。然而,关于已有的知识经验在知觉中的作用,长期以来就存在着争论。但是心理学早就确定了许多事实,如斑点图的知觉,言语对知觉的影响,定势效应等,肯定了已有的知识经验在知觉中的作用。现在则获得更多的证据,例如 Warren 等(1970)在音素恢复的实验中确定,当给 20 名被试听下述句子"The state governors met with their respective legi * latures convening in capital city",其中星形表示该处字母(s)被一个持续 120 ms 的纯音取代。在全部被试中间,只有一人说他听到该纯音,但不能正确指出它的位置,而所有其他被试都没有发现 s 字母缺失。后来他们将这个实验加以扩充,让不同的被试分别听一个不同的句子。所应用的句子如下:

It was found that the * eel was on the axle.
It was found that the * eel was on the shoe.
It was found that the * eel was on the orange.
It was found that the * eel was on the table.

在每个句子中,星形仍表示某个字母缺失。结果发现,听第一个句子的被试倾向于将缺失一个字母(即 * eel)的词听成 wheel,听第二个句子的被试则会听成 heel,听第三个和第四个句子的被试会分别听成 peel 和 meal。这些实验结果表明,人在知觉一个句子时,可以依据上下文和对整个句子的理解,而把一个词所缺失的字母(音素)恢复起来,上下文不同,所恢复的音素也不同。这种音素恢复现象是已贮存的知识作用的结果,依赖于现实刺激的信息和已贮存的信息的相互作用。

Miller 和 Isard(1963)的实验也证实已有的知识对句子知觉的作用。他们在噪音的背景上,让被试听一些句子,要求被试将听到的句子报告出来。这些句子分成 3 类,第一类为正常的句子,即合乎语法并有一定意义的句子,如

A witness signed the official document.
Sloppy fielding loses baseball games.

第二类为异常的句子,这些句子合乎英语语法,但没有任何意义,如

A witness appraised the shocking company dragon.
Sloppy poetry leaves nuclear minutes.

第三类句子为非语法句,它们既不合乎英语语法,也没有任何意义,只不过是一些字词的随机组合而已,如

A legal glittering the exposed picnic knight.
Loses poetry spots total wasted.

这 3 种句子的正确知觉的百分数见图 2-1。从图中可以见到,句子的正确知觉是句子的

类型和音噪比的函数。在强的噪音背景上,3种句子的正确知觉都很少。但随着音噪比的增大即噪音相对减弱,句子知觉也得到改善。引人注目的,是正常句子的知觉在所有的音噪比水平都优于异常的句子,而异常的句子又优于非语法句。正常句子和异常句子在知觉上的差别说明人可应用句子的意义,而异常句子与非语法句的差别则说明人可将语法应用于知觉,两者都表明人已有的语言知识对知觉的作用。

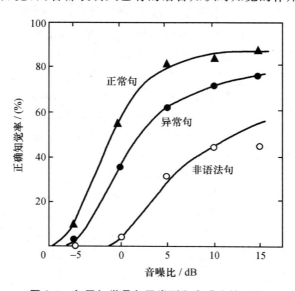

图 2-1　句子知觉是句子类型和音噪比的函数

近来视知觉研究也提供新的证据。其中Biederman(1972)的工作常被引用。他用速示器让被试迅速地看一些不同场景的照片,如校园、街道、厨房等,被试的任务是指出在某个场景中的一个特定位置上的一个熟悉的东西(靶子)。所用的场景照片有两类,一类是正常的场景,另一类是将正常的场景分成几个部分,然后再杂乱地拼凑起来的,参看图2-2。在图2-2中,照片为街景,靶子为自行车,上下两幅照片的左下部分是一样的,均包含自行车。在每一个场景内,靶子的位置在适当的地方用箭头指出来。一种情况是箭头在场景呈现之前呈现(线索在前),另一种情况是箭头在场景呈现之后呈现(线索在后)。在每次试验时,被试要在照片簿中展现的4个东西中,选出一个他确认的靶子。在一半试验中,被试在场景呈现之前就看要从中作出选择的东西(备择物在先);在另一半试验中,被试要在看了场景之后才看备择的东西(备择物在后)。这个实验得到的结果(图2-3)表明,在上述任何一种情况下,正常场景中的靶子的辨认率均高于杂乱的场景,后来的实验还确定,在正常场景中,搜寻一个靶子的速度要快于在杂乱场景中的搜寻(Biederman, Glass, & Staey, 1973)。这些实验结果清楚地说明,人在知觉自然环境中的对象时,是以已有的关于自然环境中诸景物的知识为依据的,有关诸景物的自然的空间关系的知识引导我们的知觉活动。

（a）正常的

（b）杂乱的

图 2-2　两种场景

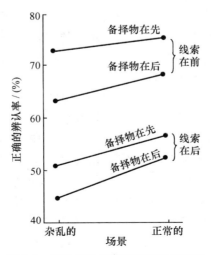

图 2-3　两种场景中的靶子对象的辨认

二、两种对立的知觉理论

已有的知识经验对知觉的影响是多方面的,最引人注目的是体现为上下文的作用。我们在前面引述的几个实验都是有关上下文的。类似的实验还有许多,我们在后面还将涉及。当前一些心理学家认为,总的看来,过去的知识经验主要是以假设、期望或图式的形式在知觉中起作用的。人在知觉时,接收感觉输入,在已有经验的基础上,形成关于当前的刺激是什么的假设(Bruner,1957;Gregory,1970),或者激活一定的知识单元而形成对某种客体的期望(Neisser,1967)。知觉是在这些假设、期望等的引导和规划下进行的。依照 Bruner 和 Gregory 的看法,知觉是一种包含假设考验的构造过程。人通过接收信息、形成和考验假设,再接收或搜寻信息,再考验假设,直至验证某个假设,从而对感觉刺激作出正确的解释,这被称作知觉的假设考验说。照这个学说看来,感觉刺激的物理特征、刺激的上下文和有关的概念都可激活长时记忆中的有关知识而形成各种假设。知觉因而是以假设为纽带的现实刺激信息和记忆信息相结合的再造。在通常情况下,人们在知觉时意识不到假设的参与,但在某些特殊条件下,如在弱的照明下看东西,有时是可以体验到这种假设考验的。假设考验说赋予知觉过程以主动性和智慧性的色彩,是目前在认知心理学中有相当影响的知觉理论。

知觉的假设考验说是一种建立在过去经验作用基础上的知觉理论。支持这个理论的还有其他的重要论据。例如,Rock(1983)就指出,外部刺激与知觉经验并没有一对一的关系,同一刺激可引起不同的知觉(双关图),不同的刺激却又可以引起相同的知觉(常性)。因此,感觉刺激的维量是模糊的,具有双关性质。感觉输入也是模糊的和片断的,不能对外部刺激提供真实而完整的描述。近端刺激如视网膜像只提供关于外部刺激的线索,需要在过去经验的基础上,应用这些线索作出推断,对近端刺激进行评价或解释,才能实现对外部刺激的知觉。这些看法显然是有利于假设考验说的。Moates 等(1980)也重视过去的知识经验在知觉中的作用。他们认为,知觉是定向、抽取特征,与记忆中的知识相对照,然后再定向、再抽取特征并再对照,如此循环,直到确定刺激的意义,这与假设考验说有许多相似之处。

在本章中,我们一开始便提到那种认为知觉只具有直接性质的观点。现在,这方面的主张以知觉的刺激物说为代表。刺激物说与假设考验说相反,主张知觉只具有直接性质,否认已有知识经验的作用。其著名代表 Gibson(1950,1966,1979)认为,自然界的刺激是完整的,可以提供非常丰富的信息,人完全可以利用这些信息,直接产生与作用于感官的刺激相对应的知觉经验,根本不需要在过去经验基础上形成假设并进行考验。例如,照他的看法,距离就是我们直接知觉到的。这是由于距离并不是抽象的空间,而是有着一定的物理光线分布。自然环境中不同大小和位置的物体受到来自各种方向的光线照射,同时这些物体又不同地反射出光线,因此人在任何一个位置上观察周围空间时,都有其特定的光线分布,在周围空间的每一个点上的光线分布都含有一定的差别。当人站在一条砖路上向远方眺望,近处的砖显得大而清晰,远处的砖显得小而模糊。这种近处稀疏、远处密集的光线结构显示出表面质地的密度级差,而且随着视线引向远方,砖的视网像变小,视网膜的单位面积所包含的砖的数目增加,也显示出同样的密度变化。换句话说,光线分布的结构或表面质地的密度与物体的视网像都是按照视角规律而变化的,因此人可以直接知觉距离。如果在二维平面上,画出这种表面结构的密度级差,如使上端的结构单元较小而密度较大,下端的结构单元较大而密度较小,则可将画面知觉为向远方延伸,有明显的距离感或深度感。但是如果画面没有这种结构密度级差,则看起来仍然是垂直于视线的平面图形。这就是著名的 Gibson 结构密度级差的实验。Gibson 本人的实验以及其他人的实验(Epstein,1962;Flock,1964;Newman,1970)都支持上述看法。照 Gibson 看来,感觉刺激所具有的丰富信息在实验室条件下被排除了许多,例如用速示器来迅速呈现刺激就是这样。但人在日常生活中,通常是有足够时间去观察的,而且人可以走动,改变观察的角度。随着观察点的改变,光流的一些特征发生变化,另一些特征则保持不变。像前面指出的那样,在空间的任一点上,都有其特定的光线分布,观察点的改变必然导致光线分布的变化,但光线分布总是含有一定结构的。Gibson 认为知觉系统从流动的系列中抽取不变性。他的理论现在称作知觉的生态学理论,并形成已有不小影响的一个学派。

  Gibson 的理论给认为知觉只具有直接性质的观点以新的活力,成为在当前知觉争论中与假设考验说相对立的另一方。知觉依赖外部刺激的直接作用,这是没有争论的。没有相应的现实刺激,只可能产生幻觉。争论的焦点在于现实刺激信息是否需要在过去经验的基础上进行组织才能产生知觉。上述 Gibson 的距离知觉研究似乎提示,某些知觉或知觉的某些方面是受神经系统的构造所决定的,不需要过去经验的参与。以前格式塔心理学确定的知觉组织的各种现象也似可归于此类。但是,从总体上来看,就像前面所说的,认知心理学有理由认为,知觉依赖于过去的知识和经验,知觉信息是现实刺激的信息和记忆信息相互作用的结果。从目前的研究状况来看,以过去的知识经验的作用为焦点的知觉实质问题的争论还将继续下去。

三、知觉加工

1. 自下而上加工和自上而下加工

  认知心理学既已强调过去的知识经验和现实刺激都是产生知觉所必需的,因此它认为知觉过程包含相互联系的两种加工:自下而上(Bottom-Up)加工和自上而下(Top-Down)加工。自下而上加工和自上而下加工两个术语是从计算机科学引来的。自下而上加工是指由外部刺激开始的加工,通常是说先对较小的知觉单元进行分析,然后再转向较大的知觉单元,经过一系列连续阶段的加工而达到对感觉刺激的解释。例如,当看一个英文单词时,视觉系统先确认构成诸字母的各个特征如垂直线、水平线、斜线等,然后将这些特征加以结合来确认一些字母,字母再结合起来而形成单词。由于信息流程是从构成知觉基础的较小的知觉单元到较大的知觉单元,或者说从较低水平的加工到较高水平的加工,这种类型的加工因而称为自下而上加工。与此相反,自上而下加工是由有关知觉对象的一般知识开始的加工。由此可以形成期望或对知觉对象的假设。这种期望或假设制约着加工的所有的阶段或水平,从调整特征觉察器直到引导对细节的注意等。自上而下加工常体现于上下文效应中。如音素恢复实验所表明的那样,字词的上下文迫使对缺失一个字母的字词作出相应的解释。由于是一般知识引导知觉加工,较高水平的加工制约较低水平的加工,这种类型的加工因而称为自上而下加工。Lindsay 和 Norman(1977)将自下而上加工称作数据驱动加工(Date-Driven Processing),而将自上而下加工称作概念驱动加工(Conceptually-Driven Processing)。自下而上加工和自上而下加工是两种方向不同的加工,两者结合而形成统一的知觉过程。像我们在前面指出的那样,如果没有刺激的作用,那么单靠自上而下加工则只能产生幻觉。但是,只有自下而上加工也是不够的。因为在没有自上而下加工的情况下,自下而上加工所要负担的工作必将太重,甚至可以说是无法承担的;同时人接收外界信息的速度也是较慢的,据 Gregory(1970)推算,人的视觉系统接收外界信息的极限大约是每秒 12 比特(bit);此外,单是自下而上加工也难于应付一些刺激所具有的双关性质或不确定性。这些困难只有在自上而下加工的参与下,才能得到克服。

现在一般都承认,知觉过程包含互相联系的自下而上加工和自上而下加工。但是,在不同的情况下,知觉过程对这两种加工也可有不同的侧重。Eysenck(1984)指出,在良好的知觉条件下,知觉主要是自下而上的加工,而随着条件恶化,自上而下加工的参与也将逐渐增多。他甚至认为,前面已提到的 Gibson 与 Gregory 和 Bruner 的观点对立与此有关。照他看来,Gibson 强调的是在良好条件下的知觉,而 Gregory 和 Bruner 则强调在非良好条件下的知觉。对于进一步研究这个问题,Tulving, Mandler 和 Baumal (1964)得到的实验结果是有意义的。他们在字词识别实验中,通过改变刺激呈现时间来研究自下而上加工,而通过改变作为上下文的字词的数目来研究自上而下加工。他们应用的刺激材料为一些句子,例如:

    Countries in the United Nations form a military alliance.
    The political leader was challenged by a dangerous opponent.
    A voter in municipal elections must be a local resident.
    The huge slum was filled with dirt and disorder.

每个句子的最后一个字为要识别的靶子词,在这之前的字词即为上下文。实验时先给被试呈现 4 个或 8 个上下文的字词,然后再呈现靶子词,或者径直呈现靶子词,而不呈现任何上下文。被试在上述各种情况下看到的刺激材料的类型有 3 种:

  无上下文   disorder
  4 字上下文   filled with dirt and disorder
  8 字上下文   The huge slum was filled with dirt and disorder

靶子词呈现的时间从 0 到 140 ms,梯度为 20 ms。呈现时间为 0 意味着未呈现靶子词。实验结果见图 2-4。从图中可以看出,随着呈现时间的增加,无论有无上下文,靶子词的正确识别率都逐步提高了;而且不论呈现时间如何,有上下文的靶子词的正确识别率均高于无上下文的,其中 8 字上下文的又高于 4 字上下文的,甚至当靶子词未呈现时,在有上下文的条件下,被试还可以正确地猜出一些靶子词。实验结果还表明,当靶子词的呈现时间为 60~80 ms 时,有上下文的靶子词的识别率高出无上下文的最多,其中有 8 字上下文的高出达 40%。但是,随着靶子词呈现时间进一步增加,有上下文的和没有上下文的靶子词的识别率的差别反而缩小了。当靶子词的呈现时间为 140 ms 时,有 8 字上下文的靶子词的识别率比没有上下文的只高出约 30%。这意味着较长的刺激呈现时间更有利于无上下文的靶子词的识别,也即促进了自下而上加工,而上下文的作用这时却减弱了。以上这些结果说明,字词识别既依赖于自下而上加工,又依赖于自上而下加工,并且在不同的条件下,也可有不同的情况。

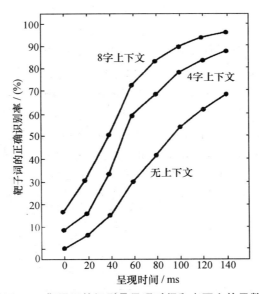

图 2-4 靶子词的识别是呈现时间和上下文的函数

关于自下而上加工和自上而下加工及其联系,目前仍有不少细节还不清楚。例如,现在一般设想,自下而上加工和自上而下加工似乎是同时进行的,但也不排除两者的启动在时间上有先后;在自上而下加工中,人的期望或假设可能一开始是一般的、粗略的,而随着更多的刺激信息的获得,期望会逐渐变得更加具体。这些问题都有待于进一步的研究。

2. 整体加工和局部加工

知觉过程还涉及另一个重要问题。这就是整体和部分的知觉问题:对于一个客体,是先知觉其各部分,进而再知觉整体,还是先知觉整体,再由此知觉其各部分? 自格式塔心理学兴起以来,这个问题在知觉研究中,一直尖锐地存在着。格式塔心理学认为,整体多于部分之和,整体决定着其部分的知觉。照这种观点来看,整体是在其部分之前被知觉的。长期以来,针对这个观点还很少进行过实验研究。近年来,Navon(1977,1981)进行了一系列实验,并且提出了一些引人注目的看法。

Navon(1977)区分总体特征(Global Feature)和局部特征(Local Feature),前者可看作整体,后者可看作部分。例如,一个大的字母"H"可由一些小的字母"S"构成。这样,大的字母"H"就是整体或总体特征,小的字母"S"就是部分或局部特征。Navon在实验中应用的视觉刺激材料就是这样制作的,详见图2-5。图中每个黑方框的边长为33 mm,构成视角3°47′,而大字母的最长的直径为28 mm,构成视角3°12′,小字母的大小为大字母的1/8。但有一半被试接受的刺激为上述刺激的1.5倍大。从图中可以看出,所用的视觉刺激为大的字母H、S和长方形,它们分别由小的字母H、S和长方形所构成。实验采用Stroop作业的一种变式-视听干涉。实验时先呈现一个视觉刺激,持续80 ms,在视觉刺激开始呈现后40 ms,被试通过耳机可以听到字母H或S的读音,听觉刺激持续300 ms,被试的任务在于判定他听到的是哪个字母,按键作出相应的反应,记录其反应时。实验中,被试要始终注视视觉刺激,视听两种刺激的作用有40 ms的重叠。在这样的实验安排里,任何一个听觉刺激,即读出的字母H和S,与作为视觉刺激的大的字母H,S和长方形有3种关系:(1) 一致,即被试听到的和看到的字母相同;(2) 无关,即被试听到某个字母,但看到的是长方形;(3) 冲突,即被试听到的是一个字母,而看到的是另一个字母。以上3种关系是就大的字母和长方形来说的,故称作总体的一致关系。从图2-5中可以看到,上述3种视觉刺激各由3种不同的成分所构成,如大的字母H有3种,其成分分别为小的字母H,S和长方形。这样,在上述任何

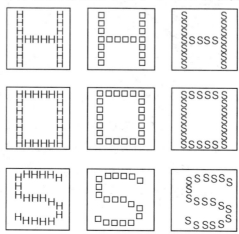

图2-5 Navon应用的视觉刺激材料

一种总体的一致关系内,听觉刺激又与局部的成分有一致、无关和冲突 3 种关系,这称作局部的一致关系。Navon 依照这种总体的和局部的一致关系整理出所得到的实验结果,见图 2-6。此外,他还作了无视觉刺激的听觉辨别的反应时实验。

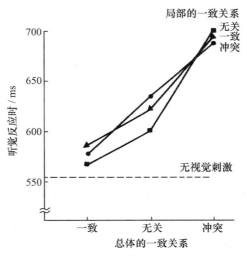

图 2-6 听觉反应时是总体的一致关系的函数

图中的实验结果表明,听觉辨别的反应时依赖于听觉刺激与视觉刺激的总体的一致关系;在一致的情况下,反应时最短;在冲突的情况下,反应时最长;无关情况下的反应时居中。经成对的统计考验,其差异均达到显著水平。但是,听觉辨别反应时在 3 种局部的一致关系下,并没有显著的差异。视觉刺激的大小对实验结果也没有显著的影响。这些实验结果说明,当视觉的总体特征(大字母)与听觉刺激相一致时,听觉辨别的速度加快;当视觉的总体特征不同于听觉刺激时,听觉辨别就会受到干涉,速度就变慢了;但是,听觉辨别的速度不受局部特征(小字母)的影响。Navon 因而认为,在一些情境中进行的视觉加工有着有限的深度,只有总体特征可被知觉,而局部特征则不被知觉。在上述实验里,大多数被试甚至未看出大的视觉刺激是由小的字母构成的。

Navon(1977)在另一个实验里,改用视觉的字母识别作业。所用的视觉刺激材料同前,每次试验时呈现一个刺激。实验按注意的对象分为两组:(1) 注意整体,要求被试指出他看到的大字母是 H 还是 S(在这组实验中,图 2-5 第二行的 3 个刺激弃而不用);(2) 注意局部,要求被试指出他看到的小字母是 H 还是 S(在这组实验中,图 2-5 第二列的 3 个刺激弃而不用)。这些都事先分别告知有关的被试。实验时先给被试以预警,要求被试注视荧光屏上的光点,接着呈现一个刺激,持续 40ms,然后呈现掩蔽刺激。被试要尽快作出判定,并尽可能少犯错误。记录被试的反应时和判定的正误。得到的反应时结果见图 2-7。

图 2-7 中的横坐标是大字母和小字母的 3 种关系,即一致、无关和冲突。从图中可

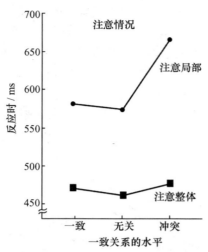

图 2-7　反应时是一致关系的水平和注意情况的函数

以看出,大字母的识别要快于小字母。差异达到统计学的显著水平;此外,在大小字母的3种不同关系下,大字母识别的反应时没有显著的差异,但是小字母的识别却有不同的速度,在冲突条件下的小字母识别最慢,它与另外两种条件下的反应时的差异达到显著水平。在正确识别率上,大字母和小字母没有显著的差异。根据这些实验结果,Navon 认为,总体特征的知觉快于局部特征的知觉,而且当人有意识地去注意看总体特征时,知觉加工不受局部特征的影响,但当人注意看局部特征时,他不能不先知觉总体特征,否则就不会出现小字母识别在冲突条件下的反应时最长。这意味着总体特征是先于局部特征被知觉的,总体加工是处于局部分析之前的一个必要的知觉阶段。Navon 将这种知觉加工的顺序称作总体特征优先。照他的看法,知觉过程开始于总体的组织,然后才是对局部特征的分析。这也就是说知觉是从整体到部分的。

　　Navon 的这项研究引起人们的关注。一些心理学家(Kinchla & Wolfe, 1979; Hoffman, 1980)做了类似的实验,提出了不同的解释。Kinchla 和 Wolfe(1979)发现,当小字母达到视角 8°时,它比总体特征(大字母)更易识别。他们认为,有着最佳大小的对象被首先加工。后来 Navon(1981)指出,总体优先效应的大小乃至其存在是依赖于一定因素的,其中最重要的是刺激的视角大小和网像的位置,这些问题的研究还很少,目前难以作深入分析。但是,Navon 提出的总体优先对进一步研究知觉过程,无疑是有意义的。从这里可以看到,由格式塔心理学提出的整体和部分的知觉问题,仍然是当前知觉研究的核心问题之一。我们在后面还将涉及这个问题。

　　从前面可以看出,整体的和局部的加工问题与自下而上加工和自上而下加工有密切联系。前面说过,自下而上加工是从较小的知觉单元转向较大的知觉单元,似乎可以说是从局部到整体的加工,而自上而下加工是关于知觉对象的一般知识、期望或假设引导的加工,也可说是从整体开始的加工。但是,Navon 所说的总体优先或从整体到局部的加工,是针对刺激的物理特征的,而不是说刺激的意义的作用,虽然刺激的意义也是刺激的整体特征,但两者不能等同。在承认自下而上加工和自上而下加工以后,仍然存在从局部到整体的加工与从整体到局部的加工问题。

综上所述,认知心理学对知觉的理解较过去有了进步,它强调知觉的主动性和选择性以及过去经验的重要作用,并且明确提出了自下而上加工和自上而下加工,给一般知觉过程以新的解释。但是,一些重要的问题还没有得到解决,需要进行深入的研究。目前一个值得注意的趋势,是将心理学、生理学和人工智能等学科的观点加以综合来研究具体的知觉问题。

第二节 模式识别

认知心理学的知觉研究主要涉及模式识别(Pattern Recognition),特别是视觉的模式识别。所谓模式是指由若干元素或成分按一定关系形成的某种刺激结构,也可以说模式是刺激的组合。例如,几个线段组成的一个图形或一个字母,几个笔画组成的一个汉字、一幅人的头像等等,都是视觉模式;几个音素组成的一个音节,几个音节组成的一个单词,一段音乐旋律等等,都是听觉模式;此外还有触觉的、味觉的和嗅觉的模式。在任何感觉道内,一个模式总要不同于其他的模式。在现实生活中,经常作用于人的感官的,不是个别的光点、纯音等,而是物体、图像、字符、语音等各种模式。其中有些模式比较简单,有些模式比较复杂。复杂模式的组成部分本身往往又是由若干元素构成的,这些组成部分称作子模式。当人能够确认他所知觉的某个模式是什么时,将它与其他模式区分开来,这就是模式识别。人的模式识别常表现为把所知觉的模式纳入记忆中的相应的范畴,对它加以命名,即给刺激一个名称。但这种命名并不是必不可少的,有时模式识别也可表现为对刺激产生熟悉之感,知道它是以前曾经知觉过的。

模式识别是人的一种基本的认知能力或智能,在人的各种活动中都有重要的作用。它也受到一些邻近学科特别是计算机科学的注意。近 20 年来,计算机科学技术得到迅速发展。为了进一步开发计算机的功能,科学家们力图将模式识别的能力赋予机器(计算机),进行了多方面的探索并取得了不少成果。机器的模式识别成为人工智能的一个重要研究领域,而模式识别本身则成为心理学、人工智能和神经生理学等学科共同研究的课题。在研究工作中,这些不同学科之间存在着非常密切的相互影响。

人的模式识别可看作一个典型的知觉过程,它依赖于人已有的知识和经验。一般说来,模式识别过程是感觉信息与长时记忆中的有关信息进行比较,再决定它与哪个长时记忆中的项目有着最佳匹配的过程。然而这种匹配过程是怎样实现的呢?现在认知心理学已提出几个理论模型或假说,如模板说(模板匹配模型)、原型说(原型匹配模型)和特征说(特征分析模型)等。其中一些模型受到人工智能研究的很大影响,甚至可以说,某些主要的观点是从人工智能移植过来的。下面我们分别叙述以上3个模型。

一、模板说

这个模型最早是针对机器的模式识别而提出来的,后来被用来解释人的模式识别。它的核心思想是认为在人的长时记忆中,贮存着许多各式各样的过去在生活中形成的外部模式的袖珍复本。这些袖珍复本即称作模板(Template),它们与外部的模式有一对一的对应关系;当一个刺激作用于人的感官时,刺激信息得到编码并与已贮存的各种模板进行比较,然后作出决定,看哪一个模板与刺激有最佳的匹配,就把这个刺激确认为与那个模板相同。这样,模式就得到识别了。由于每个模板都与一定的意义及其他的信息相联系,受到识别的模式便得到解释或其他的加工。例如,当我们看一个字母A,视网膜接收的信息便传到大脑,刺激信息在脑中得到相应的编码,并与记忆中贮存的各式各样的模板进行比较;通过决策过程判定它与模板A有最佳的匹配,于是字母A就得到识别;而且我们还可以知道,它是英文字母表中的第一个字母,或是考试得到的最好的分数等等。由此可见,模式识别是一个一系列连续阶段的信息加工过程。

模板说是一个简单的模型。它的基本思想就是刺激与模板匹配,而且这种匹配要求两者有最大程度的重叠。这种形式的匹配被称为模板式匹配。但是,在这个模型中,还有一些重要的问题没有得到明确的说明。例如,对刺激的加工是从局部特征还是从总体特征开始的?模板的编码形式是怎样的?这后一个问题对模板说显得格外重要。应当设想,刺激和模板要能进行比较,两者的编码应是类似的。如果当前作用于感官的外部刺激在人脑中表征为具体的感性形象,那么模板是否也应具有表象的形式呢?在一些著述中,确实有这种暗示,但许多人回避这个问题,而只笼统地称两者为信息。此外,刺激与记忆中的各种模板的比较是同时进行的(平行加工),还是一个个相继进行的(系列加工)呢?上述这些问题都涉及上一节所说的一般知觉过程以及知识表征,在目前还没有解决。它们在其他的模式识别模型中也是存在的,模板说的框架倒是可以容纳一些不同的看法。

对于前面所述的模板说的内容,目前已经提出了一些补充和修正。首先,按照模板说的基本观点,为了识别某个特定的模式,必须事先在记忆中贮存与之对应的模板。如果该模式在外形、大小或方位等某一方面有所变化,那么每一个变化了的模式都要有与之对应的特定模板,否则就不能得到识别或发生错误的识别(参看图2-8)。在这种情况下,要得到正确识别,就需要在人的记忆中贮存不可计数的模板,从而极大地增加记忆的负担。这与人在模式识别中表现出的高度灵活性是不一致的,人可以毫无困难地识别用不同字体写出的同一个字母,甚至其大小和方位也可不同。因此,有人给模板匹配模型增加了一个预加工(Preprocessing)过程,即在模式识别的初期阶段,在匹配之前,将刺激的外形、大小或方位等加以调整,使之标准化(Lindsay & Norman, 1977)。这样就可大大减少模板数量。但是这种做法也有困难。如果事先不知道待识别的模式

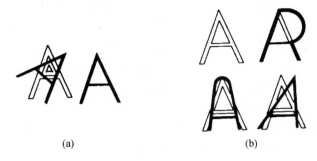

图 2-8 典型的识别失败的例证

图中白勾的为字母 A 的模板。在(a)中,某个未知的字母(A)由于其非标准化的大小、方位而不能与模板匹配;在(b)中,样本的大小和方位虽经调整,也可发生错误的匹配,字母(R)比略为圆的或稍斜的字母 A 可以更好地与模板 A 相匹配。

是什么,那么依据什么来调整刺激的外形、大小或方位呢?在这个方面,刺激的上下文可以起重要的作用。通常刺激总是出现在一定的上下文中,这种上下文能够提示一个刺激的合适的外形,大小或方位等应该是怎样的,从而使预加工过程得以顺利进行。这就涉及自上而下加工的问题。总的来看,前面所说的模板匹配模型是一种自下而上加工的模型。我们已经知道,知觉过程包含相互联系的自下而上加工和自上而下加工。Lindsay 和 Norman(1977)将自上而下加工加进模板匹配模型,并且同时附加了预加工过程,见图 2-9。这是一个比较完整的模板匹配模型。图的左侧表明自下而上加工,图的右侧表明自上而下加工。关于这个模型,有两点需要说明:其一,就视觉而言,视觉系统中一些感受细胞组成的专门觉察某个刺激(字母)的觉察器被看作模板;其二,认为外部刺激同时与所有可能的模板进行匹配。当然,对这两点存在不同的看法。除去某些细节不计,经过这样的补充和修正,模板说确实得到一些改善。

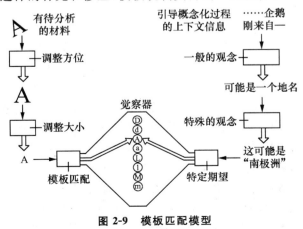

图 2-9 模板匹配模型

模板说的基本观点得到一些实验结果的支持。Phillips(1974)让被试判断两个先后呈现的棋局模式的异同,两个模式在呈现时的空间关系有两种情况:(1)重叠,第二个模式出现在第一个模式的同一位置;(2)位移,第二个模式相对第一个模式略作水平方向的位移。实验结果表明,当两个模式呈现的时间间隔在 300 ms 以下时,重叠情况下的正确判断的百分数要高于位移情况下的,但在时间间隔为 600 ms 时,实验结果出现相反的情况。这说明在视觉存贮的时间内,两个模式的空间重叠是有利于识别的,换句话说,模板匹配在模式识别中是起作用的。Warren(1974)所做的声音异同判断的实验也得到类似的结果。当两个声音刺激的持续时间严格匹配时,声音高低的异同判断的成绩要优于持续时间不一致的。我们在第一章的方法部分谈过的 AA 和 Aa 两对字母的实验也包括视觉模板的作用。这些实验结果都表明,模板说在一定范围内,是可以解释人的模式识别的。此外,模板说还在机器的模式识别中得到实际应用。现在许多国家应用模板技术来制作一些特殊的数字,用于支票的银行账户、信用卡、提款卡等的编号。计算机可以成功地作出识别。超级市场的商品价格可以用线条的宽度、位置及空间间隔进行编码,构成一定的模式,通过模板匹配而由计算机读出。这种技术现在得到愈来愈广泛的应用。

模板说虽然可以解释人的某些模式识别,但它存在着明显的局限。依照模板说的观点,人必须事先存贮相应的模板,才能识别一个模式。即使附加了预加工过程,这些模板的数量仍然是巨大的。这不仅给记忆带来沉重的负担,而且也使模式识别缺少灵活性,显得十分呆板。模板说难以解释人何以迅速识别一个新的、不熟悉的模式这类常见的事实。现在,心理学家几乎一致认为,模板说没有完全解释人的模式识别过程。但是,模板和模板匹配也不应受到完全的否定。作为人的模式识别过程的一个方面或环节,模板还是有作用的。在其他的模式识别模型中,还会出现类似模板匹配的机制。

二、原型说

这个假说可看作是针对模板说的不足而提出来的。原型说的突出特点是,它认为在记忆中贮存的不是与外部模式有一对一关系的模板,而是原型(Prototype)。原型不是某一个特定模式的内部复本。它被看作一类客体的内部表征,即一个类别或范畴的所有个体的概括表征。这种原型反映一类客体具有的基本特征。例如,人们看到各种不同外形的飞机,而带有两个翅膀的长筒可作为飞机的原型。因此,照原型说看来,在模式识别过程中,外部刺激只需与原型进行比较,而且由于原型是一种概括表征,这种比较不要求严格的准确匹配,而只需近似的匹配即可。当刺激与某一原型有最近似的匹配,即可将该刺激纳入此原型所代表的范畴,从而得到识别。所以,即使某一范畴的个体之间存在着外形、大小等方面的差异,所有这些个体都可与原型相匹配而得到识别。这就意味着,只要存在相应的原型,新的、不熟悉的模式也是可以识别的。这样,原型匹配模式不仅可以减轻记忆的负担,而且也使人的模式识别更加灵活,更能适应环境的变化。

对于原型说来讲,关键之点在于是否存在这种原型。目前已有一些实验结果提示原型确实存在。Posner 等(1967)曾经做过有关原型的实验。他们利用 9 个点构成几种基本的模式,如三角形、字母 M 或 F 以及随机点模式,这些基本的模式在实验中被看作原型,见图 2-10(a)。然后对每一个原型中的某些点加以移动,分别构成 4 个畸变的模式,图 2-10(b)为三角形原型的 4 个畸变的模式。在一组实验中,他们先让被试看其中 3 种原型的畸变模式,这些畸变模式一个个地随机呈现,要求被试将所呈现的每个畸变模式划入某个范畴(原型),也即要求被试将每个原型的相应的 4 个畸变模式归为一类,对他们的每次分类操作均给予反馈。需要注意的,是在这个实验阶段,不给被试看任何一个原型。当被试学会这种分类作业之后,即进行下一步迁移实验。这时给被试看一系列的模式,其中包括先前看过的原有的畸变模式;基于上述原型的一些新的畸变模式和原型本身,要求被试将这些模式分别划入上述 3 个范畴。结果发现,被试对原有的畸变模式分类的正确率约为 87%;极为重要的,是对先前未看过的原型分类的正确率也与此相当,而对新的畸变模式的分类则较差。Posner 等认为,这种实验结果说明,被试在实验的第一阶段上,已经从一些畸变模式中有效地抽象出原型。这同时也意味着,被试对畸变模式进行分类是将它们与相应的原型作比较的。Posner 等(1968)的进一步研究还表明,被试不仅可以从畸变模式中抽象出原型,而且还能掌握这一范畴的实例的变异性。这些结果都有利于原型说。但 Posner 等人没有对原型的具体特征和编码形式加以说明。

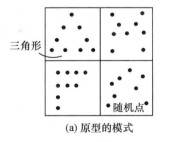 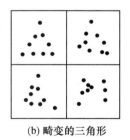

(a) 原型的模式　　　　　(b) 畸变的三角形

图 2-10　原型和三角形的畸变模式

Reed(1972)曾经做了类似的实验。他应用的模式刺激是人的面部简图。这些面部简图的变量有眼睛的位置、额头高低、鼻子的长短和位置等,每个维量有大、中、小 3 个值。在一组实验中,他先给被试看 10 个同时呈现的面部简图,见图 2-11,并且告诉被试:图 2-11 中的上一行 5 个图属于一个范畴,下一行 5 个图属于另一个范畴,但不对这两个范畴的区别作任何说明。然后再给被试呈现其他的面部简图,要求被试按照他们对以上两个范畴的理解,把这些新呈现的面部简图分到这两个范畴中去。结果发现,多达 58% 的被试（大学生）采用原型策略来完成这个分类作业，即根据上述每一行面部简图来形成每一个范畴的原型，并且根据新呈现的每个面部简图与哪个原型最相似而将它划入相应的范畴。Reed 还进一步指出，这种原型代表着一个范畴的实例的集中趋势，并且是以抽象的表象来表征的。

图 2-11　两个范畴的面部简图

以这些研究结果为基础，Reed(1973)提出了一个模式识别的模型，见图 2-12。Reed 认为，模式识别是从特征分析开始的。模式的各个成分即特征先得到确认，然后模式各部分的关系如平行、联结和对称等再得到确认。这种特征和关系的确认是模式的物理特征的确认，它们都属于刺激审察阶段。特征和关系的结合就形成对模式的解释，如果它能完整地解释这个模式，它就相当于所知觉的模式或具体的像。这样，就可将这个模式的解释与记忆中贮存的诸模式的解释进行匹配。这个匹配过程可能包含模式的视觉表象或言语解释。如果进行比较的双方有完全的或很大的重叠，即可有准确的匹配。但是，如果知觉不够精确或贮存的解释丢失特征，就不能实现准确的匹配。另

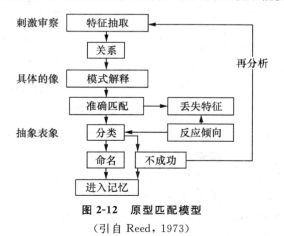

图 2-12　原型匹配模型

（引自 Reed，1973）

外,如果一个模式有多种样本,准确的匹配也是不可能的。这时就需要进行分类,将模式归入某一范畴,而范畴是以原型的概括表象来表征的。反应倾向如字词频率等可对分类与特征丢失起作用。当实现准确的匹配或分类后,模式即得到识别,并可进入记忆。当相应的贮存的解释与名称相连,则识别的模式得到命名,或者激活其他有关的信息。如果不能成功地实现准确的匹配或分类,该模式则可作为新的模式进入记忆,并可改变有关的原型;另一种可能是重又回到刺激审察阶段,进行再分析和再匹配等。上述的模型是一个比较完整的原型匹配模型,它明确地阐述了原型的具体特征和编码形式,强调原型在范畴水平的分类操作中的作用。并且它还可以容纳模板匹配。因此,Reed的模型显得更加灵活,更富有弹性。但是,这个模型只含有自下而上加工,而没有自上而下加工,这显然是一个缺陷。与模板匹配相比,自上而下加工对原型匹配似乎更加重要。

此外,支持原型说的还有 Franks 和 Bransford(1971)的实验研究等。从前面可以看到,原型涉及范畴表征的问题。它更引起心理学家的关注,现在原型已成为概念结构研究中的一个重大的课题(Rosch,1973,1975),我们在后面"概念"一章中将加以叙述和讨论。

三、特征说

前面已经说过,模式是由若干元素或成分按一定关系构成的。这些元素或成分可称为特征(Feature),而其关系有时也称为特征。特征说认为,模式可分解为诸特征。例如,一个大写的英文字母 A 可以分解为下列特征:两条斜线、一条水平线和 3 个锐角。这 3 个锐角实际上表明这些线段的关系,即两条斜线相交和水平线与两条斜线相接。Lindsay 和 Norman(1977)指出,构成所有 26 个英文字母的特征共有 7 种,即垂直线、水平线、斜线、直角、锐角、连续曲线和不连续曲线,详见表 2-1。表中列出了每个英文字母具有上述哪些特征的具体情况。从表中可以看到,如 F 有一条垂直线、两条水平线和 3 个直角;P 有与 F 一样的特征,外加一条不连续曲线;R 有与 P 一样的特征,另有一条斜线,等等。Gibson(1969)也曾就英文字母的特征提出过类似的看法,但区分出 12 种特征。照特征说看来,特征和特征分析在模式识别中起着关键的作用。它认为外部刺激在人的长时记忆中,是以其各种特征来表征的,在模式识别过程中,首先要对刺激的特征进行分析,也即抽取刺激的有关特征,然后将这些抽取的特征加以合并,再与长时记忆中的各种刺激的特征进行比较,一旦获得最佳的匹配,外部刺激就被识别了。这就是一般的特征分析模型。

表 2-1　英文字母的 7 种特征及其分布情况

	垂直线	水平线	斜线	直角	锐角	连续曲线	非连续曲线
A		1	2		3		
B	1	3		4			2
C							1
D	1	2		2			1
E	1	3		4			
F	1	2		3			
G	1	1		1			1
H	2	1		4			
I	1	2		4			
J	1						1
K	1		2	1	2		
L	1	1		1			
M	2		2		3		
N	2		1	2			
O						1	
P	1	2		3			1
Q			1		2	1	
R	1	2	1	3			1
S							2
T	1	1		2			
U	2						1
V			2		1		
W			4		3		
X			2		2		
Y	1		2		1		
Z		2	1	2			

（引自 Lindsay & Norman, 1977）

特征说所强调的特征,不管它在长时记忆中的编码形式是怎样的,其地位和作用看起来类似模板说中的模板。Anderson（1980）指出,这种特征似可看作微型模板。这个看法是有一定道理的。也许可以说,特征是一种局部的部件模板。但是特征说毕竟不同于模板说,并且具有一定的优点。首先,依据刺激的特征和关系进行识别,就可以不管刺激的大小、方位等其他细节,避开预加工的困难和负担,使识别有更强的适应性。其次,同样的特征可以出现在许多不同的模式中,必然要极大地减轻记忆的负担。第三,由于需要获得刺激的组成成分信息,即抽取必要的特征和关系,再加以综合,才能进行识别,这使模式识别过程可带有更多的学习色彩。这一点看来是极重要的。应当说,特征分析模型是含有较多的学习可能性的。与此有关,还可以预料,当不同的模式具有一些共同的特征时,就会使识别发生困难,甚至出现错误,将这些模式混淆起来。在人的实际知觉中,确实常常出现这些情况。这方面的事实也是支持特征说的有力的证据。

对此曾进行过有关的实验研究。

　　Neisser(1964)做过一个实验。他的实验材料是 6 个一行的英文字母,共用了许多行(见表 2-2)。将这种材料给被试看,要求他们在这许多行的字母中,尽快地搜寻到一个特定的字母(靶子)。经过一些训练之后,被试在搜寻时可在一秒钟内扫描 10 行字母。这些实验材料分成两组,其区别仅在于所要搜寻的特定字母(靶子)与组内其他字母在特征上有高低不同的相似程度。例如,在表 2-2 的第一组材料中,靶子字母为 Z,组内其他字母多有曲线,它们之间的相似程度很低;而在第二组材料中,靶子字母 Z 与组内其他字母都有直线和角等,它们之间有较高的相似程度。结果发现,在第一组材料中,搜寻靶子 Z 比在第二组材料中要迅速得多。这个结果表明,当一些字母的特征有较大差别时,就容易对它们作出区分,否则就会发生困难。这种情况无疑是支持特征分析模型的。同时,这些实验结果也表明模板说的不足。依照模板说的观点,不管在哪一组材料中,当扫描到靶子字母时,就可以进行模板匹配而加以识别,不会因特征相似程度的不同,而需要不同的搜寻时间。模板说的预测与实际的结果是不吻合的。

表 2-2　Neisser 应用的两组字母材料

第一组	第二组
ODUGQR	IVMXEW
QCDUGO	EWVMIX
CQOGRD	EXWMVI
QUGCDR	IXEMWV
URDGQO	VXWEMI
GRUQDO	MXVEWI
DUZGRO	XVWMEI
UCGROD	MWXVIE
DQRCGU	VIMEXW
QDOCGU	EXVWIM
CGUROQ	VWMIEX
OCDURQ	VMWIEX
UOCGQD	XVWMEI
RGQCOU	WXVEMI
GRUDQO	XMEWIV
GODUCQ	MXIVEW
QCURDO	VEWMIX
DUCOQG	EMVXWI
CGRDQU	IVWMEX
UDRCOQ	IEVMWX
GQCORO	WVZMXE
GOQUCD	XEMIWV
GDQUOC	WXIMEV
URDQGO	EMWIVX
GODRQC	IVEMXW

由于一些字母有较多的共同特征而发生混淆的现象，在许多实验中得到证实。Kinney 等(1966)发现，在视觉的字母识别实验中，被试常将字母 G 误认为字母 C 或字母 O。Mayzner(1972)进行了较系统的研究。他在实验中应用的刺激为 25 个英文字母，这些字母一个个地通过速示器随机呈现，要求被试加以识别。每个字母的呈现时间有 5 种，即 12,14,16,18 和 20 ms，以每种时间各呈现 50 次，共计 250 次。结果发现，被试正确识别字母的次数随呈现时间的增加而增多。更有意义的，是他详细地分析了被试的错误识别的情况，列出了字母混淆矩阵(表 2-3)。从表 2-3 中，可以知道每一个字母被误认为别的字母的次数，数据是将每个字母的 5 种呈现时间的实验结果合起来统计的。这个矩阵表明，有些字母由于特征相似而极易混淆，如 C 与 O，E 与 F，G 与 S，N 与 M，T 与 I 等，而特征差别大的字母则不易混淆，如 C 与 W，E 与 N，V 与 D 等。

表 2-3　英文字母的混淆矩阵

	刺 激																								
	A	B	C	D	E	F	G	H	I	J	K	L	M	N	O	P	R	S	T	U	V	W	X	Y	Z
A		2	4	1	1	4	2	26	0	0	0	1	10	3	0	7	7	3	0	0	1	4	2	2	5
B	10		8	7	2	7	31	6	0	8	1	0	6	6	9	4	6	15	0	4	4	2	1	0	8
C	3	2		3	16	1	8	0	0	5	16	3	2	6	54	2	1	4	4	1	1	1	9
D	3	9	18		2	2	12	0	1	1	2	1	0	2	57	1	3	2	0	2	1	3	0	0	0
E	6	10	6	1		20	3	4	0	2	4	5	5	0	2	5	0	2	1	3	6	0	17
F	7	7	6	2	39		10	7	0	5	5	1	4	6	0	13	9	4	0	1	1	5	2	1	14
G	5	14	29	6	14	8		7	0	3	9	7	2	5	9	5	1	17	1	4	9	4	1	0	10
H	12	11	4	5	4	3	8		0	5	6	3	14	16	4	7	9	8	1	3	5	15	2	3	7
I	0	1	6	0	3	2	1	2		3	2	0	9	3	0	2	4	22	4	1	5	7	50	0
J	7	4	12	12	1	1	5	5		1	3	7	13	7	0	5	0	32	17	3	5	0	2
K	4	3	4	9	5	1	5	0	5	2		16	12	5	9	20	4	0	4	1	6	7	2	4
L	0	11	26	8	10	4	3	1	1	2	5		7	5	11	1	2	3	2	8	3	1	4	1	5
M	7	2	2	2	3	4	20	4	4	1	2		56	3	6	8	4	1	7	6	12	3	1	1
N	6	5	1	4	0	2	3	10	1	2	3	0	11		3	6	2	0	0	4	2	7	1	2	1
O	1	5	42	44	1	2	19	0	0	7	0	1	6	2		2	3	2	6	3	0	0	3
P	15	14	3	5	2	17	7	8	0	4	9	0	3	6	0		1	5	3	2	1	8	0
R	8	9	3	2	9	12	6	12	1	2	9	0	7	8	2	29		5	0	2	4	15	1	0	9
S	8	27	13	4	4	13	44	3	1	5	3	0	3	3	8	3	8		0	3	4	7	3	0	11
T	8	6	4	1	6	7	3	96	1	3	24	0	2	9	12	9		4	7	10	13	91	2
U	3	8	14	17	2	0	19	0	2	2	12	10	16	1	2	2	0		27	9	0	7	0	2
V	3	3	3	6	4	0	6	2	6	7	7	1	2	1	1	23		3	0	0	1
W	3	2	0	2	3	3	1	0	4	0	3	3	0	2	0	2	0	2	6		0	0	0
X	2	2	3	1	0	4	2	12	0	12	0	6	0	4	0	7	0	9	11	2	1	3		5	12	0	1
Y	6	1	0	2	4	7	4	4	13	5	3	10	1	0	6	5	2	1	3	1	3	7	21		4
Z	4	4	4	2	29	12	5	2	0	5	0	4	2	3	2	1	3	3	9	3	10	0	2	2	

表中为每个字母在 250 次呈现中的错误识别及其次数。(引自 Mayzner，1972)

除上述字母识别的实验研究以外,还另有其他类型的实验,也是支持特征说的。其中关于固定网像(Stopped Image)或静止网像的实验是引人注目的。人的眼睛经常处于运动之中,眼动包括人自己觉察不到的每秒 30～70 次的生理震颤,以及摆动、跳动等。因此,即使人注视一个客体,该客体的网像也不是完全固定的,它的位置总要发生一些变化。如果一个客体严格地投射到视网膜的同一部位,也即排除眼睛的任何运动,那么该客体的知觉就会消失,人将视而不见,看不到这个客体。在一个实验中,Pritchard(1961)采用一种技术使客体在眼睛运动条件下,在视网膜上成像的位置不变,即得到客体的固定网像。结果发现,在这种情况下,客体的知觉并不是立即全部消失,而是一部分一部分地逐渐消失,见图 2-13。图 2-13 每行的最左边的是给被试看的图像,其余 4 个是在图像知觉消失过程中,被试报告暂时保有的图像片断。从这里可以看出,消失的是一些完整的特征,如第三行中的垂直线、水平线或曲线,而暂时保留的图像片断又是一定的模式,如字母、数字或面孔的某一部分。这些结果提示,特征似乎是知觉的单元,一些特征或单元的结合而构成我们所识别的模式,虽然这种特征的抽取和结合是我们所意识不到的。

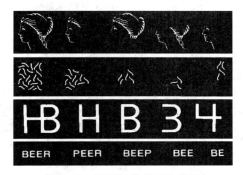

图 2-13　固定网像的实验资料
（引自 Pritchard,1961）

一些支持特征说的有力的证据还来自近期的生理学研究。近 30 年来,许多神经生理学实验确定,动物的视觉系统含有一些专门化的神经细胞,它们只对有一定特征的刺激作出反应或有最大反应。这种专门化的神经细胞被称作特征觉察器(Feature Detector)。Hubel 和 Wiesel(1959,1963,1968)的研究表明,猫和猴的一些视皮层细胞分别只对视野中的垂直光条或水平光条发生反应。后来还发现,分别存在着或对视觉刺激的边界、或对线条、甚或对成直角的刺激图形发生反应的特殊细胞。Lettvin 等(1959,1961)确定,青蛙的视神经节细胞对刺激的特征有特定的选择性,他们区分出几种特征觉察器,如对比边界觉察器、凸边觉察器、运动边界觉察器等。也有研究表明,鸽和兔的视网膜有垂直边觉察器和水平边觉察器。据此可以推测,人也可能有这种特征觉察器。现有的对 McCollough 效应的心理物理实验的结果是支持这种设想的。虽然人的模式识别的生理机制现在还不十分清楚,但特征觉察器的发现对特征分析模型无疑是给了有力的支持。

前面叙述的是一般的特征分析模型和若干有关的事实。现在认知心理学中还提出了一些更为具体的特征分析模型。其中最著名的是 Selfridge(1959)提出的"鬼城"(Pandemonium)(图 2-14)。这个字的原意是指一个幻想国度中的一个喧嚣而又混乱的城市,而在这里用作形象的比喻。所谓的"鬼"(Demon)是指具有某种特定功能的机制。"鬼城"模型本来也是针对机器的模式识别提出来的,后来用来解释人的模式识别。这个模型以特征分析为基础,将模式识别过程分为 4 个层次,每个层次都有一些"鬼"来执行某个特定的任务,这些层次顺序地进行工作,最后达到对模式的识别。"鬼城"模型的结构见图 2-14。从图中可以看出,第一个层次是由"映象鬼"对外部刺激进行编码,形成刺激的映象。然后由第二个层次的"特征鬼"对刺激的映象进行分析,即将它分解为各种特征;在分析过程中,每个特征鬼的功能是专一的,只寻找它负责的那一种特征,

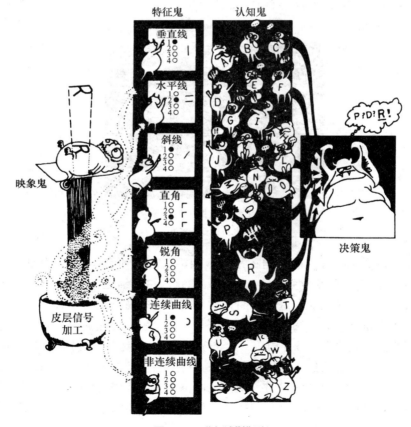

图 2-14 "鬼城"模型

如字母的垂直线、水平线、直角等,并且需要就刺激是否具有相应的特征及其数量作出明确的报告。第三个层次的"认知鬼"始终监视各种特征鬼的反应,每个认知鬼各负责一个模式(字母),它们都从特征鬼的反应中寻找各自负责的那个模式的有关特征,当发现了有关的特征时,它们就会喊叫,发现的特征愈多,喊叫声也愈大。最后,"决策鬼"根据这些认知鬼的喊叫,选择喊叫声最大的那个认知鬼所负责的模式,作为所要识别的模式。例如,在识别字母 R 时,首先由映象鬼对 R 进行编码,然后特征鬼对 R 作出分析,有关的特征鬼分别报告 R 所具有的一条垂直线,两条水平线,一条斜线,一条不连续曲线和 3 个直角。这时一直注视特征鬼工作的许多认知鬼开始寻找与自己有关的特征,其中 P、D 和 R 3 个鬼都会喊叫,然而只有 R 鬼的喊叫声最大,因为 R 鬼的全部特征与前面所有特征鬼的反应完全符合,而 P 鬼和 D 鬼则有与之不相符合的特征,所以决策鬼就判定 R 为所要识别的模式。这个模型的特点是将模式识别过程明确地分成 4 个功能不同的层次,但它的本质与前面说的一般的特征分析模型是完全一致的。

特征分析模型是目前最受到注意的一个模型,它在机器的模式识别中也得到应用。与其他的模式识别模型相比较,它确实具有更加灵活的特点。但它只是自下而上加工模型,缺少自上而下加工。按照目前认知心理学对知觉过程的一般理解,给特征分析模型附加自上而下加工的程序在理论上不是不可能的。对有同样问题的原型匹配模型也是如此。目前,特征分析模型存在着一个最大的争论问题,就是前面提到的整体加工和部分加工的问题。特征分析模型是一个典型的从局部到整体的加工模型。这方面的争论已在前面谈过。现在又出现了一个拓扑说,它强调模式识别要首先提取刺激的总体特征或拓扑特征,并且也得到一些实验研究结果的支持。拓扑说是对特征说的最大的挑战,两者的对立构成当前模式识别理论争议的一个焦点,同时也是关于一般知觉过程争论的核心问题之一。

第三节 结构优势效应

前面已经指出,过去的知识经验对知觉有重要的作用,并常表现为上下文效应。模式识别也与上下文有密切关系,一个模式常常不是孤立地出现,而是处于与其他模式或刺激的相互联系之中。这种上下文的作用随着模式识别研究的开展而受到重视。现在已经发现,识别一个字词中的字母的正确率要高于识别一个单独的同一字母,这个现象称作字词优势效应(Word-Superiority Effect);识别一个"客体"图形中的线段要优于识别结构不严的图形中的同一线段或单独的该线段,这种现象称作客体优势效应(Object-Superiority Effect);而识别一个完整的图形要优于识别图形的一个部分,这称作构型优势效应(Configural-Superiority Effect)。此外还确定字母优势效应(Letter-Superiority Effect),即识别字母的一个组成线段要优于识别单独的该线段。这些效应都表明上下文,或者严格地说,整体的结构在模式识别中所起的有利的作用,可统称为结构优势效应。这种效应与人的知觉组织有密切关系,极有可能揭示出了人的知觉和模式识别的重要特点。这方面的问题引起心理学家的兴趣和重视。

一、字词优势效应

这个效应是 Reicher(1969)首先在实验中确定的。他用速示器给被试呈现一组刺激材料。这些材料可以分为 3 类(图 2-15),一类为一个或两个单个字母;另一类为一个或两个由 4 个字母组成的字词;第三类为一个或两个由 4 个字母组成的无意义的字母串(非字词)。每次试验时,先给被试呈现一个注视点,然后短暂地呈现上述刺激材料中的一种,紧接着呈现掩蔽刺激(⊗)和供选择的两个字母。这两个字母的位置对应于所要测试的刺激材料中的字母的位置。要求被试回答这两个字母中的哪一个是刚才在刺激材料中的这个位置上看见过的,记录其正误。供选择的两个字母在刺激材料为一个字母,一个字词或一个非字词时,置于相应字母的上方,否则另一个在下方。刺激呈现时间分为短、中、长 3 种。对每一个被试来说,这 3 种呈现时间是分别测定的:短的呈现时间为达到 60% 正确辨认率所需的时间,长的呈现时间为达到 90% 正确辨认率的时间再加 5 ms,中等呈现时间为短-长的呈现时间的中点值。因此,每个被试实际看刺激的时间是不同的,全部实验应用的呈现时间的范围为 35~85 ms。实验过程又分两种:一种有先行信息(Precue),即在每次试验前,将两个供选择的字母口头告诉被试;另一种则事先不告诉,只在刺激呈现之后再呈现供选择的字母(Postcue),程序一如前述。实验得到的结果见图 2-16。结果表明,无论事先告诉或不告诉供选择的字母,识别字词中的一个字母要优于识别单个字母或非字词中的字母,正确率分别高出约 8%,差异均达到统计学的显著水平。这种实验结果显示了字母识别中的字词优势效应。

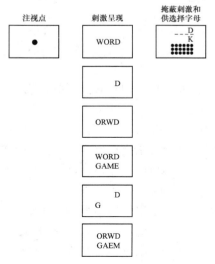

图 2-15 Reicher 的实验程序和刺激材料

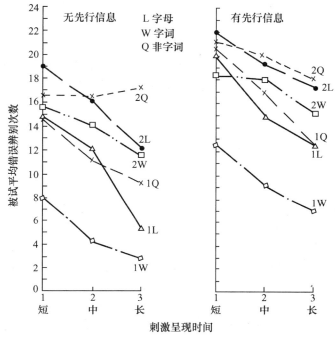

图 2-16 Reicher 的字母识别实验的结果

应当指出，Reicher 在安排刺激材料时，力图限制字词的冗余信息的作用。他的做法是这样的：如果呈现的字词为 WORD，而要测试的是该字的第四个字母 D，那么呈现供选择的两个字母就为 D 和 K。这样，字词中的前 3 个字母 WOR 对后面选择 D 或 K 就不会提供额外的信息，因为 WORK 也是一个英文字词，而且同样也是常见的。这种安排对字词材料的实验是有益的和必要的，但它的作用也只限于本组实验的范围之内。

Reicher 认为，字词优势效应不能用单个字母比字词忘得快来解释，因为即使事先将供选择的两个字母告诉被试，也仍然会出现字词优势效应。可是后来 Thompson 和 Massaro(1973)发现，事先将供选择的字母告诉被试，字词优势效应就不出现。Reicher 还指出，字词优势效应也不是由于字词在速示器中的刺激面积比字母大，容易使人看见，因为 4 个字母组成的字词和非字词有一样的刺激面积，而字词的实验成绩高于非字词。照 Reicher 看来，字词优势效应的出现是由于字词具有意义。他曾经报道，在他的全部 9 名被试中，有一人的实验结果与字词优势效应相反，即识别单个字母要优于识别字词中的字母，此人将 4 个字母组成的一个词只看作 4 个单个字母，而不看作一个词，但其余被试都将 4 个字母组成的词看作词。这两种不同的知觉方式对字词优势效应的作用，确实提示字词意义的重要性。Johnston 和 McClelland(1974)也证实，这两种知觉方式对字词优势效应有不同的作用。

Reicher 的这项研究受到广泛的注意并引出一系列的研究。Wheeler(1970)，Smith

和 Haviland(1972),Johnston 和 McClelland(1974)等许多心理学家的实验研究都证实字词优势效应的存在。现在已经积累了许多有意义的实验结果,并且提出了对字词优势效应的各种解释。Rumelhart 和 Siple(1974)指出,对字词中的某一个字母,只要看到这个字母的一部分就可排除其他选择,而得到正确的识别。例如,在上述字词 WORD 中,对最后的一个字母 D,被试只要看到 D 下部的曲线 D,就可以正确将它识别为 D。因为在英文中,前 3 个字母为 WOR 的 4 字母间只有 WORD、WORK、WORM、WORN 和 WORT,当被试看了 WOR 之后再看到 D,他就知道这第四个字母是 D;而对单个字母 D,被试即使看到同样的 D,也不会知道这个字母是 B,D,C,Q 或 O。这意味着在有上下文 WOR 的条件下,看字母 D 并不一定比看单个字母 D 要好,而是可以更好地进行推论。由此可见,Rumelhart 和 Siple 用借助于上下文而进行推理来解释字词优势效应。这种解释强调上下文以及有关缀字规则的知识的应用。有一些实验结果支持这种解释。Baron 和 Thurston(1973)发现,如果无意义的字母串是符合缀字规则并可读出来的,这种非字词中的字母与字词中的字母在正确识别率上没有显著差别。这说明缀字规则和推理的作用。前面提到的两种知觉方式的不同作用也与推理有关,只有将呈现的几个字母看成一个词才能进行推理,否则就不可能。对字词优势效应的另一种解释着眼于字词和字母的不同编码。Mezrich(1973)在研究中发现,被试在这种实验中,在作出反应之前常有将字词读出来的倾向,而对单个字母则较少这种倾向。他还进一步确定,如果要求被试将所呈现的字词或单个字母都读出来,那么字词优势效应将不出现,两者的正确识别率是相近的。另一方面,Johnston 和 McClelland(1973)发现,如果在 Reicher 的实验中,不用掩蔽刺激,那么也不会出现字词优势效应。这两方面的实验结果合在一起,就会使人想到,字词优势效应是由于字词和单个字母的编码不同所致:字词是语音编码的,而单个字母是视觉编码的,视觉编码易受视觉掩蔽的干扰,而语音编码则不受视觉掩蔽的干扰,因而字词中的字母识别要优于单个字母。此外,还可以从整体加工和局部加工来说明字词优势效应。前面已经谈过 Navon 的实验。如果现在将字词看作整体,而将单个字母当作局部,那么字词将先得到整体加工,然后再有局部加工。但是,单个字母却没有这种整体加工。这样就使字词中的字母的识别优于单个字母。以上 3 种解释的着眼点不同,但都有一定道理。这个情况表明,字词优势效应是一个复杂的知觉现象,它可能涉及知觉或模式识别过程的不同方面和不同水平的加工。推论说强调的是以过去知识经验为基础的自上而下的加工。编码说以信息的内部表征为核心,而最后一个解释依据整体加工和局部加工的区分。这些解释未必是互相排斥的,然而现在还不能很好地将它们结合起来。这个问题与对一般知觉过程的理解密切有关,需要进一步研究。对于字词优势效应来说,弄清楚它具有知觉性质还是反应性质也是很重要的。

二、客体优势效应

在有关字词优势效应研究的推动下,Weisstein 和 Harris(1974)研究了包含在不同图形中的直线线段的觉察或识别。他们应用阴极射线管来呈现刺激材料。这些刺激材料含有所要觉察的靶子线段和一定的上下文图形,见图 2-17。图中(a)～(d)是实验材料应用的 4 个靶子线段,它们的长度和宽度均相同,其差别仅在于它们相对于注视点的方位或位置不同;(e)是一种上下文图形,(f)～(i)是含有这 4 个靶子线段的一组刺激图形,是实际呈现给被试的;(j)是带掩蔽刺激(方点)的一个图形。从图中可以看出,任何一个靶子线段在上下文图形中都没有改变其原来的长度和位置等。实验应用的各种上下文图形及其包含的靶子线段均见图 2-18。在实验之前,被试要熟悉没有上下文图形的 4 个单独的靶子线段,即(a)～(d)。实验在暗室中进行,被试先需将双眼对准荧光屏上的一可见的注视点,然后自己启动开关,在荧光屏上,立即出现一个刺激图形,即一个靶子线段和一个上下文图形合起来的图形(即图 2-17 中的(f)～(i)),随后出现掩蔽刺激并持续 100 ms,要求被试确认刚才在刺激图形中看到的是 4 个靶子线段中的哪一个,并按一个相应的键钮作出反应,主试给予反馈。刺激呈现的时间分 3 种,根据每个被试的预试结果分别确定,3 种时间需分别达到 50%,60% 和 70% 的正确识别率。实际应用的呈现时间为 5～44 ms。靶子线段、上下文图形和呈现时间均作了一切可能的组合,其出现的次数均相同,而且做了随机安排。共进行了两个实验:第一个实验有 6 名被试,用了图 2-18 中(a)～(c)和(e)的刺激图形;第二个实验有 9 名被试,用了图 2-18 中(a),(d),(f)刺激图形。实验结果是被试在 3 种呈现时间下的平均正确识别率。在这两个实验中,刺激图形为图 2-18(a)的正确识别率分别为 62.8% 和 68.7%,两者无显著差异。其他各刺激图形的实验结果均低于图 2-18(a),并以它们分别与图 2-18(a)的差来表示,均见图 2-18。统计表明,图 2-18(a)分别与(d)、(e)的实验结果的差异达到显著水平;但图 2-18(a)与(b)、(c)的差异不显著,后来在补充实验中,将掩蔽刺

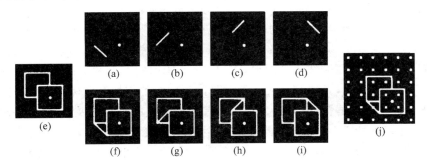

图 2-17 Weisstein 和 Harris 应用的刺激材料举例

图中白的圆点为注视点,实际实验时,应用的刺激图形为(f)～(i)。

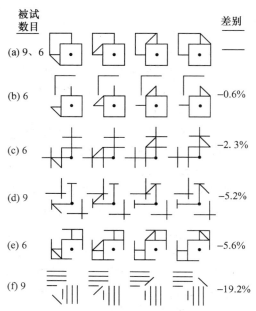

图 2-18 Weisstein 和 Harris 应用的各种上下文图形及其实验结果

激延缓 40 ms 呈现,并只呈现 40 ms,相应的差异就达到显著水平,仍以图 2-18(a)的正确识别率为最高。这些实验结果表明,在一个结构严谨的三维图形中的线段识别起来要优于组织较差的图形中的同一线段。这种现象类似 Reicher 确定的字词优势效应。Weisstein 和 Harris 称之为客体优势效应,因为图 2-17(e)的上下文图形看起来像一个三维的客体,并且认为三维图形是产生客体优势效应的重要因素。后来 Williams 和 Weisstein(1978)进一步确定,在图 2-17 的上下文图形中的线段的正确识别率为 81%,而无上下文的单个直线的正确识别率仅为 69.8%,相差达 10%。至此,客体优势效应就可以完全类比字词优势效应了。

后来,客体优势效应在一系列的实验研究中得到证实(Womersley,1977;McClelland,1978;Earhard,1980)。Weisstein 和 Harris 的上述研究引起人们的注意,原因之一是他们在实验中应用了线段和图形,与 Reicher 所用的字母和字词相比,显得作业的知觉性质更加突出了。这一点确实是有意义的。但是他们把客体优势效应与三维图形联系起来的看法引起异议,并且还发现影响客体优势效应的其他因素。Earhard(1980)发现,图形的三维性不是产生客体优势效应的必要因素。他在实验中应用了两种上下文图形,见图 2-19 中(a)和(b),(c)为 4 个靶子线段。这里(a)可称作表盘式上下文,(b)可称为坐标式上下文。他得到的结果表明,在应用图 2-19(a)和(c)的实验中,有表盘式上下文的靶子线段的正确识别率为 81.3%,单个靶子线段的正确识别率为 70.6%,两者相差约 10%,差异达到统计学的显著水平;在应用图 2-19(b)和(c)的实验

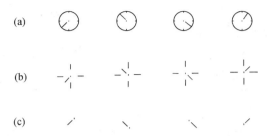

图 2-19 Earhard 应用的上下文图形和靶子线段

中,有坐标式上下文的靶子线段的正确识别率为 81.3%,单个靶子线段的正确识别率为 71.3%,两者的差异也是显著的。这个实验结果是很有意思的。从图 2-19 可以看出,在这两个上下文图形中,一个是连通的、紧凑的图形(表盘式);另一个是不连通的 4 条短线(坐标式),而且它们看起来都是平面的图形,都没有或极少有立体感,然而在这两个上下文图形中,都出现了客体优势效应。这无疑将客体优势效应的研究推进了一步,同时也对 Weisstein 和 Harris 的看法提出了疑问。更加发人深思的是 Earhard 的另一个实验研究。他在这个实验中应用的上下文图形与前述 Weisstein 和 Harris (1974)的实验是一样的,但是改变了注视点在图形中的位置,详细情况见图 2-20。图中列出 3 组实验材料,每组都包含单独的靶子线段和带靶子线段的上下文图形。其中(b)组上下文图形中的注视点的位置与 Weisstein 和 Harris(1974)的实验是一样的,但是(a)组的注视点移到靶子线段和另两条图形线段的交叉处,而(c)组的注视点则在远离靶子线段的图形一角。图中的圆圈表明注视点所在的位置,而在实验时并不实际呈现。得到的 3 组实验结果如下:在 (b)组实验中,有上下文图形的靶子线段的正确识别率为 81.8%,单独的靶子线段则为 69.8%,前者显著地高于后者,出现客体优势效应;

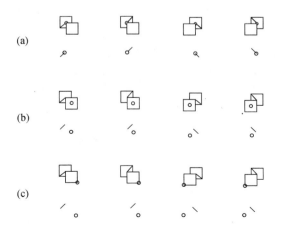

图 2-20 Earhard 改变注视点位置的实验材料

在(a)组实验中,有上下文的靶子线段的正确识别率仅为 69.5%,而单独的靶子线段反而为 81.7%,单独的靶子线段的识别要优于带上下文的,差异达到统计学的显著水平。这意味着,在这组实验中,不仅没有出现客体优势效应,而且显示出上下文图形对线段识别的不利影响,可以说,出现了客体劣势效应(Object Inferiority Effect)。在(c)组实验中,也出现了同样的趋势,单独的靶子线段的识别率比带上下文的要高出 4.2%,但差异未达到统计学的显著水平。上述(a)组和(c)组实验的结果清楚地说明,如果改变注视点在上下文图形中的位置,客体优势效应将不出现。这与(b)组实验即 Weisstein 和 Harris 的最初实验构成鲜明的对比。目前关于注视点位置改变的实验还很少,难以作出一般性的结论。但是上述实验结果至少表明,在一定条件下,注视点的位置是起作用的。Earhard 依据 Navon(1977)的总体分析和局部分析的观点来解释他得到的实验结果。照他的看法,客体优势效应并不依赖图形的三维性,而是依赖总体分析的作用。总体分析是针对图形的总体形状的,先于局部分析起作用,而且为局部分析提供基础,使对靶子线段的编码、辨别、注意等局部操作易于进行。因此,在有上下文图形时,靶子线段的识别要优于无上下文图形的同一线段,出现客体优势效应。Earhard 进一步认为,注视点位置与局部分析的操作方式有关,即这种局部分析很可能是从注视点开始的。如果注视点周围没有其他线段,如 Weisstein 和 Harris(1974)的最初实验,那么分析过程就可以按照它固有的顺序来进行,因而能较好地掌握上下文的结构和把握其细节;相反,如果注视点周围有其他线段,那么分析过程就会受到干扰和损害,从而出现注视点位置的不同作用。这种解释有许多还是假设性的。尽管如此,它所依据的两种加工是有一定道理的。而 Earhard 确定的实验事实无疑具有重要意义。

Klein(1978)发现,掩蔽刺激的有无以及掩蔽刺激的性质也对客体优势效应有重要影响。他在一个实验中,应用了两种类似 Weisstein 和 Harris(1974)所用的上下文图形,一种为结构严谨的,另一种为结构不严的,但他应用的掩蔽刺激(图 2-21(a))则与他们不同。他应用的是随机的线段,而 Weisstein 和 Harris(1974)所用的是有规则排列的方点(图 2-21(b))。结果发现,在有掩蔽刺激(图 2-21(a))时,两种上下文图形中的靶子线段的识别率没有显著的差异,但不用任何掩蔽时,则两者有显著差异,出现客体优势效应。后来他又应用图 2-21 中的(d)和(e)两个掩蔽刺激分别进行实验,得到了同样的结果,也是没有出现客体优势效应。Klein 指出,Weisstein 和 Harris(1974)应用

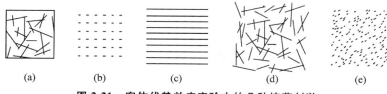

图 2-21　客体优势效应实验中的几种掩蔽刺激

有规则排列的方点作为掩蔽刺激，Womersley（1977）应用有规则排列的水平线（图 2-21(c)），他们都在实验中，确定了客体优势效应，这与他的实验结果是矛盾的，可见掩蔽刺激是有重要作用的。Klein 认为，随机的掩蔽刺激可能与上下文图形本身有某些共同的成分，以致干扰了上下文的作用。他设想存在着两种知觉系统。一为特征系统，它对视觉刺激的基本特征如方位、位置等敏感，并且它对靶子线段特征的反应，除受掩蔽刺激的影响以外，不因周围的上下文如何而不同。另一个为客体系统，它不表征个别的特征，而是将刺激的诸特征整合为三维客体的总体特征，它可被三维的、结构严谨的刺激所激活。照他的看法，单个的线段的识别只依赖特征系统，有上下文的线段的识别既有特征系统又有客体系统的参与，故后者优于前者。但是，随机的掩蔽刺激可能破坏客体系统中的表征，或者随机的掩蔽刺激在客体系统提供整体的信息之前，就迫使识别系统作出反应，这样就不会出现客体优势效应。Klein 的解释在原则上和前面引述的 Earhard（1980）的看法一样，也是依据整体加工和局部加工，而在细节方面则强调了掩蔽刺激的作用。需要指出，不仅 Klein 发现不用掩蔽刺激可获得客体优势效应，而且前面引述的 Earhard（1980）的实验也没有应用掩蔽刺激，但确实获得了客体优势效应。这与字词优势效应的有关研究是相反的。前面提到，Johnston 和 McClelland（1973）确定，如果没有掩蔽刺激，字词优势效应将不出现。这个情况也许与这两种效应的特点有关，需要进一步研究。

除上述的字词优势效应和客体优势效应以外，Pomerantz 等人（1977）还发现构型优势效应。他们在实验中，应用了两类刺激材料，每类都含有两个刺激。其中一类是没有上下文的两个刺激，即 ⟨ 和 ⟩；另一类则有上下文，即 (⟨) 和 (⟩)，这后一对刺激只是左侧的成分不同而已。实验时分别应用一对材料，通过速示器一次呈现一个刺激，持续 200ms，要求被试进行辨别并作出相应的反应，记录反应时，结果发现，对有上下文的刺激辨别的平均反应时为 421ms，对没有上下文的刺激辨别的平均反应时为 444ms，前者快于后者。将这两类刺激加以比较就可以看出，(⟨) 和 (⟩) 只比 ⟨ 和 ⟩ 分别在右侧多一个 ")"，前者可看作整体，后者则可看作部分，但这两类材料中的两个刺激的差别是一样的。Pomerantz 等认为，这两类刺激辨别的反应时的差别表明了构型优势效应，即图形整体比部分要易于识别。他们设想这是由于上下文与刺激构成一些新的特征所致。此外，Schendel 和 Shaw（1976）确定了字母优势效应。他们发现，如果要求被试辨别短暂呈现的一条短的水平线（—）和一条斜线（\），在附加了上下文（||）后，即分别构成字母 H 和 N，那么辨别的速度和精确性均高于辨别单独的这些线段。最后，我们也可以把本章第一节中引用的 Tulving，Mandler 和 Baumal（1964）的实验结果称作句子优势效应。他们确定在一个句子中，识别一个词要优于识别单个的该词。

以上几种结构优势效应，目前十分引人注目。一方面，它们比较集中地提出了有关知觉和模式识别的一些重大问题，如知觉组织、过去知识经验的作用、自下而上加工和自上而下加工以及整体加工和局部加工等；另一方面，至今未见成功地实现这种效应的计算机模拟的报道，这使人想到这种效应可能表明人所具有的不同于机器模式识别的特点。也可以说，正是这两方面的情况说明，结构优势效应比表面上看来要复杂得多。我们已经看到，结构优势效应有字词、图形等各种形式，可以在字母、字词和句子等不同水平上出现，并且涉及信息的编码方式和各种加工过程。这自然会导致对结构优势效应提出各种不同的解释。在目前的研究水平下，对任何一种结构优势效应，还无法肯定或否定某一种解释。应当说，对结构优势效应的研究现在还处于初期阶段，需要从不同角度进行探讨。各种结构优势效应既有共性又有个性。从共性的角度来看，在前面提出的各种解释中，那种以整体加工和局部加工为核心的假设显得最有意义，因为它可以给各种结构优势效应以统一的解释。但是，不同的结构优势效应又各有其特点，例如，编码形式问题对字词优势效应比对客体优势效应显得更为重要。一个比较圆满的解释应能将这种共性和个性结合起来。这是进一步的研究需要注意的。目前关于结构优势效应的研究主要是在视觉道内进行的，很少涉及其他感觉道。有理由设想，在其他感觉道内也会存在这种效应。此外，现在已确定的结构优势效应都是在模式识别中表现出来的，我们认为在其他的知觉活动中，也会存在类似的效应。在更广阔的领域中对结构优势效应进行深入的研究，必然会加深对一般知觉过程的理解，也将对当前存在的有关知觉的争论起重要作用。

3

注 意

　　注意作为心理活动的调节机制在近代心理学发展的初期即已受到重视。然而,后来随着行为主义和格式塔心理学的兴起和传播,注意的研究几乎被完全排斥。前者根本否定注意的存在,后者则将注意完全融化于知觉之中。只是在第二次世界大战期间和战后,由于通信工程的需要,工程心理学重又开始重视对注意的研究,以求了解人能同时加工的信息数量,注意的分配、保持和转换的特性等,来保证人-机系统的工作效率和可靠性。特别是 20 世纪 50 年代中期认知心理学兴起以后,注意的重要性愈来愈清楚地显示出来,注意的研究得到广泛的开展。这不仅因为认知心理学将注意看作信息加工的重要机制,而且也由于认知心理学在整体上强调人的心理活动的主动性。此后,注意的研究成为认知心理学的一个重要领域,而信息加工观点则在注意的研究中占据了统治地位。

　　关于注意的实质和特征,Moray(1969)曾经指出了 6 个方面:(1) 选择性(Selectiveness),选择一部分信息;(2) 集中性(Concentration),排除无关的刺激;(3) 搜寻(Search),从一些对象中寻找其一部分;(4) 激活(Activation),应付一切可能出现的刺激;(5) 定势(Set),对特定的刺激予以接受并作出反应;(6) 警觉(Vigilance),即保持较久的注意。但是,Moray 的这些看法并未得到广泛的赞同。看来,他列举的注意的一些维量未必能完全纳入注意范畴,如搜寻和定势。认知心理学目前主要强调注意的选择性维量,将注意看作一种内部机制,借以实现对刺激选择的控制并调节行为(Kahneman,1973),也即舍弃一部分信息,以便有效地加工重要的信息(Boring,1970;Egeth,1973)。从这个角度出发,认知心理学着重研究注意的作用过程,提出了一些注意的模型,企图从理论上来说明注意的机制。而注意的激活作用则较多地为生理心理学所研究,警觉已成为工程心理学的重要研究课题。

第一节　过滤器模型和衰减模型

一、过滤器模型

　　过滤器模型(Filter Model)是英国著名心理学家 Broadbent 于 1958 年提出的一个

较早的注意模型。它对后来的注意研究产生很大的影响,并且对信息加工观点在心理学中的贯彻,起过积极作用。Broadbent 认为,来自外界的信息是大量的,但人的神经系统高级中枢的加工能力极其有限,于是出现瓶颈。为了避免系统超载,需要过滤器加以调节,选择一些信息进入高级分析阶段,而其余信息可能暂存于某种记忆之中,然后迅速衰退。通过过滤器的信息受到进一步的加工而被识别和存贮。这种过滤器类似波段开关,可以接通一个通道,使该通道的信息通过,而其余的通道则被阻断,信息不能通过。这种过滤器的作用体现出注意的功能,因此这种理论被称作注意的过滤器模型,参看图 3-1。图中的输入通道可以是不同的感觉器官或成对的感觉器官的两个部分(如左耳和右耳),或不同方位的声音等等。输入通道的数量较多,而过滤器至高级分析水平的通道只有一条,体现出过滤器的选择作用。这个模型后来被 Welford(1959)称为单通道模型。在这个模型中,过滤器的选择作用并不是随机的,而是有一定的制约的。新异的刺激、较强的刺激、具有生物意义的刺激等易于通过过滤器,受到人的注意。后来 Broadbent 则强调人的期待的作用,凡为人所期待的信息容易受到注意。

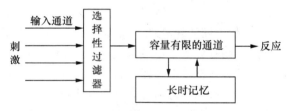

图 3-1 Broadbent 过滤器模型

Broadbent 的过滤器模型有一定的实验依据。他应用双听技术给被试的两耳同时呈现一定的刺激,例如:

左耳	右耳
6	4
2	9
7	3

呈现的速度为 1 秒钟两个数字,然后让被试再现。他发现被试可应用两种再现方式:(1)以耳朵为单位分别再现左右耳所接收的信息,如 493,627;(2)按双耳同时接收信息的顺序成对地再现,如 4—6;9—2;3—7(举例而言,也可有其他的配对)。以第一种方式再现的,其正确率为 65%,以第二种方式再现的,其正确率仅为 20%。如果事先不对被试规定再现方式,则多数被试采用第一种方式。照 Broadbent 看来,每只耳朵都是一个通道,该通道的信息是单独贮存的,过滤器允许每个通道的信息单独通过,所以在应用以耳朵为单位的再现方式时,被试可注意每只耳朵的全部项目,只需要从左耳转到右耳或从右耳转到左耳,即只需要转换一次,因而再现的效果好,而应用双耳刺激成对

再现的方式,则至少需要在双耳之间作 3 次转换,被试不能注意每只耳朵的全部项目,一些信息迅速丧失,故而再现的效果差。

Cherry(1953)应用追随程序(Shadowing Procedure)所做的双听实验也支持过滤器模型。所谓追随程序是指在实验中,同时给被试的双耳以刺激时,要被试复述事先规定的那只耳朵所听到的项目,利用复述使被试尽可能地只注意一只耳朵的信息(追随耳),而不注意另一只耳朵的信息(非追随耳)。实验结果表明,被试能很好地再现追随耳的项目,但对非追随耳的项目则不能报告出任何东西;甚至当非追随耳的刺激从法文改为德文、英文或拉丁文,被试也觉察不到这种变化,即使把录制语文材料的磁带倒过来放,他们也不知道;不过对非追随耳的刺激的一些物理特征,被试还是能够觉察的,他们能报告语音的变化以及男声换为女声等。Moray(1959)也发现,将一个刺激重复呈现给非追随耳多达 35 次,被试也不能识别和再现;但是,如果将被试自己的名字呈现给他的非追随耳,他是能够识别的。这个现象在日常生活中也可以观察到,例如在鸡尾酒会上,当你专注于和某人谈话时,你对周围的人们交谈是不能识别的,但你对偶然传来的你的名字是能觉察和识别的。这个现象称作鸡尾酒会效应。

过滤器模型得到不少双听实验结果的支持,但也有一些实验结果与 Broadbent 的实验和理论不相吻合。牛津大学的两名大学生 Gray 和 Wedderburn(1960)发现,如果在双听实验中安排一些有意义的材料,例如:

左耳:OB　　2　　TIVE
右耳:6　　JEC　　9

左耳:DEAR　　5　　JANE
右耳:　3　　AUNT　　4

那么被试并不像在前述 Broadbent 的实验中那样,多按耳朵为单位再现,而是多按意义再现,即从两只耳朵分别接收的音节组成词(Objective),或从单词组成一个短语(Dear aunt Jane)。这个实验结果提示,过滤器允许不止一个通道的信息通过。对于这个结果,Solso(1979)等人认为,这种应用有意义材料的实验极易引起注意迅速转移,不同于一般的实验,所以不能否定 Broadbent 的模型。Treisman(1960)利用追随程序进行了更严格的实验。她给被试双耳同时呈现如下的材料:

右耳(追随耳):There is a house understand the word
左耳(非追随耳):Knowledge of on a hill

被试的再现多为"There is a house on a hill",而且声称这是从一只耳朵听来的。这说明,当有意义的材料从追随耳转到非追随耳时,被试不顾实验者的规定而去追随意义,即转向另一只耳朵。这只有在过滤器允许两只耳朵的信息均能通过的情况下,才能实现,也就是说人可同时注意两个通道的刺激。其他类似的实验也得到同样的结果。这些实验结果尽管没有完全否定 Broadbent 的过滤器模型,但对这个模型的核心思想,即只存在一条通向高级分析水平的通道,提出了严重的疑问。应当指出,Broadbent 本人也承认,如果刺激呈现慢,信息流动慢,是可以同时注意几个通道的。但是,就这个过滤器模型的实质来说,它是一种单通道的模型,因而也引起许多争论。

二、衰减模型

根据非追随耳的信息也可以得到高级分析的实验结果,Treisman(1960,1964)对上述过滤器模型加以改进,提出了衰减模型(Attenuation Model)。她认为过滤器并不是按"全或无"的方式来工作的,不是只允许一个通道(追随耳)的信息通过,而是既允许追随耳的信息通过,也允许非追随耳的信息通过,只是非追随耳的信号受到衰减,强度减弱了,但一些信息仍可得到高级加工。这种衰减模型可见图 3-2。

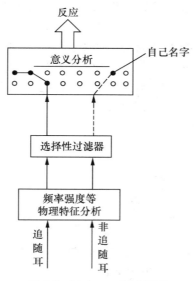

图 3-2　Treisman 衰减模型

从图中可以看到,追随耳和非追随耳的信号都先通过初级的物理特征分析,然后也都能通过过滤器,只是非追随耳的信号经过过滤器时受到衰减,以虚线表示,而追随耳的信号则未受到衰减,仍以实线表示。那么受到衰减的非追随耳的信号又如何得到高级的分析而被识别的呢?Treisman 将阈限概念引入高级分析水平。她比 Broadbent 更加重视高级分析水平本身的功能特征。她认为已经贮存的信息如字词(在图中以圆圈表示)在高级分析水平(意义分析)有不同的兴奋阈限。追随耳的信号通过过滤器时没有受到衰减,保持原来的强度,可以顺利地激活有关的字词,从而得到识别。非追随耳的信号由于受到衰减而强度减弱,常常不能激活相应的字词,因而不能得到识别,但是特别有意义的项目如自己的名字则有较低的阈值,可受到激活而被识别。在图 3-2 中,凡被识别的项目以实心圆表示。从图中可以看到,追随耳的信号可以激活较多的项目,非追随耳的信号激活自己的名字。影响记忆中各个项目阈限的因素有个性的倾向、项目的意义、熟悉的程度等。除这些长期作用的因素外,影响阈限变化的还有上下文、指示语等情境因素。因此,照 Treisman 看来,注意的选择不仅依赖刺激的特点,还依赖高级分析水平的状态。Treisman 的实验发现,当给被试的追随耳呈现英文小说材料,而给非追随耳也呈现同一材料时,非追随耳的信息可以得到一定的识别,如给非追随耳呈现关于生物化学的材料时,则很难加以识别。这是因为追随耳的信号所激活的项目使非追随耳的相同的或相近的项目阈限降低了,而不同的材料则没有这种效应。在英法双语被试的实验中,如果给追随耳呈现英文小说,给另一耳呈现同一内容的法语材料,则法语差的被试只有2%的人知道两耳的材料内容,而法语好的被试有55%的人知道两耳的材料内容。这些实验结果支持 Treisman 的衰减模型和她引入的阈限概念。

Treisman 的衰减模型不同于 Broadbent 的过滤器模型,主要在于将过滤器的"全或无"的工作方式改为衰减,从而将 Broadbent 的单通道模型改成双通道或多通道模型。应当说,这种变化还是很大的。衰减模型承认注意在通道间的分配,显得比过滤器模型更有弹性。但是,这两个模型有着基本的共同点。第一,这两个模型的根本出发点是共同的,即都认为高级分析水平的容量有限或通道容量有限,必须过滤器予以调节;第二,这种过滤器的位置在这两个模型中是相同的,都处于初级分析和高级的意义分析之间;第三,这种过滤器的作用又都是选择一部分信息进入高级的知觉分析水平,使之得到识别,注意选择都是知觉性质的。因此,在当前的认知心理学中,多倾向于将这两个模型合并,把两个名称联合起来,称之为 Broadbent-Treisman 过滤器-衰减模型,并且将它看作注意的知觉选择模型。这个模型在当前的心理学中有广泛的影响,许多心理学家对它持肯定的态度。还应当指出,对 Treisman 就过滤器模型所作出的改进,Broadbent(1971)本人也曾表示同意。

第二节 反应选择模型与知觉选择模型

一、反应选择模型

对于非追随耳的信息可以得到高级分析的实验结果,除 Treisman 提出了衰减模型以外,还提出了另一个与之完全不同的理论。这个理论可以 Deutsch 和 Deutsch (1963)为代表。他们认为,几个输入通道的信息均可进入高级分析水平,得到全部的知觉加工,注意不在于选择知觉刺激,而在于选择对刺激的反应。他们设想中枢的分析结构可以识别一切输入,但输出是按其重要性来安排的,对重要的刺激才会作出反应,对不重要的刺激则不作出反应。如果更重要的刺激出现,则又会挤掉原来重要的东西,改变原来的重要性标准,作出另外的反应。显然,这种重要性的安排还依赖于长期的倾向、上下文和指示语等。这个理论认为注意是对反应的选择,因而它被称作反应选择模型(Response Selection Model),示于图 3-3。从图中可以看到,追随耳与非追随耳的信息均能进入高级分析即知觉分析水平。只是由于实验采用了追随程序,使追随耳的信息显得比非追随耳的信息更为重要,因而能引起反应,即能被回忆并说出来,非追随耳的信息则不能,但其中的重要的刺激如被试的自己名字是可以引起反应的。这个反应选择模型也得到一些心理学家的支持。例如,Norman(1968,1976)就持有同样的观点。他认为一些东西之所以未被注意,只是因为对其他东西作出了反应,即注意了其他东西,使前者在识别以外未得到继续的加工,如从记忆中提取,因而未能被说出来。

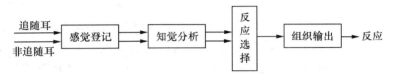

图 3-3 注意的反应选择模型

反应选择模型也得到一些实验结果的支持。Hardwick(1969)在实验中,给被试的双耳同时呈现刺激,其中包括给右耳或左耳随机呈现特定的靶子词,要求被试同时注意双耳,当从右耳或左耳听到靶子词时,都要分别作出反应。结果是右耳和左耳对靶子词的反应率都超过 50%,达到 59%～68%,双耳的结果十分接近。Shiffrin 等(1974)进行了类似的实验。他们让被试在白噪音的背景上,识别一个特定的辅音。实验条件分为 3 种:(1) 用双耳听,同时注意双耳;(2) 只用左耳听,只注意左耳;(3) 只用右耳听,只注意右耳。得到的结果表明,在上述 3 种条件下,对特定的辅音的识别率没有显著差异。这些实验结果提示,无论是单耳或双耳都能识别输入的信息,只要所处的条件相同,就能有相同的识别率。

二、两类注意模型的比较

反应选择模型不同于知觉选择模型。它们的主要差别在于对注意机制在信息加工系统中所处的位置有不同的看法。Massaro(1975)曾经用图将这个差别表示出来,见图 3-4(图中的注释略加修订)。

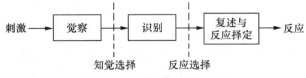

图 3-4 两类注意模型的比较

从图 3-4 可以看到,依照知觉选择模型,起注意作用的过滤器位于觉察和识别之间,见图中虚线所标明的,它意味着不是所有的信息都能进入高级分析而被识别。这个模型也称为早期选择模型。依照反应选择模型,注意的机制位于识别和反应之间,它意味着几个输入通道的信息均可识别,但只有一部分可引起反应。这个模型也称为晚期选择模型。这两个对立的模型各有其论据,自 60 年代以至现在,始终引起激烈的争论,同时也推动实验研究的开展。

Treisman 和 Geffen(1967)曾经在一个实验里对上述各种模型进行考验。他们应用双听技术和追随程序,在同时呈现给两耳的刺激中,分别随机地安排一个特定的词(靶子词),要求被试无论是追随耳还是非追随耳听到靶子词时,都分别作出反应,如敲击左侧或右侧的电键,分别记录双耳对靶子词的反应次数。根据这种实验程序,可以作出如下的预测:

(1) 依照过滤器模型:追随耳能听见靶子词并作出反应,非追随耳则听不见并不能作出反应;

(2) 依照衰减模型:追随耳和非追随耳均可听见靶子词并作出反应,但追随耳一方的反应次数应多于非追随耳;

(3) 依照反应选择模型:追随耳和非追随耳均可听见靶子词并作出反应,由于双耳都有同样的反应形式,双耳的反应次数将相近。

Treisman 等得到的实际结果为:追随耳的反应率为 87%,非追随耳的反应率为 8%。这个实验结果有利于衰减模型,或者可以说,支持知觉选择模型。因此 Treisman 认为,注意选择不是反应性质的。这个实验报告刚一发表,立即引起主张反应选择模型的心理学家的责难。Deutsch 等(1967)指出,Treisman 的实验设计使两耳处于不等的地位,一耳为追随耳,另一耳则不是;在追随耳一方,对靶子词既要复述(追随)又要作出敲键反应,即要作出两次反应,但在非追随耳一方,对靶子词只要作出一次敲键反应;这些无疑都要影响双耳信号的重要性,也就是说,追随耳的信号会显得比非追随耳的信号更为重要,所以追随耳对靶子词的反应次数要超过非追随耳很多。应当承认,Deutsch 等的反驳不是没有道理的。后来 Treisman 和 Riley(1969)显然考虑到提出的批评意见,对上述实验加以改变,重又进行了另一个实验。这次要求被试当从追随耳中听到靶子词后,不对靶子词进行复述,使两耳在接收靶子词的条件上相一致,其他安排与上述实验相同。结果是追随耳对靶子词的反应率为 76%,非追随耳为 33%。这个实验结果仍然保持同样的趋势,还是追随耳的反应率高于非追随耳,看来似仍支持知觉选择模型。但是,从反应选择模型的角度来看,Treisman 的这个新的实验仍然使双耳处于不等的条件。这不仅因为一耳被安排为追随耳,而且即使从靶子词本身来看,双耳也未必保持相同的条件,当追随耳的刺激受到逐个复述,只是到靶子词时停止复述,反而会显得突出而变得重要,以致影响反应输出,使追随耳的反应率高于非追随耳。总起来看,从 Treisman 的这两个实验,目前还不能作出任何肯定的结论。

反应选择模型的核心是输出的重要性标准,因此进行信号觉察论的分析,查明追随耳和非追随耳在感受性(d')和判定标准(β)上是否有区别,对两类模型的争论是有意义的。Moray 和 O'Brein(1967)在应用双听技术和追随程序的实验中,给被试双耳同时呈现数字并随机地插入字母,被试从追随耳或非追随耳中听到字母后,要分别作出按键反应。根据双耳对字母的反应次数来计算 d' 和 β。结果发现,双耳的 d' 有显著差异,追随耳高于非追随耳,但双耳在 β 上没有显著差异。其他一些人的实验也得到类似的结果。这些结果说明,双耳觉察靶子的次数不同,并非由于标准不同而造成的。这个结论支持知觉选择模型,而不支持反应选择模型。

从有关的实验研究中,还应提到应用皮肤电反射的研究。Moray 等(1970)在应用追随程序的双听实验中,对追随耳中出现的特定字词伴以对被试的电刺激,形成条件性的皮肤电反射。在以后的实验过程中,当已成为皮肤电反射的条件信号的字词从追随耳转到非追随耳,尽管该字词未被识别,但仍发现有皮肤电反应存在。后来还有人发现,甚至同义词或同音词也能在非追随耳中引起同样的皮肤电反应。这些结果早先被用来支持衰减模型,它们说明另一通道的信号即使未被识别,也是受到一定水平的加工的。但是反应选择模型对这些结果也是可以解释的,特别是对同义词的反应说明,尽管这个词未被意识到,然而它还是经受了语义分析的。

现在,对于知觉选择模型和反应选择模型,心理学还没有充分根据来肯定其中一个并否定另一个。但是,较多的心理学家倾向知觉选择模型,原因之一是反应选择模型显得太不经济了:所有的输入都得到包括高级分析在内的全部加工,然后大多数经过分析的信息几乎立即被忘记了。不过这还不是有力的论据,像这种看起来不经济的过程也不是完全不可能的,类似的现象在认知心理学的其他研究领域中也是存在的,如 Sternberg 提出的短时记忆信息提取的模型。

其实,知觉选择模型和反应选择模型似乎也不像有关双方所想象的那样尖锐地对立着。反应选择实际上是一种记忆堵塞现象,它也是与认知系统加工能力有限联系着的。而且,这两个模型也都认为,几个通道的信息可以同时受到注意,即都承认注意的分配。这就是一些实验结果既可以从知觉选择模型,也可以从反应选择模型得到解释的重要原因。现在可以设想,注意既可是知觉选择;也可是反应选择,而在不同的条件下,可有不同的选择。当然,这两类模型在性质上的差别不应被忽视,而应进一步加以研究。

从目前有关的实验研究来看,有两点似应加以改进。其一,在迄今进行的实验研究中,主张知觉选择模型的人多利用附加追随程序的双听技术,将注意引向一个通道,再来分析和比较两个通道的作业情况,他们所研究的是集中性注意(Focused Attention);而支持反应选择模型的人多应用不附加追随程序的双耳作业,使注意分配到双耳,他们所研究的是分配性注意(Divided Attention)。这两种实验的差别会反映在实验结果上,并影响理论分析。对进一步开展实验研究来说,改变这种对某一个方法的侧重并应用多种方法无疑是有益的。其二,以前的实验研究几乎都是在听觉道内进行的,很少涉及其他的感觉道。在发展出双听技术和追随程序以后,听觉道的实验有一定优点。但也应看到不同感觉道的特点,如与视觉道的有关实验相比,听觉道注意实验的刺激呈现速度较慢，一次同时呈现的刺激数量较小，以及刺激的空间特点不突出，等等。因此，利用其他感觉道特别是同时利用不同的感觉道进行实验，将会得到一些有意义的结果，有利于揭示注意的实质和机制。这里提到的两个问题，我们在后面还要涉及。

第三节 中枢能量理论

一、双作业操作

在日常生活中可以见到，人们能顺利地同时进行两种活动，如一面看书，一面听音乐；或者一面骑自行车，一面与人谈话。但是，如果让售货员一面与顾客交谈，一面计算货款；或者让汽车司机在观察前方的同时，从镜中观察后方，那么他们就会感到很大困难。这些情况表明，同时进行两种活动的情况如何，依赖于两种作业是否相似、作业本身的难易程度以及个人的技能等因素。前面提到，有关知觉选择模型和反应选择模型的实验，几乎都是同时进行性质相同的两个听觉作业。如果进行两种不同的作业，或者进行两个感觉道的作业，那么情况又将如何呢？Allport 等（1972）发现，让被试追随听觉呈现的散文材料，同时识记听觉呈现的另外一些字词，被试能识别和回忆这些字词的数量是很小的，就像前面提到的那些实验一样。但是，如果将听觉呈现的字词改为视觉呈现，虽然同时仍有这种听觉追随作业，可是能回忆出来的字词数量就大得多。更使人惊奇的是，在进行这种听觉追随作业的同时，给被试看一些图片，这些图片的正确再现率可高达 90%。他们还发现，一些钢琴家可以看谱弹奏，并可同时追随听到的话语。Shaffer（1975）也在实验中确定，熟练的打字员可以一面看稿打字，一面追随听到的话语。从这些实验结果来看，在进行两种不同感觉道的作业时，未受到注意的输入通道的信息所能得到的高级分析要比原先想象的更多。即使是在同一感觉道内进行两种性质相同的作业，也会由于作业的难易程度不同而出现不同的结果。Sullivan（1976）在带有追随程序的双听实验中，给被试的追随耳呈现难度不同的语文材料，让他从非追随耳中觉察所呈现的靶子词。结果发现，当被试追随较容易的材料时，他从非追随耳中觉察出的靶子词多于追随较难材料时的。还应指出，在双听实验中，被试从非追随耳中觉察出靶子的数量还依赖于他们自身的特点。Underwood（1974）发现，当要求被试既从追随耳又从非追随耳中觉察靶子词时，没有经验的生手只能从非追随耳中觉察出 8% 的靶子，而训练有素的专家像前面提到的心理学家 Moray，则能在非追随耳中觉察出 67% 的靶子，两者的差别是巨大的。从有关的实验报告来看，前面提到的许多双听实验大多是以没有经验的人做被试的，这一点也应加以重视。对于这些不同于以前的双听实验的结果，无论是知觉选择模型还是反应选择模型，目前都还不能提出圆满的解释。这些结果所提出的问题需要从更广阔的范围来加以考察。

二、中枢能量及其分配

知觉选择模型和反应选择模型都与认知系统加工能力有限相联系。从信息加工观点来看,这是无可争议的。在第一章里就已提到,信息加工观点承认人和计算机的加工能力有限,而这主要是指中枢加工器,即中枢能量是有限的。但是,在这两个注意模型里,中枢加工能力或中枢能量有限只是作为它们的出发点,并没有用来具体说明注意的机制,没有成为解释原则。一些心理学家看到这一点并力图更多地应用中枢能量来说明注意。具体地说,他们并不设想一个瓶颈结构,即存在于某个位置的过滤器,而是将注意看作人能用于执行任务的数量有限的能量或资源,用这种能量或资源的分配来解释注意。这种理论可称作中枢能量理论。

Kahneman(1973)提出的能量分配模型较好地体现中枢能量理论。他认为人可得到的资源和唤醒(Arousal)是连在一起的,其数量也可因情绪、药物等因素的作用而发生变化。决定注意的关键是所谓的资源分配方案,它本身又受到几个因素的制约:受制于唤醒因素的可能的能量、当时的意愿和对完成任务所需能量的评价。当然,个人的长期倾向也起作用。在这几个因素的作用下,所实现的分配方案体现出注意选择。这个模型可见于图 3-5。依照 Kahneman 的看法,个人的长期倾向反映不随意注意的作用,即将能量分配给新异刺激、突然动起来的东西和自己的名字等;当时的意愿体现任务的要求和目的等;对完成任务所需能量的评价是一个重要的因素,它不仅影响可得到的能量,使其增多或减少,而且极大地影响分配方案。从这个模型来看,只要不超过可得到的能量,人就能同时接收两个或多个输入,或者进行两种或多种活动,否则就会发生相互干扰,甚至只能进行一种活动。应当指出,这个模型非常明确地将不随意注意包括进来,而且 Kahneman 还认为存在某些自动加工,这些都对说明注意是有意义的。

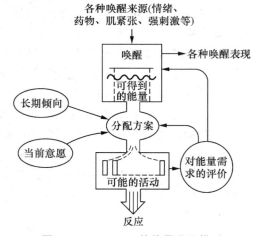

图 3-5　Kahneman 的能量分配模型

遵循能量或资源分配的观点，Norman 和 Bobrow(1975)还进一步区分两类过程：资源限制过程(Resource-Limited Process)和材料限制过程(Data-Limited Process)。所谓资源限制过程是指其作业受到所分配的资源的限制，一旦得到较多的资源，这种过程便能顺利地进行。而材料限制过程是指其作业受到任务的低劣质量或不适宜的记忆信息的限制，因而即使分配到较多的资源也不能改善其作业水平。例如，在强噪音的背景上，觉察一个特定的声音，如果该特定的声音过弱，那么即使分配较多的资源，也是难以觉察的。对于两个同时进行的作业来说，其作业水平如何，需视过程的性质而定，如果它们对资源的总需求超过中枢能量，就将发生干扰。照 Norman 和 Bobrow(1975)看来，这时的两个作业水平受互补原则(Principle of Complementarity)所决定，即一个作业应用的资源增加多少就会使另一个作业可得到的资源作相应数量的减少。

从以上所说的资源分配的观点来看，无论是支持知觉选择模型的实验还是支持反应选择模型的实验，都可以得到统一的解释。在应用追随程序的双听实验中，需要对追随耳的项目进行复述，因而占用了大量的资源，剩下给非追随耳的只有少量的资源。如果这时非追随耳面临的是需要较多资源的作业，那么非追随耳由于没有足够的资源，其作业水平就会低于追随耳；如果这时非追随耳面临的是只需较少的资源便可执行的作业，那么非追随耳的作业水平就不会低于追随耳。同样，如果两耳面临相同性质的作业，而且得到数量相近的资源，那么两耳的作业水平也会相近。这样既可克服知觉选择模型和反应选择模型的对立，又可较圆满地解释前面提到的一些实验结果。例如，两个不同输入通道的同时作业、追随耳的材料难易和被试的经验对非追随耳作业水平的影响均可从资源分配的不同情况得到说明。

中枢能量理论也得到一些比较直接有关的实验结果的支持。Johnson 和 Heinz(1979)在双听实验中给被试的双耳呈现靶子词和非靶子词，要求被试追随靶子词(不固定在某一只耳朵中出现)。靶子词和非靶子词的呈现有两种情况：一种是它们都由同一个男性声音读出(称作低感觉可辨度)，另一种是靶子词由男性声音读出，非靶子词由女性声音读出(称作高感觉可辨度)。非靶子词也分两种：一种是与靶子词同属某个范畴(称作低语义可辨度)，另一种是与靶子词分属不同的范畴(称作高语义可辨度)。被试在实验中的任务只是复述他听到的靶子词，但实验完毕后要求被试回忆所呈现的非靶子词。非靶子词的回忆结果见表 3-1。从表中可以见到，不管语义可辨度的高低，非靶子词回忆的数量，在低感觉可辨度下的多于高感觉可辨度下的。这是因为在低感觉可辨度下需要进行更深的加工，应用更多的资源，故而非靶子词回忆的数量也较多。Johnson 和 Heinz 依据这些实验结果，甚至提出注意选择的多部位说(Multiple-Loci Theory)，即认为注意选择可基于感觉信息在加工过程的早期阶段实现，而依赖较深的语义加工的选择则在后期阶段实现。从这里也可以见到，依照资源分配的观点，即使承认注意选择发生在加工过程的某个阶段上，那也比知觉选择模型和反应选择模型显得更为灵活。照我们看来，这个多部位说实际上还是涉及资源分配的问题，而不是设想某种瓶颈结构。

表 3-1　非靶子词回忆的数量（平均数）*

可辨度		非靶子词出现次数	
感觉的	语义的	1 次	3 次
高	高	1.65	2.12
高	低	1.68	2.37
低	高	2.01	3.46
低	低	3.38	7.21

* 最大数目为 28。（引自 Johnson & Heinz, 1979）

　　Johnson 和 Wilson(1980)的实验结果也很富有兴味。他们在实验中,给被试的双耳同时呈现各一个字词,被试的任务是觉察事先规定的某个范畴的字词(靶子词)。所用的靶子词是双义词,即至少具有两个不同的意义。例如,事先规定的范畴为"衣着","Sock"就是双义的靶子词(短袜、痛击)。在给一耳呈现靶子词时,同时给另一耳呈现非靶子词。非靶子词分为 3 种:(1) 偏向双义词的适宜意义的字词如"臭的",因为事先规定的范畴为"衣着",故 Sock 的适宜意义为"短袜";(2) 偏向双义词的不适宜意义的字词如"打击";(3) 中性的字词如"星期二"。靶子词的呈现方式有两种:一种是靶子词不固定呈现给哪一只耳朵,被试事先也不知道靶子词将来自哪只耳朵(分配性注意);另一种是靶子词只呈现给左耳,被试事先知道这一点(集中性注意)。有关的实验结果见图 3-6。这些实验结果表明,在分配性注意下,适宜的非靶子词有利于靶子词的觉察,而不适宜的非靶子词则有损于靶子词的觉察;但是,在集中性注意下,非靶子词的类型对靶子词的觉察不起作用。这就意味着,在前一种情况下,非靶子词得到语义加工,应用的资源较多;而在后一种情况下,非靶子词没有得到语义加工,应用的资源较少(非追随耳),接收靶子词的追随耳应用较多的资源,从而导致靶子词的觉察率在集中性注意时高于分配性注意。这些结果都是实验条件引起的不同的资源分配所造成的。

　　如果将上述 Johnson 和 Wilson 的实验与第二节中提到的 Shiffrin 等(1974)的实验加

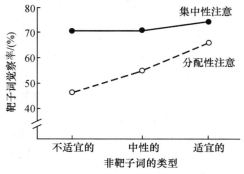

图 3-6　非靶子词的类型对靶子词觉察的影响
（引自 Johnson & Wilson, 1980）

以比较，就可以发现，虽然这两个实验都是研究集中性注意和分配性注意时的靶子觉察，但得到的结果并不一致。Shiffrin 等得到的结果是，在白噪音的背景上觉察一个特定的辅音，集中性注意与分配性注意没有差别。这两个实验的结果之所以不一致，可从 Norman 和 Bobrow(1975)对两种性质的作业区分得到解释。Shiffrin 等所应用的实验作业可说是材料限制作业，不是增加资源就能改善的，因此集中性注意和分配性注意不会导致不同的作业水平。Johnson 和 Wilson 所应用的实验作业是资源限制作业，其作业水平依赖于所得到的资源数量，所以集中性注意和分配性注意由于分配的资源不等而导致不同的结果。显然，这些不同的实验结果都可以纳入上述 Kahneman 提出的注意模型。

从前面的叙述可以看出，中枢能量理论可较好地解释同时进行两个作业所产生的各种复杂情况，并在一定程度上克服知觉选择模型和反应选择模型的对立。它的做法是以资源分配来取代设在信息加工过程某个阶段上的过滤装置或选择机制。这种做法给中枢能量理论带来不少优点，然而似乎也带来一定的弱点。中枢能量理论所主张的资源分配是着眼于过程的整体的，但没有深入到过程的内部。而知觉选择模型和反应选择模型却是着眼于过程内部的加工阶段的。几个作业或几个输入通道间的资源分配不能不涉及过程内部的各加工阶段的特点。尽管中枢能量理论能在某种程度上克服知觉选择模型和反应选择模型的对立，但却不能抹掉知觉选择和反应选择的可能性。似乎可以将这些模型结合起来。这样就可以设想，注意的选择在总体上是受资源分配所决定的，但它在信息加工过程中是如何实现的及在哪一个阶段实现的，却要依赖于其内外许多因素，如信息加工系统的功能状态、作业类型和当前的情境等。这种设想应当进一步具体化并得到实验验证。

第四节 控制性加工与自动加工

一、两种加工过程

对于同时进行的两种作业的水平来说，练习起着重要的作用。日常生活的观察和实验研究都发现，人们起初同时进行两种作业时会感到十分困难，作业水平低下，但随着练习的开展，困难就会减少，作业水平也逐渐提高，甚至可以达到非常完善的程度。从中枢能量理论来看，练习之所以起到有利的作用，是因为它改善了能量分配方案，使能量分配更加适合当前的任务需要，另一方面又改善了完成作业的操作过程，减少对能量的需求，甚至使某些加工过程自动化了，不需要任何资源或注意就可以进行。主要根据加工过程自动化的设想，Schneider 和 Shiffrin(1977)提出了两种加工过程的理论。他们区分出控制性加工(Controlled Processing)和自动加工(Automatic Processing)。控制性加工是一种需要应用注意的加工，其容量有限，可灵活地用于变化着的环境。这种加工是受人有意识地控制的，故称作控制性加工，又可称注意性加工。相反，自动加工是不受人所控制的加工,无需应用注意,没有一定的容量限制,而且一旦形成就很难予以改变。这个两种加工过程的理论目前有不小的影响。

Schneider 和 Shiffrin 曾经进行了一系列的视觉搜索实验来研究这两种过程。其中一个实验是这样进行的:先给被试识记 1~4 个项目(识记项目),然后再视觉呈现 1~4 个项目(再认项目),让他们判定,再认项目中是否有任何一个项目是以前识记过的,作出相应的反应。识记项目和再认项目的安排分两种情况。一种是识记项目为字母,再认项目中可包含一个识记过的字母,其余则为数字,或者全部再认项目均为数字,不包含任何字母(字母与数字的安排也可倒过来),被试只需从数字(字母)中发现是否有字母(数字),就可作出正的或负的反应。这样的安排是使识记项目和无关的再认项目分属两个不同范畴,故可称不同范畴条件。另一种是识记项目为字母(数字),再认项目也全都为字母(数字),其中可包含亦可不包含一个已经识记过的项目。这种安排使全部识记项目和再认项目同属一个范畴,可称作相同范畴条件。在这种条件下,某一次试验的识记项目可以是另一次试验的无关的再认项目,反过来也一样。在全部实验中,再认项目的呈现时间还得到系统的变化。实验结果表明,在相同范畴条件下,当识记项目和再认项目均为 1 个时,要达到 80% 的正确反应率,再认项目的呈现时间需达 120 ms,而当识记项目和再认项目均为 4 个时,要达到 70% 的正确反应率,再认项目的呈现时间需达 800 ms;但在不同范畴条件下,无论识记项目和再认项目的数量多少,再认项目的呈现时间只需 80 ms,就可达到 80% 以上的正确反应率。这些结果说明,不同范畴条件下的再认或搜索优于相同范畴条件,而且识记项目和再认项目的数量对不同范畴条件下的反应没有什么影响,但在相同范畴条件下,随着识记项目和再认项目增多,判定所需的时间也增多。在另一个类似的实验中,使再认项目的呈现时间固定不变,而直接记录被试的反应时,得到的实验结果也是类似的,可见图 3-7。

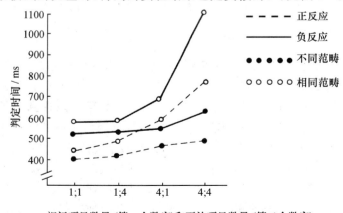

识记项目数量(第一个数字)和再认项目数量(第二个数字)

图 3-7　Schneider 和 Shiffrin 的一个实验结果

根据这些实验结果,Schneider 和 Shiffrin 认为,在相同范畴条件下,被试应用的是控制性加工,它将每一个识记项目与同一范畴的每一个再认项目顺序地进行比较,直到匹配为止;在不同范畴条件下,被试从数字(字母)中搜索出字母(数字),应用的是以平行方式起作用的自动加工,从而表现出两种不同的判定速度。他们还认为,这种自动加工是在长期的实践中分辨字母和数字的结果。他们在一个实验中,将英文字母表的 B 到 L 之间的辅音字母作为识记项目,将 Q 到 Z 之间的辅音字母作为再认项目,被试要经过 2100 次试验才能达到上述自动加工的作业水平。这一部分实验证实练习对自动加工的重要作用。接下去进行第二部分实验,但将前面第一部分实验的识记项目和再认项目对调,这时被试相应地要作 2400 次试验的练习,而仅仅为了达到第一部分实验开始时的作业水平,就需要约 1000 次试验。这表明已经形成的自动加工是很难改变的。将这些看法归纳起来,可以得出如下的结论:自动加工是快速的,以平行方式起作用,但缺少弹性;控制性加工是较慢的,以系列方式起作用,具有弹性。

从这个两种加工的理论来看,注意可以成功地在几个输入或作业中间进行分配,如果这时应用的是自动加工的话;或者也可以说,假如在两个同时进行的作业中,至少有一个作业包含自动加工,那么两个作业就能顺利地进行,因为自动加工无须应用注意。但是,两个控制性加工的作业则难以顺利地同时进行,因为两者都需要应用资源或注意。另一方面,当需要将注意集中于某些信息输入时,控制性加工还需排除另一些信息输入,这时自动加工过程对不需要的信息作出的反应会给作业带来干扰,降低作业水平,所以控制性加工的作业水平还会受到自动加工的影响。Schneider 和 Shiffrin 的这些看法对具体说明能量分配和注意机制是有积极作用的。前面已经提到,Norman 和 Bobrow(1975)将加工过程区分为资源限制性的和材料限制性的两类,这种区分与 Schneider 和 Shiffrin 的加工过程的分类似乎有某种联系,这是一个值得研究的问题。资源限制过程无疑是控制性加工过程,或者主要包含控制性加工,而材料限制过程可能较多地涉及自动加工,因为它即使得到更多的资源也是无法改善其作业水平的。

二、特征整合理论

Treisman 和 Gelade(1980)提出的特征整合理论(Feature Integration Theory)也是一个涉及自动加工的注意理论。他们区分客体(Object)和特征(Feature),将特征看作是某个维量的一个特定值,而客体则是一些特征的结合。例如,图形和颜色都是维量,三角形和红色则分别是这两个维量的值,而红色三角形是红色和三角形这两个特征组成的客体。Treisman 和 Gelade 认为,特征是由功能上独立的一个知觉的子系统所分析的,这种加工是自动的,并且是以平行方式进行的,而客体的辨认则需要集中性注意参与,完全是系列加工的结果;集中性注意的作用类似"粘胶",使一些特征得以结合为一个单一的客体。他们曾经进行了一些实验。在其中的一个实验中,给被试视觉呈现 1—30 个不同颜色的字母,要他们搜索一个特定的靶子,记录其反应和所用的时间。

这个靶子或者是一个客体(绿色的字母 T),或者是一个特征(蓝色的字母或一个 S)。结果发现,当靶子是一个客体时,呈现的项目数量对觉察靶子所需的时间有很大影响,数量愈多,所需的时间也愈长;当靶子是一个特征时,呈现的项目数量对觉察靶子所需的时间没有实际影响。他们还发现,对觉察客体靶子作长期的练习也不能导致平行方式的自动加工,并且当缺乏集中性注意时,尽管不同客体的一些特征可以得到加工,但一个客体的诸特征未能"粘在一起",因而可能出现交叉的结合,即一个客体的特征与另一个客体的特征错误地结合在一起,形成错觉性结合。Treisman 和 Gelade 的一些实验结果与 Schneider 和 Shiffrin 的不同,没有发现自动加工对长期练习的依赖。这个结果与 Neisser 等(1963)的视觉搜索的实验结果也不一致,Neisser 等发现,经过长期练习,被试从 10 个字母中搜索到一个字母,可以同识别一个字母一样快。但是 Treisman 和 Gelade 对集中性注意的看法却与 Neisser(1967)比较接近。值得指出,Treisman 和 Gelade 将某一类信息(特征)与自动加工相联系,而这是 Schneider 和 Shiffrin 所没有涉及的。

　　关于自动加工的标志问题应当得到进一步的研究,因为这对判定自动加工的存在是非常重要的。前面所述的一些工作都提出了有关的看法。LaBerge(1981)曾经概括出判定自动加工的几个标志:它的出现是意识不到的,不可避免的,没有一定的容量限制、高度有效性和难以改变。Posner 和 Snyder(1975)也曾提出自动激活的 3 项标准:它是意识不到的,它的出现是不受人控制的,与其他心理活动不发生干扰。这两组标准有些是共同的。但是,这几项标准是否具有同等的重要性,以及需要符合几项标准才可算作自动加工,这些问题目前还无法回答。同样,是否所有的加工过程或哪些加工过程可以自动化,这也是现在所不知道的。

4

记 忆 结 构

人通过知觉从外界获得信息,再在记忆中贮存下来。由此,人得以积累知识并在后来加以运用。这些贮存的信息即使对于知觉本身也是十分重要的。记忆在人的整个心理活动中处于突出的地位。不仅是知觉,任何其他一个心理活动和心理现象,从认知到情绪情感以至个性都离不开记忆的参与。记忆将人的心理活动的过去、现在和未来联成一个整体,使心理发展、知识积累和个性形成得以实现。自19世纪末叶,现代心理学发端时期著名德国学者 Ebbinghaus 开创记忆研究以来,记忆问题在各个时期都受到重视,取得不少有价值的研究成果。

从19世纪末叶到20世纪50年代,心理学对记忆的研究,从总体上来看,是沿着 Ebbinghaus 的方向进行的,虽然涉及记忆活动的不同环节和方面,但所研究的是那种可以容纳大量材料,并可保持很长时期的记忆,如人能记得并背诵很久以前学会的一首诗。这就是现在所说的长时记忆(Long-Term Memory)。在这几十年间,心理学只知道这一种记忆,或者说,把记忆看成是某种单一的东西。第二次世界大战以后,由于工程技术的需要,在信息论等新兴学科的影响下,心理学家开始重视另一种记忆现象,即那种只容纳有限的几个项目并保持短暂的记忆,如翻看笔记本上的某个电话号码后就去打电话。这就是后来所说的短时记忆(Short-Term Memory)。随着认知心理学兴起,短时记忆研究在50年代中期蓬勃发展起来。大量的初期研究结果表明,短时记忆在信息的容量、编码、保持和作用等许多方面都与长时记忆不同。因此出现一个新的看法,认为记忆不是一个单一的东西,不只存在一种长时记忆,而是存在着长时记忆和短时记忆两种记忆。由此提出了两种记忆说(Dual Memory Theory)。此外,又提出了其他种类的记忆,其中所谓的感觉记忆(Sensory Memory),即那种保持感觉信息极其短暂的记忆(又称瞬时记忆),同样引人注目并为大家承认。而长时记忆后来也不再被看作是单一的,有人进一步将它区分为语义记忆(Semantic Memory)和情景记忆(Episodic Memory)。这也体现出同样的分析观点。短时记忆和两种记忆说的提出,以及感觉记忆的确定,对19世纪末叶以来,心理学关于记忆的传统观点产生了猛烈的冲击,引出了记忆结构问题。它是当前记忆研究的一个核心问题,也是认知心理学的一个根本问题。它反映出近百年来,心理学的记忆研究在基础理论上发生了巨大变化。但是,两种记忆说或多存贮说引起不同意见,存在着尖锐的分歧和争论。

第一节 两种记忆说

一、两种记忆说的内容和核心

两种记忆说认为,记忆不是一个单一的东西,存在着短时记忆和长时记忆两种不同的记忆,它们彼此独立而又互相联系,形成一个统一的记忆系统。长时记忆是一个信息库,可以长期贮存大量信息,因而又称永久记忆。外部信息经过感觉通道先进入短时记忆。它是信息进入长时记忆的一个容量有限的缓冲器和加工器。容量以内的信息在短时记忆中可短暂地保持,利用默默地重复即复述(Rehearsal)可避免迅速遗忘。在没有复述的条件下,信息在短时记忆中可短暂保持(约 15~30 s),但只要复述在进行,信息即可随着复述而一直保持,并且还可通过复述而进入长时记忆。两种记忆说的典型代表是 Waugh 和 Norman(1965)最早提出的两种记忆系统的模型。他们借用美国哲学家和心理学家 W. James(1890)提出的初级记忆(Primary Memory)和次级记忆(Secondary Memory)两个术语。初级记忆即指短时记忆,次级记忆即指长时记忆。他们首创应用框图来表示这两种记忆系统,见图 4-1。从此在认知心理学中,开始盛行用框图来表示心理活动的结构和信息流程。

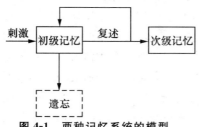

图 4-1 两种记忆系统的模型
(引自 Waugh & Norman,1965)

两种记忆说的核心是承认在长时记忆以外还存在着短时记忆。但是,短时记忆现象并不是在 20 世纪 50 年代才被涉及的。尽管 Ebbinghaus 当时研究的是长时记忆,但他本人在实验研究中,即已接触到短时记忆现象。例如,他发现在无意义音节的系列学习中,当每个音节只学习一次时,则人可正确回忆出 7 个音节。这里所涉及的实际上就是短时记忆现象。然而,他没有把短时记忆与长时记忆区分开来。当时,另一德国学者 G. E. Müller(1900)在研究语言学习时,比较明确地提到短时记忆。在心理学史上,最早提出与当前两种记忆说相近观点的,是前面已提到的美国学者 James,他依据意识经验区分出初级记忆和次级记忆。所谓的初级记忆是一种直接记忆,它涉及直接的意识经验,提供感知到的事物的忠实图像,一点也离不开当前意识,具有暂时性质。次级记忆则是间接记忆。它是当前意识以外的过去经验的贮存,具有长期性质。次级记忆所涉及的东西恢复起来就不那么容易,需要一定的努力,而且存在很大的差别。James 对这两种记忆的区分主要依靠某些内省材料,缺乏科学证据。虽然不能把初级记忆和次级记忆的划分与现在认知心理学中的短时记忆和长时记忆的划分等同起来,但 James 的观点对现在记忆结构问题的提出还是有一定作用的。Waugh 和

Norman(1965)最早提出两个记忆系统模型时就借用了 James 的术语。无论怎样,对两种记忆说而言,首要的是要有充分的科学根据,来证实短时记忆的存在。

二、短时记忆存在的证据

1. 临床和动物实验

目前确实存在着多方面的证据,支持对短时记忆的承认。在临床方面早就发现,脑震荡患者常伴有遗忘症。例如,受到猛烈撞击的汽车驾驶员或足球运动员经常不能回忆出受伤前几秒钟发生的事情,但对受伤前几分钟或几小时之间发生的事情却能很好地回忆出来。这称作逆向性遗忘。它提示某种短暂的即时记忆受到损害,而长时记忆则未受影响。后来 Lyuch 和 Yarnell(1973)确定,受伤后立即进行的回忆似乎并未受到损害。他们对受到脑损伤的足球运动员进行谈话,一次是在受伤后 30 s 内进行,一次是在受伤后 3～5 min 进行,甚至每隔 5～20 min 进行一次。以未受伤的球员作对照。当受伤后立即进行交谈,受伤的球员能够准确地回忆出他当时比赛的情景,但隔 5 min 后,他们就不能回忆出来了。这似乎表明,刚刚受伤之前发生的事件只被贮存在暂时的记忆中,迅即遗忘,未能转入长时记忆中去。Baddeley 和 Warrington(1970)得到类似的实验结果。他们给正常被试和遗忘症患者识记 10 个词组成的字表,然后进行自由回忆。结果发现,在识记后立即进行回忆,正常被试和遗忘症患者在回忆成绩上基本相同;而延缓 30 s 之后,并且在此期间,用心算作业来防止复述,则遗忘症患者的回忆成绩比正常被试要差得多。这也说明存在短时记忆和长时记忆两种贮存。临床还发现,癫痫症患者在摘除大脑的海马后,过去记住的东西未受损害,但新东西难以记住(Wickelgren,1968)。这表明信息难以从短时记忆转入长时记忆中去。目前神经心理学已积累不少脑损伤患者的资料,有利于承认短时记忆和长时记忆的区分。

在动物实验方面,也有一些类似的资料。高等动物在被摘除海马以后,原已习得的反应保持无损,但新的反应却难以形成或保持。一些电休克实验也支持将短时记忆与长时记忆区分开来。Jarvik 和 Exman(1960)利用白鼠做过跳台实验。实验内容如下:在铁丝笼内设一个小台子,将白鼠放在台上,笼的底部通电,当白鼠跳到笼底,其足部就将受到中等强度的难受的电击。经过电击,白鼠很快学会呆在台上,很少再跳到笼底。但是,若在白鼠跳到笼底并从足部受到电击之后,立刻从鼠的头部施加电休克刺激,则白鼠以后还会往笼底跳,显出没有学会呆在台上,忘掉足部曾受到电击。如果将电休克刺激与足部电击之间的相隔时间增多,则电休克的作用就会降低。这个实验表明电休克破坏了当前事件记忆的生理过程,未能使之转为永久贮存。

2. 自由回忆实验

短时记忆存在的有力证据来自所谓的自由回忆实验。这种实验形式还是 Ebbinghaus 首先发展出来的。其做法是给被试按一定顺序相继呈现若干个音节、字词或其他项目,然后要求被试尽量回忆出已学习过的东西,但不必按照原先呈现的顺序来回忆,故称自由回忆。将自由回忆得出的结果与原先呈现的顺序加以对照,就可发现在原来的刺激系列中,不同位置上的刺激的记忆效果。据此作图,可得到系列位置曲线。在 Murdock(1962)进行的一个自由回忆实验中,让被试听一个由 30 个常用词组成的词表,每次呈现一个词,每次 1 s,然后进行自由回忆。根据所得的结果可以绘制系列位置曲线(图 4-2)。

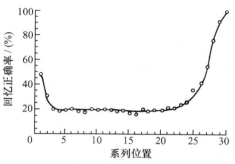

图 4-2　自由回忆的系列位置曲线

(引自 Murdock,1962)

从这个图中可以看到,词表中间部分的字词回忆成绩较差,而起始部分和结尾部分的字词回忆成绩较优,均高于中间部分。这种情况称作系列位置效应。起始部分的较优的回忆成绩称作首因效应,结尾部分的较优的回忆成绩称作近因效应。其实在心理学文献中,早就确认了首因效应和近因效应。过去曾用前摄抑制和倒摄抑制来作解释:刺激系列中间部分项目的回忆成绩较差是由于它们既受到起始部分项目的干扰(前摄抑制),又受到结尾部分项目的干扰(倒摄抑制);而起始部分项目则只受其后项目的干扰(倒摄抑制),结尾部分项目只受以前项目的干扰(前摄抑制),不像中间部分项目那样,受到两个方向的干扰,故回忆成绩也较优。然而,主张两种记忆说的人则给首因效应和近因效应以新的解释。他们认为,自由回忆的系列位置曲线(图 4-2)不是一个单一的曲线,而可分为两部分,反映着两种记忆。曲线的结尾部分反映着短时记忆。曲线的起始部分和中间部分合组成另一部分,它反映着长时记忆。Murdock(1974)将这种理论分析在系列位置曲线图上表示出来(图 4-3)。这里可以看出,结尾部分的回忆成绩之所以好,是因为这些项目正保持在短时记忆中。应当注意,近因效应所涉及的系列刺激结尾部分的项目数正与短时记忆的有限容量相吻合。这是用干扰所无法解释的。对于首因效应,两种记忆说认为系列起始部分比中间部分保持较长时间,可以得到较多的复述,因而比中间部分的回忆成绩好。然而这种分析毕竟还是假设性的,需要得到科学事实的支持。

怎样来验证两种记忆说对系列位置曲线的分析呢?一种有效的办法是在实验中,应用一个因素来改变系列位置曲线的一个部分而不影响另一部分。这样,根据两种记

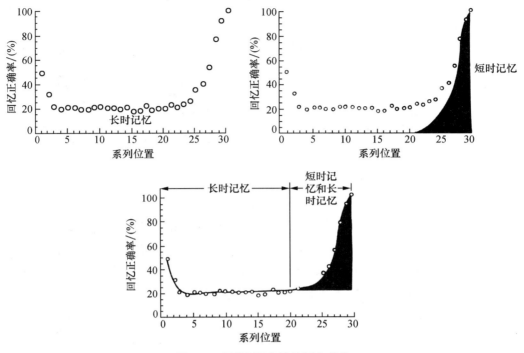

图 4-3 系列位置曲线的两个成分

忆说,可以合理地作出两个预测:(1)若增加每个刺激的呈现时间,就将增加复述的时间,使更多信息进入长时记忆,但不会对短时记忆产生影响;(2)若进行延缓回忆并防止复述,就将损害短时记忆,但不会影响长时记忆。如果这两个预测得到实验结果的证实,那么区分两种记忆就将得到有力的支持。现在来看有关的实验。Murdock(1962)进行了一个类似上述的实验,但将每个字词的呈现时间分为 1 s 和 2 s 两种。所得结果见图 4-4。可以看出,两种刺激呈现速度的实验结果都有系列位置效应。呈现时间为 2 s 的在刺激系列起始部分和中间部分的回忆成绩都优于呈现时间为 1 s 的,但两者在结尾部分却无甚差别。这说明增加刺激呈现时间确有利于长时记忆,而不影响短时记忆,证实了第一个预测。

Glanzer 和 Cunitz(1966)针对第二个预测进行了自由回忆实验。他们应用两种回忆方法。一种为即时回忆,让被试在刺激系列(词表)呈现完毕后立即回忆;另一种为延缓回忆,让被试在刺激系列呈现完毕后,立即进行心算作业 30 s 再回忆词表。所得结果见图 4-5。实验结果表明,即时回忆和延缓回忆都有首因效应,而且在刺激系列的起始部分和中间部分的成绩均相近,但即时回忆有近因效应,而延缓回忆却没有。这说明延缓回忆损害了刺激系列结尾部分即短时记忆,这部分信息因心算而未得到复述,并被心算的信息排挤掉了,而对长时记忆却无影响,证实了第二个预测。

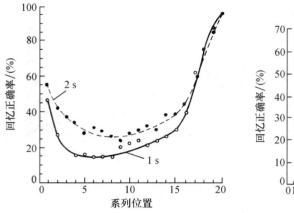
图 4-4 两种刺激呈现速度的系列位置效应

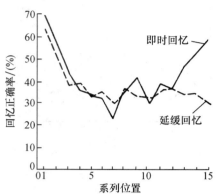
图 4-5 延缓回忆对近因效应的影响

这些有关自由回忆的实验都为两种记忆说提供一些科学依据。此外，其他一些自由回忆实验的结果也同样支持两种记忆说。例如，前面已经提到的 Baddeley 和 Warrington(1970)在自由回忆实验中还发现，遗忘症患者有与正常人相同的近因效应，但其首因效应较差。还有人发现，智力落后儿童有近因效应，而无首因效应。学前儿童可有类似情况，等等。

除上述几个方面的短时记忆存在的证据以外，短时记忆与长时记忆在机能方面的差别早就被看作这两种记忆划分的依据。毫无疑问，这两种记忆在某些方面有着明显的区别，如容量、保持时间和作用。但是，在其他诸如编码、遗忘原因等方面，两者的差别并不像原先认为的那样大。关于短时记忆和长时记忆的各个方面，在后面将专门论述。在短时记忆实验研究和两种记忆说的影响下，后来又提出"工作记忆"(Working Memory)的概念(Baddeley & Hitch, 1974)。实质上它还是指短时记忆，但它强调短时记忆与当前人所从事的工作的联系。由于工作进行的需要，短时记忆的内容不断变化并表现出一定的系统性。短时记忆随时间而形成的一个连续系统也就是工作记忆或活动记忆。

总起来看，目前有许多事实和实验结果有利于承认短时记忆的存在。许多心理学家在不同程度上接受两种记忆说。这个学说的影响在心理学中也迅速扩大。它在科学实验的基础上，提出了记忆结构问题，引出大量新的研究课题和实验研究，推动记忆和其他有关领域研究的开展。也许更为重要的，是它有力地促进了信息加工观点在心理学中贯彻。可以说，短时记忆是信息论、计算机科学等新兴学科的影响进入心理学的一个重要的窗口。尽管如此，无论对短时记忆的存在本身，还是对两种记忆说都有不同的看法，存在着尖锐的分歧。特别是加工水平说提出了与两种记忆说完全对立的观点。下面将专门加以叙述。

第二节 感觉记忆

记忆不单涉及以小时、日、年计的过去的事件(长时记忆)或以秒计的不久前的事件(短时记忆),而且还涉及以毫秒计的感觉信息。当外部刺激直接作用于感觉器官,产生感觉象后,虽然刺激的作用停止,但感觉象仍可维持极短的片刻。这种感觉滞留在视觉中最为突出。例如,人看电影、电视,将相继出现的静止画面看成运动的,人在看东西时不受眨眼和眼动的干扰而保持知觉的连续等。这些都有赖于视觉滞留。感觉滞留表明感觉信息的瞬间贮存。这种记忆就是感觉记忆或感觉登记。由于它的作用时间比短时记忆更短,故又可称瞬时记忆。感觉记忆保持感觉信息虽十分短暂,但它在刺激直接作用以外,为进一步的加工提供额外的、更多的时间和可能,对知觉活动本身和其他高级认知活动都有重要意义。感觉滞留现象早就得到心理学确认。但感觉记忆却是在认知心理学兴起以后才被提出来的,显然受到短时记忆研究的影响。实际上,感觉记忆在 Broadbent 关于注意的过滤器模型中已经被提出来了。在上一章中谈到,在这个模型中,当一个通道信息进入过滤器时,其他通道信息被暂时贮存,这种贮存就提示感觉记忆。Sperling(1960)对视觉记忆进行的精巧实验对确认感觉记忆有重要作用。目前关于感觉记忆的研究主要也是涉及视觉和听觉。视觉的感觉记忆称作图像记忆(Iconic Memory),听觉的感觉记忆称作声象记忆(Echoic Memory)。

一、图像记忆

1. 部分报告法实验

Sperling(1960)利用他创造的部分报告法所做的实验对确认感觉记忆起了极为重要的作用。他先在一个实验中,用速示器给被试看一张有 9 个字母的卡片,分上、中、下 3 行,每行 3 个字母(图 4-6)。卡片的呈现时间为 50 ms。然后被试要立即将全部记住的字母报告出来。结果发现,被试一般只能报告出 4—5 个字母,即约占所呈现的字母数的 50%。在这样简单的作业中,怎会出现这么低的回忆成绩呢?是被试没有看清更多的字母还是看到后又忘记了呢? Sperling 认为,被试看到的字母要多于报告出来的。照他的看法,在字母卡片呈现完毕后,被试有全部这些字母的鲜明的视觉图像,但是这些字母不能一下子全部报告出来,当被试报告第 4 个或第 5 个字母时,其余字母的图像就完全衰退或消失了,因而不能被报告出来。可以看出,上述实验与通常的记忆实验一样,都要求被试将记住的东西全部报告出来或者把尽可能多的东西报告出来。这种做法可称为全部报告法(Whole Report)。Sperling 为了查明究竟是被试没有看清字母还是看到后又忘记了,创造了一种新的方法,称为部分报告法(Partial Report)。这个方法与全部

```
C  F  X
P  L  A
N  T  S
```

图 4-6 感觉记忆实验用卡片

报告法不同,它只要求被试将记住的东西的一部分报告出来,而不是报告全部。Sperling 利用部分报告法所做的实验与前述实验的区别在于,他给字母卡片(图 4-6)中的 3 行字母的每行都配以声音信号,给上一行字母配以高音,中间一行配以中音,下面一行配以低音,事先将这种配对告诉被试。要求他们在字母卡片呈现后,若出现高音,就应报告与之配对的上一行字母,其他信号同理。但是,每次呈现哪一个声音信号是按随机方式安排的,被试事先并不知道。实验时刺激卡片的呈现时间为 50 ms,然后立即呈现一个声音信号。在这种情况下,被试几乎每次都能正确地报告出任何一行的 3 个字母,回忆率约达 100%。虽然每次被试只需报告某个声音信号指定的那一行字母,但由于这个声音信号是在字母卡片呈现后随机呈现的,被试事先并不知道要出现哪个声音,因此可以根据对一行字母的回忆来判断对整个卡片上的字母的记忆情况。这种推论类似学校的考试,从学生对几个试题的回答来对他们的总体知识作出近似的估价。这样,既然任何一行的字母差不多都能全部报告出来,那么他们必定在记忆中保持了全部 3 行字母。由此可以判定,被试在看过包含 9 个字母的卡片后,约可记住 8~9 个字母,回忆率要高出全部报告法约一倍。这种部分报告法的实验结果表明,在全部报告法的实验中,被试看到的或能记住的字母确实要多于报告出来的,只是其中一部分后来在被试报告其他字母时迅速遗忘了。Sperling 由此提出,存在着一种感觉记忆,它有相当大的容量,信息保持时间极其短暂,很快就会消失。这些实验为感觉记忆的存在提供了有力的证据。同时,部分报告法的设计精巧也备受瞩目。

2. 图像记忆的特性

部分报告法还可用来研究感觉记忆的某些特性。在上述部分报告法的实验中,声音信号是在字母卡片呈现后立即呈现的,两者之间的时距为零,即应用即时回忆。然而也可应用延缓回忆,在刺激卡片与声音信号之间插入不同的时距,来研究感觉记忆的时间特性。Sperling(1960) 曾经在一个实验中应用 4 行字母,每行 4 个,共 16 个字母,并且系统地改变这种时距,应用的时距为 0.1,0.15,0.30,0.50 和 1 s,所得结果见图 4-7。

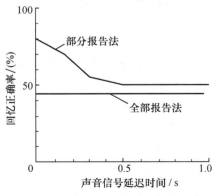

图 4-7 声音信号延迟对回忆的影响

(引自 Sperling,1960)

从图中可以看出,当声音信号延迟 0.15 s 呈现,回忆率就从即时回忆的 80% 左右下降到约 70%;延迟 0.30 s,则下降到约 55%;延迟 0.50 s,回忆率就与全部报告法的结果相近,而延迟 1 s 则没有什么差别了,这些结果提示视觉感觉记忆的作用时间似在 0.5 s 以内,约为 300 ms。

　　Erikson 和 Collins(1967)也做过有关视觉感觉记忆的作用时间的实验,但未应用部分报告法。他们在实验中相继给被试看两组点子(见图 4-8 中(a)和(b))。分别来看,这两组点子是随机点图,但它们重叠起来就会构成 VOH 3 个字母(见图 4-8 中(c))。实验的假设是,如果被试能从先后呈现的两组点子中,看出上述 3 个字母,那么这说明先呈现的那组点图像仍保留在感觉记忆中,可以与后呈现的一组点子相整合,否则就说明先前的感觉信息消失了。这样,改变先后呈现两组点子的时距,根据确认 3 个字母的情况,就可以揭示视觉感觉记忆的作用时间。Erikson 和 Collins 将呈现两组点子的时距在 0~500 ms 之间加以变化,所得结果见图 4-9。从图中可以看到,被试看出 3 个字母的概率随着时距增加而逐渐下降,当时距为 100 ms,则下降到 50% 左右;而时距为 300 ms,则降到 40% 以下。这些结果虽然与 Sperling 的实验结果有一些出入,但在总的趋势上还是一致的,同样也揭示了视觉感觉记忆的时间特性。然而,更有意义的是它们表明在感觉记忆中还可进行像信息整合这样的加工。它不是有意进行的,不受人的控制。感觉记忆的作用时间虽然极其短暂,但它为进一步的信息加工,如特征抽取、信息整合、识别等提供了可能。目前对这些问题还研究得很少。

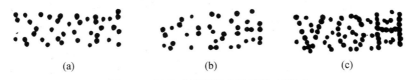

图 4-8　视觉感觉记忆实验用的点模式

(引自 Erikson & Collins,1967)

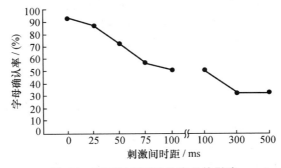

图 4-9　不同时距对确认字母的影响

(引自 Erikson & Collins,1967)

Averbach 和 Coriell(1961)发展出一个类似部分报告法的技术。这个技术与 Sperling 的有两点不同：一是不用声音信号作为回忆线索，而用条形标记；二是每次不要报告一行字母，只要报告一个字母。实验时先呈现字母卡片，然后立即或经过一定时距呈现一张白卡片带有一个条形标记，条形就打在原来字母卡片中某个字母的位置上，条形标记在什么位置，被试就要报告该位置上的字母。这种实验得到的结果与 Sperling 是一致的。所得到的结果也表明，视觉感觉记忆的作用时间约 250 ms。

在上述实验中，应用的回忆线索是条形标记，属视觉线索。在早期的研究中，曾经发现一个与不同类型的视觉标记有关的奇怪现象。实验确定，当应用的不是条形标记而是圆形，并在字母卡片呈现完毕，立即将圆形标记呈现在原先某个字母位置上，显得可将该字母圈起来，其余与条形标记实验相同，则被试只能觉察到圆形标记，而报告不出所要的圆形内的字母，在感觉记忆中，被圆形圈起来的字母好像被"洗掉"了。这个现象现在还得不到解释。也许这里出现了"逆向掩蔽"(Backward Masking)，后面呈现的圆形对前面的字母图像产生掩蔽作用。

从前面所述的 Sperling 的实验及其他实验可以知道，感觉记忆有相当大的容量，视觉感觉记忆的容量至少是 9 个字母。应用部分报告法也可对这个容量进行研究。办法是增加字母卡片上的字母行数和每一行的字母数，如卡片上可有 4 行，每行 4 个字母（4×4）或有 5 行，每行 5 个字母（5×5）。实验研究表明，视觉感觉记忆的容量可达 20 个字母。但是现在还不能严格确定这个容量的最大值或上限，因为受到方法上的限制。第一，如果应用声音线索，那么增加字母行数，就需相应地增加声音信号数目。这样就使声音信号的加工变得复杂起来，需要更多的时间和操作，从而对字母的保持产生不利的影响。第二，如果应用视觉条形线索，虽然这不会增加回忆线索的数目，但字母数目增多势必要增加字母位置区分的难度，同样会对感觉记忆不利。第三，存在着输出干扰，先提取的信息对后面信息的提取可有干扰作用。鉴于以上情况，现在一般说，视觉感觉记忆的容量为 9～20 个项目或更多。

根据前面所述，现在可以概括出下面几点：视觉感觉记忆可将感觉信息存贮几百毫秒，保持感觉信息的原有的直接编码形式，具有鲜明的形象性，其容量至少为 9 个项目或更多。视觉感觉记忆常被当作感觉记忆的典型。

二、声象记忆

从原则上来说，感觉记忆不应只存在于视觉系统中，在所有其他感觉系统中也应存在。但是，除视觉以外，目前能够实验证实感觉记忆存在的主要是听觉系统。听觉的感觉记忆称作声象记忆（Echoic Memory），这方面的实验最早是 Moray 等（1965）进行的。他们模仿 Sperling 的部分报告法，设计了一个"四耳人实验"。他们把 4 个扬声器放在一间屋里的 4 个角的位置，让被试处在当中的位置，使他可以同时从 4 个不同声源听到声音并能区分出声源，犹如人长了 4 个耳朵似的。实验时可从 2 个、3 个或 4 个声

第 4 章 记忆结构

源同时各呈现 1~4 个字母。刺激呈现完毕后,被试要报告他听到的字母。实验和 Sperling 的一样,分别采用全部报告法和部分报告法。用部分报告法进行实验时,在被试面前的板子上安着 4 个灯,各代表一个声源。声音刺激呈现后只开亮一个灯,哪一个灯亮了,被试就要报告它所代表的那个声源传来的字母。结果表明,部分报告法的回忆成绩优于全部报告法。这和视觉的实验结果相同,证实听觉系统中存在感觉记忆。

Darwin 等(1972)做过更接近 Sperling 的听觉实验。他们给被试的双耳带上立体声耳机,通过每只耳机双声道,同时给双耳分别呈现两个刺激(字母、数字),例如,给左耳呈现"B"和"8",与此同时,给右耳呈现"F"和"8",这时双耳有共同的刺激"8"。他们应用的刺激类似下述各由 3 个项目组成的 3 个短表:

左耳	双耳	右耳
B	8	F
2	6	R
L	U	10

呈现所有这些项目的时间为1 s。当被试同时从左耳听到"B"和"8",从右耳听到"F"和"8"时,他的主观体验是从左耳听到 B,从右耳听到 F,而显得处于左右耳中间位置的数字 8 似乎来自头脑内部(其实是从双耳来的)。这样就出现"三耳人",极像 Sperling 的 3 行字母。实验也采用全部报告法和部分报告法。应用部分报告时,在被试前面屏幕上的左、中、右部分可打出一个光条,指示被试报告从相应信息源来的信息。这种视觉线索与刺激的时距为 0,1,2 和 4 s。所得结果见图 4-10。这个实验的结果也是部分报告法优于全部报告法。与 Sperling 的实验相比,这个实验显示声象记忆有两点不同于图像记忆。其一,声象记忆的容量小于图像记忆。从图 4-10 可见,在听觉的部分报告法实验中,即时回忆的数量仅为 5 个项目左右,而视觉实验的相应数量为 8~9 个项目。其二,声象记忆的作用时间可达 4 s,比图像记忆的几百毫秒要长得多。从图 4-10 可见,当视觉线索延迟 4 s 呈现,部分报告法的结果才接近全部报告法。对于声象记忆持续达 4 s 之久,有人曾经提出疑问:既然感觉记忆保持的信息是直接按刺激的物理特性编码的,也即维持感觉信息的原有形式,那么在声象记忆作用的 4 s 期间,信息的编码和性质是否会发生变化呢?这时,是否还是感觉记忆呢?提出这样的问题是合理的,应当受到重视。但是,声象记忆表现出来的这些特点也许与听觉实验中刺激的系列呈现方式和相对较慢的速度有关,归根结底,可能与听觉系统的加工方式和特性有关。

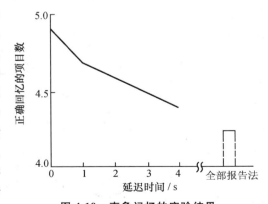

图 4-10 声象记忆的实验结果

(引自 Darwin, et al, 1972)

前面谈了图像记忆和声象记忆。目前已有的一些证据确实表明存在感觉记忆。感觉记忆按感觉信息原有形式来贮存,它们是外界刺激的真实的模写或复本。尽管感觉记忆的作用时间十分短暂,但它却为进一步的加工提供了材料和时间。这使它成为一个完整的记忆系统所不可缺少的开始阶段。

第三节 记忆信息三级加工模型

前面已经说过,两种记忆说认为记忆是由短时记忆和长时记忆构成的一个系统,信息经由短时记忆而进入长时记忆,短时记忆既是缓冲器又是加工器。这种看法深入到记忆的内部结构和信息加工的动态过程。但是,这里所说的还只是信息已进入记忆系统以后的情况。人首先要获得外界信息才能加以贮存,而要得到外界的信息,则必须通过感觉知觉。从人的整个认知活动这个更宽阔的背景来看,记忆系统似不应从短时记忆开始,而应有与感觉知觉紧密联系的更早的加工阶段或更为基本的记忆结构。因此,当感觉记忆被提出并得到确认以后,两种记忆说迅速将感觉记忆吸收进来,把它看作记忆系统的开始阶段或记忆结构。这样,一个完整的记忆系统不仅包含短时记忆和长时记忆,而且还要包含感觉记忆,即变成感觉记忆→短时记忆→长时记忆。由此出现记忆信息三级加工模型,两种记忆说也就发展为多存贮说。多存贮说或记忆信息三级加工模型的核心仍是两种记忆说,吸收感觉记忆并不改变两种记忆说的实质,而是使它变得完善起来,可以更好地说明记忆信息的加工过程。记忆信息三级加工模型已在心理学中得到广泛流传,占了主导地位。

一、Atkinson-Shiffrin 记忆系统模型

记忆信息三级加工模型可以 Atkinson 和 Shiffrin(1968)提出的记忆系统的模型为代表(图 4-11)。他们认为记忆有 3 种贮存:感觉登记、短时贮存和长时贮存。他们将记

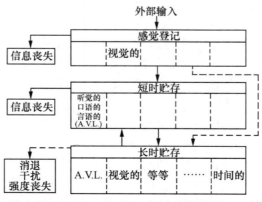

图 4-11 Atkinson-Shiffrin 记忆系统模型(1968)

忆和记忆贮存两个概念区分开来。记忆是指所要保持的信息,记忆贮存是指保持信息的那些结构成分,即现在所说的感觉记忆、短时记忆和长时记忆。照他们看来,一个项目保持多长时间并不说明它是在哪个记忆结构中贮存的。一个刺激呈现后可立即进入长时记忆,而有些信息虽在短时记忆中保持数分钟,却不会进入长时记忆。由此可见,这个模型强调记忆结构的区别。在这个模型中,外部信息最先输入感觉登记,它按感觉道分为视觉的、听觉的等等,即图像记忆和声象记忆等。感觉登记有丰富的信息,但很快可以消失。其中有些信息进入短时贮存。进入短时贮存的信息可具有不同于原来感觉的形式,即要进行变换或编码,编码的形式有听觉的、口语的、言语的,并且信息也能较快地丧失,虽然消失的速度比感觉登记要慢。在没有复述条件下,信息在短时贮存中可保持 15～30 s。短时贮存在这个模型中被看作一个工作系统。Atkinson 和 Shiffrin 认为它有两个功能:(1) 作为感觉登记和长时记忆之间的缓冲器。由于信息转入长时记忆需要一定时间,从感觉登记传来的信息在未进入长时记忆以前,可在短时贮存中暂时保持,短时贮存就成为一个缓冲器,信息随着复述而保持下去,这样就称作复述缓冲器,短时贮存或缓冲器的容量有限,可设想为几个槽道。(2) 作为信息进入长时贮存的加工器。信息通过各个槽道,借助于复述而进入长时贮存。以上可参看图 4-12。在短时贮存或缓冲器中,传入的信息占据槽道,新来的信息可以挤掉槽道里原有的信息,于是就要丧失信息。信息在复述缓冲器中可以较长时间保持,保持愈长,信息转入长时贮

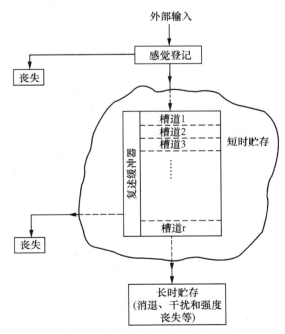

图 4-12　记忆系统中的复述缓冲器

存的概率也愈大,同样也会有更大的几率被新来的信息排挤出缓冲器。类似上述这种槽道组织的看法在 Waugh 和 Norman(1965)那里也存在。实际上,这种槽道组织只是对短时贮存的空间结构的一种形象的说法而已。长时贮存是一个真正的信息库,信息有听觉的、口语的、言语的以及视觉的编码形式等。进入长时贮存中的信息相对地说是永久性的,但它们可因消退、干扰或强度减少而不能被提取出来。长时贮存中信息提取出来,就转入短时贮存了。从以上所述可见,这个模型中的 3 个贮存有不同的功能,各自对信息进行特定的加工。

这个模型认为,信息从一个贮存转到另一个贮存,多半是受人控制的。人对感觉登记中短暂贮存的信息进行扫描,得到选择的那些信息经过识别而进入短时贮存。此外,有些信息还可直接从感觉登记进入长时贮存,不经过短时贮存的中介。信息从短时贮存进入长时贮存所依赖的复述也同样体现出人的控制。这一点是很重要的。从这里可以看到,Atkinson 和 Shiffrin 的一个核心思想是对进出短时贮存的信息流程施加某种有意识的或无意识的控制。人可以从感觉登记中选择若干信息,使之进入短时贮存缓冲器,其数量可受一定调节。他也可将注意转向新的项目,停止对缓冲器中原有项目的复述而将它排除出缓冲器。他可以依据长时贮存的信息,用代码将输入短时贮存的信息加以归类;也可以应用各种启发法以助于信息转入长时贮存;等等。总之,对记忆的信息流程的控制是这个模型的一个突出的特点。将记忆结构和控制区分开来,或者说给记忆系统增加控制部分,对进一步了解和研究记忆系统有重要意义。这种做法和后来对认知心理学的反思也是吻合的,参见第一章。

二、模型的扩展

Shiffrin 和 Atkinson(1969)对他们提出的记忆系统的模型曾加以扩充。这个扩充了的模型的内容与以前的基本相同,但也有变化,特别是对控制过程作了较多的扩展,见图 4-13。从图中可以见到,从感觉登记到短时贮存再到长时贮存的信息流程与以前的模型相同,但是这 3 个贮存都与控制过程相连(用虚线表示),其活动均受到控制,如启动或调整刺激分析程序,改变感觉通道倾向,激活复述机制,改变信息从感觉登记到短时贮存的流程,将信息从短时贮存转入长时贮存,以及启动其他操作,设置判断标准,启动反应发生器等。并且,人可随意地启动一个控制过程。但是,究竟哪一个控制过程被激活,这依赖于任务的性质和当前的指令。给记忆系统模型增加这样的控制过程,就使记忆系统变得更加主动和灵活。然而这一点,后来并未受到心理学家的足够重视。

在这个扩充的模型中,也有与以前模型不同的地方。例如,现在从 3 个贮存都有连线与反应发生器相接,这意味着每一个贮存都可引起反应。在扩充的模型中,Shiffrin 和 Atkinson 把长时记忆看成一种"自寻址记忆"(Self-Addressing Memory),认为信息是通过"自寻址"而被提取的。所谓"自寻址记忆"是指长时贮存中,信息所在的位置是按信息的内容来确定的。这样的组织类似图书馆的书架排列。图书馆的书籍是按内容

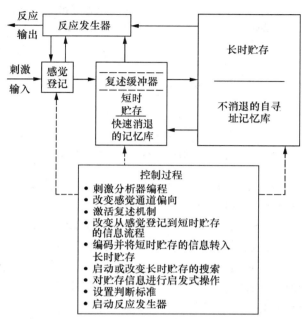

图 4-13 包含控制过程的记忆系统模型

(引自 Solso，1979)

分类放置的。一本关于"记忆结构"的书将被放在心理学类书籍架的某个特定位置。人在后来要取出这本书时，就可按照原来放置书籍的书架排列而找到它。他们还认为，长时贮存的信息是不会消退的，这与以前的模型不同。在扩充了的模型中，没有画出信息丧失即遗忘部分。在原来的模型中，用实线画出感觉登记和短时贮存的遗忘，而用虚线表明长时贮存可能的遗忘，列举了消退、干扰和强度减少等导致遗忘的原因。前后两个模型的差异，至少在长时贮存方面，反映着当前心理学中实际存在的关于遗忘的不同看法。在心理学中，长期以来关于长时记忆的遗忘原因就有争论，而且有人认为长时记忆信息根本就不会丧失，只是由于干扰而不能提取出来。现在对短时贮存的信息丧失也提出同样的疑问。有人甚至提出，说信息丧失是否违反了热力学的第一定律呢？这些问题现在都还未能解决。

三、典型的记忆信息三级加工模型

Shiffrin 和 Atkinson(1969)提出的第二个记忆系统模型较第一个模型详尽，尤其是扩展了控制过程，更比 Waugh 和 Norman 的两种记忆系统的模型前进了一大步。它将感觉登记吸收进来，从而将两种记忆系统变成三级信息加工模型。如果将 Shiffrin 和 Atkinson 的模型加以简化，就可得到一个节略的或典型的记忆信息三级加工模型，见图 4-14。这是目前认知心理学中最流行的关于记忆结构的图示。不仅如此，由于它包含了从感觉登记到长时记忆的完整过程,也可把它看作一个一般的人的信息加工流程图。

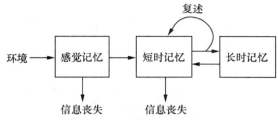

图 4-14 典型的记忆信息三级加工模型

记忆信息三级加工模型或 Shiffrin 和 Atkinson 的模型虽然还不完善,但它有足够的灵活性来吸收新的成分或新的研究成果。例如,记忆信息三级加工模型以及两种记忆说都认为,信息从短时记忆转入长时记忆是通过复述而实现的。但是后来发现,应用复述即机械地默默地复诵识记项目并不足以使短时记忆信息转入长时记忆。我们在后面还要谈到这个问题。一种新的观点是将复述分为两种:简单的复述和精细的复述,简单的复述即以前所说的复述,它有助于项目在短时记忆中保持,即如复述缓冲器,现又称保持性复述。精细的复述是将要复述的材料加以组织,将它与其他信息联系起来,在更深的层次上进行加工。这种复述又称为整合性复述。现在多认为,信息不是靠简单的复述,而是靠精细的复述才能从短时记忆转入长时记忆。这个新的研究成果改变了记忆信息三级加工模型对复述的原来看法,但记忆信息三级加工模型完全可以吸收和容纳这种新的看法。

前面说过,在短时记忆提出以后,又有人提出工作记忆。它强调短时记忆的内容随当前完成任务的要求而变化,以及重视将信息从长时记忆提取到短时记忆中来。尽管如此,从记忆结构的角度来看,工作记忆并没有改变其短时记忆的实质,仍然能为记忆信息三级加工模型所容纳。

记忆信息三级加工模型认为,外界信息进入记忆系统后,经历 3 个记忆结构加工,每种记忆结构各有其特定的功能;记忆信息所经历的这 3 个结构的加工也是由低到高的 3 个阶段或层次。这样一来,对记忆信息三级加工模型就可能有两种理解。一种理解就是这个模型的原来的含义,它强调 3 种记忆结构是独立的,它们构成 3 个加工阶段,如 Shiffrin 和 Atkinson 的观点。另一种则不着眼于独立的记忆结构,而侧重 3 个加工阶段,从过程上来看记忆信息三级加工模型。虽然这后一种理解多少离开了记忆信息三级加工模型的本义,但它在避开了记忆结构问题后,仍能在一定程度上把握记忆信息的加工过程。记忆信息三级加工模型之所以得到如此广泛的流传,也许与上面这一点有关系。前面提到,记忆信息三级加工模型或多存贮说是以两种记忆说为核心的,也是两种记忆说的扩展,因此对两种记忆说的批评和由此而来的争论把记忆信息三级加工模型也包括进来了。

第四节 加工水平说

对两种记忆说或多存贮说的激烈批评来自加工水平说。这个新的学说是 Craik 和 Lockhart(1972)最早提出来的。Craik 等人首先指出两种记忆说或多存贮说存在的一些难于解决的问题。例如,容量有限是短时记忆的一个重要特性,然而这个有限容量的性质未得到说明;短时记忆和长时记忆的信息编码也不像初期所想象的那样不同;再则,从遗忘的特征也很难区分不同的记忆结构,等等。照 Craik 等人看来,这些困难动摇了两种记忆说的基础,因而需要一个新的替代的学说。如果说两种记忆说基于不同的记忆结构,并由此出发来说明信息加工的操作和过程,那么 Craik 等人走上相反的方向。他们从信息加工的操作来看记忆系统,提出了加工水平说。

一、加工水平

依照这个学说,作用于人的刺激要经受一系列不同水平的分析,从表浅的感觉分析开始,到较深的、较复杂的、抽象的和语义的分析。感觉分析涉及刺激的物理特性,如进行特征抽取,类似"知觉"一章中谈到的"鬼城"模型中的特征鬼的作用,而较深的分析则涉及模式识别和意义的提取。这种加工系列体现出不同的加工深度。加工的深度愈深,则有愈多的认知加工和语义加工。一个词得到识别以后,还可以与其他词建立联想,与有关的表象和故事联系起来。一个刺激的加工深度依赖于一些因素,如刺激的性质、可用于加工的时间和加工的任务等。例如,言语刺激比其他感觉刺激易于得到更深的加工;较长的加工时间可使刺激的加工程度更深;语义的任务就比语音的任务能使加工达到更深的水平。尤为重要的是下面一点。加工水平说认为,记忆痕迹是信息加工的副产品,痕迹的持久性是加工深度的直接函数。那些受到深入分析、参与精细的联想和表象的信息产生较强的记忆痕迹,并可持续较长的时间;而那些只受到表浅分析的信息则只产生较弱的记忆痕迹,并持续较短的时间。这样,加工水平说就从信息加工的操作出发,用不同的加工水平来取代不同的记忆结构,提出了与多存贮说相对立的观点。

Craik 等人曾经进行了一系列的实验来支持他们的理论。这些实验的典型形式是所谓的不随意学习(Incidental Learning),即让被试完成一定的任务,不要求他们进行识记,待任务完成后,出乎意料地对他们进行再认或回忆的测验。实验的关键在于所安排的任务需要体现不同水平的加工。Craik 和 Tulving(1975)在一个这样的实验中,每次给被试呈现一个词,同时就该词提出一个问题,让被试作出"是"或"否"的回答。问题分作 3 类,分别涉及字词的结构、语音和语义 3 种由低到高的不同水平的加工,例如:

结构:这个词是大写的吗?
语音:这个词与词 WEIGHT 押韵吗?
语义:这个词是否能填入下述句子:
"他在街上碰到_____"

记录每次被试作出回答所需的时间(反应潜伏期)。利用一些不同的词进行实验,在这些任务完成后,进行事先未宣布的再认测验,所得结果见图 4-15。实验结果表明:(1) 加工愈深,所需的时间也愈多,以语义水平的加工需时最多;(2) 加工愈深,再认的成绩也愈好,同样以语义水平加工的成绩最好。进行回忆测验也得到类似的结果。这证明记忆痕迹是加工深度的函数,支持了加工水平说。

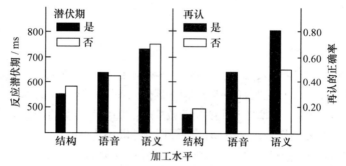

图 4-15　加工时间与再认成绩是加工深度的函数
(引自 Craik & Tulving,1975)

另一些心理学家也得到类似上述的实验结果。有趣的是 Bower 和 Karlin(1974) 用照片进行的再认实验。他们给被试呈现一系列人的面孔照片,同时要求他们对每张照片上人的诚实、魅力或性别作出判断,然后进行照片再认测验。结果发现,在作了有关诚实、魅力的判断后,再认成绩要高于仅作性别判断的。这提示作为人的品质判定比确认人的性别要求更深的加工,因而也有利于再认。Rogers 等(1977)应用类似 Craik 和 Tulving(1975)的方法做过一个实验。他们每次给被试呈现一个形容词,同时提出一个问题,要求被试作出回答。这种问题除像前面说的分别涉及词的结构、语音和语义外,还增加了自我评定一项,即问被试该形容词是否能描述他本人。实验总共应用了 40 个形容词。在被试完成这些作业后进行自由回忆,要求尽量多地回忆出呈现过的形容词。结果表明,回忆成绩按结构、语音和语义作业的顺序而提高,与 Craik 和 Tulving(1975)的结果相一致,更有意义的,是进行过自我评定的形容词的回忆成绩最好。显然,自我评定要求比语义更深的加工。这些实验结果都支持加工水平说。

二、关于复述

加工水平说认为记忆效果依赖于加工深度,因此它对两种记忆说和多存贮说所强调的复述作用提出尖锐的批评。前面谈过,复述或简单的复述是一种机械地、默默地复诵识记项目,它被两种记忆说和多存贮说看作信息在短时记忆中保持和转入长时记忆的重要机制。但是,加工水平说认为这种复述并不能导致较好的记忆效果或使信息转入长时记忆。对此,Craik 和 Watkins(1973)进行过一个精巧的实验。他们在实验中,给被试呈现一串单词,要求他们记住词表中最后一个以某个字母开头的单词。例如,给被试呈现的词表是 daughter, oil, rifle, garden, grain, table, football, anchor, giraffe,……,要求被试记住以 g 字母开头的最后一个单词。在这个词表中,有几个以 g 字母开头的单词,其数量和位置是被试事先不知道的。这样,在实验进行中,被试遇到第一个以 g 字母开头的单词 garden,紧接着又遇到同样以 g 字母开头的单词 grain,这时前面的单词 garden 立即就被后面的单词 grain 取代了。但是,单词 grain 之后连续出现 3 个非 g 字母开头的单词 table, football 和 anchor,这时每当出现一个非 g 字母开头的单词,被试总要复述一次单词 grain,因为他们不知道后面是否还有以 g 字母开头的单词,所以共要复述 3 次,直到单词 giraffe 出现。在这样安排的词表中,在前后两个以相同字母(g)开头的单词之间插入一定数目的其他单词,就可以得到前一个以 g 字母开头的单词的复述次数。在本例中,单词 garden 的复述次数为零,即没有复述,而单词 grain 的复述为 3 次。这个插入的单词数量或复述次数是一个重要的实验变量,可系统地加以变化。Craik 和 Watkins(1973)给被试呈现几个这样安排的词表后,出乎被试的意料,对他们进行自由回忆测验,要求他们尽量多地回忆刚呈现过的单词。所得结果见图 4-16。从中可以看出,插入的项目数没有对记忆效果产生显著影响。插入项目多的即复述次数多的并不比插入项目少的或复述次数少的回忆得更好。这说明信息并不能通过这样机械的复述而转入长时记忆。这个结论与两种记忆说或多存贮说是对立的。加工水平说从加工深度出发,将复述分为简单的保持性复述和精细复述,后者是对

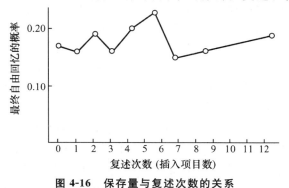

图 4-16 保存量与复述次数的关系

项目的深层加工,可使信息转入长时记忆。这一点在前面已经谈过。现在,加工水平说对复述的看法也为许多心理学家接受。

三、加工一致性

加工水平说得到前面所述实验的支持。但仅用加工深度的概念还不能完全解释已有的一些实验结果。例如,从图4-15可以发现,在关于语音和语义的问题中作"是"反应的记忆成绩优于作"否"反应的记忆成绩。从加工深度来说,两种反应是一样的,然而为什么会出现两种不同的记忆结果呢？Craik和Tulving(1975)认为,记忆的结果不仅依赖对项目本身的加工,而且也依赖对项目上下文的加工。在上述实验中,对语音和语义问题要作出"是"反应的词与问题(上下文)是一致的,它们组成一个整体,一起贮存,因而记忆效果好；而"否"反应的词与问题则不是这样,要分开来贮存,所以记忆效果差。在结构问题中,呈现的词与问题的整合没有意义,因而"是"反应并不优于"否"反应。这样,他们就把项目和上下文的加工一致性引入加工水平说。这个加工一致性实际上涉及信息表征和贮存的方式,它对记忆的研究无疑是重要的。后来还发现,即使有语义加工,记忆效果也未必提高。Craik和Tulving(1975)在一个实验中,沿用以前的程序,但事先告诉被试要进行测验。这种做法可促使被试对字词进行深入的分析,了解词的意义。然而实验结果表明,在完成关于字词的结构和语音的评定作业后,记忆效果没有得到显著的改善。他们指出,这是由于没有适宜的上下文(问题)的缘故。上下文愈丰富,对于项目的加工就愈精细,也愈不容易与其他项目混淆。如果没有这样的上下文,即使涉及项目的意义,记忆效果也不会提高。他们进一步提出了加工的精细性和区分性的概念。这些看法都有待于深入研究。它们对加工水平说确实具有意义。

四、关于加工序列

加工水平说以加工深度概念为核心,强调不同深度或水平的加工对记忆的决定性作用,而与两种记忆说和多存贮说相对立。但是,对加工水平说来讲,仍然存在一个难以回避的问题。这就是那些由浅到深的不同水平的加工是否也是一系列的加工阶段呢？Craik和Lockhart(1972)原先认为,加工深度观点包含着必然的、不可避免的一系列的加工阶段。这样,尽管他们强调不同深度的加工,然而像多存贮说或记忆信息三级加工模型那样,是完全可以容纳这种观点的。后来Craik等(1973,1976)放弃了原先的看法。他们认为,虽然感觉分析必然要在语义分析之前,但是其他的加工却不是按上下级组成一系列的水平,而是一种编码的侧向扩散(Lateral Spread)。所谓的侧向扩散,照他们看来,是指在某一个水平上,或者是较浅的水平或者是较深的水平,加工在横向扩展开来。Craik(1979)曾举过一个阅读的例子,见图4-17。这幅图描述了对同一材料的两种性质阅读的加工特点。校对阅读只顾看字母或字词,包含大量精心的表浅加工或保持性复述,也即加工在这个表浅水平上扩展开来(图中阴影横向扩散),但很少语

图 4-17　两种性质阅读的记忆激活
（转引自 Solso,1979）

义加工。校对员对材料的理解少,事后能回忆出的材料内容也少。要点阅读则相反,为了掌握材料的要点,它包含大量精心的语义加工或精细的复述,即加工在语义水平上扩散开来,而很少表浅的加工。这种阅读对材料有较好的理解,事后也能回忆出较多的材料内容。通过这个例子,可以对侧向扩散有一些具体了解。Craik 等人区分两种加工或复述也是有道理的。然而这种横向扩散提示,在感觉分析以后,人可以进行较深水平的分析,似乎无须事先进行较浅水平的分析。这必然引起严重的疑问。事实上,这种看法也缺少证据。如果将这些不同水平的分析看作不固守一定顺序的加工类型,如两种复述那样,那么究竟能区分出多少水平或类型呢,又按照什么标准来区分这些水平呢？它们之间有什么联系呢？说到最后,还是难于回避不同水平的序列组织问题。这个问题是加工水平说的要害之一,也是它的薄弱的一环。

加工水平说从操作的角度来看待记忆,提出了一些新的看法,推动了记忆的研究。但它也受到不少批评。这些批评可以归纳为三点:(1)加工水平说的基本思想是说有意义的事件可被较好地记住。这本来就是常识。加工水平说没有说出什么新东西,没有增进人类对记忆的理解。(2)加工水平说是含糊的,无法进行考验。它没有提出加工深度的客观的、独立的指标,不能进行严格的验证。(3)加工水平说含有循环论证,因为它认为受到深度加工的东西就可以记得好,反过来又把记得好归结为受到了深度的加工。这些批评是很严厉的,也确有一些道理。但加工水平说确有不同于多存贮说的地方,这也不应忽视。

多存贮说和两种记忆说认为记忆是由几个独立的结构组成的一个系统,如果将加工水平说与多存贮说或两种记忆说加以对比,那么似乎可以说,加工水平说主张只有一个记忆,这种记忆有不同水平的加工和相应的不同效果。然而这些不同的加工水平似乎是"独立的",彼此之间没有固定的前后关系。这样来看,加工水平说所主张的一种记忆也不是单一的,其内部是分化的。这是从不同角度来看待记忆结构问题。当前在认知心理学中,在记忆结构问题上主要有这两种对立的观点,都还需要进一步研究。目前占主导地位的是多存贮说。

5 短时记忆

在前一章中已经谈过,短时记忆在两种记忆说或多存贮说中占据重要的地位。它被看作信息通往长时记忆的一个中间环节或过渡阶段。对于短时记忆的存在,曾经提出多方面的论据予以论证。作为一个方面的证据,也曾援引短时记忆与长时记忆在容量、保持时间等方面的差别。虽然后来的研究表明,短时记忆与长时记忆在信息编码等方面的差别并不像以前想象的那样大,但短时记忆毕竟有其特点。不论是否承认短时记忆为一个独立的记忆结构,即使作为一种记忆现象,了解它的容量、编码、提取和遗忘等方面的特点,对估价短时记忆本身和当前关于记忆结构的争论都是必要的。本章将专门论述短时记忆的这几个方面的问题。

自 20 世纪 50 年代至 70 年代,短时记忆是记忆的一个中心课题,对它进行过大量的研究,取得许多有意义的结果。由于短时记忆是对当前的信息进行加工和贮存,在关于短时记忆容量、编码等的实验中,刺激一般只短暂地呈现一次,持续时间通常约 1 s。所以,短时记忆又可称作一次呈现的刺激记忆,相当于前面叙述过的电话号码记忆。这种一次呈现刺激的研究范式对短时记忆是适宜的。下面要谈的有关实验几乎都是在这个范式下进行的。

第一节 短时记忆容量

一、有限容量:7±2

我们已经知道,长时记忆是一个庞大的信息库,它能贮存的信息在理论上可说是无限的;即使是感觉记忆,图像记忆的容量也达 20 个项目甚至更多。而短时记忆只能保持少数几个项目,其数量根本无法与长时记忆相比,甚至还少于图像记忆。容量有限是短时记忆的一个突出的特点。早在 19 世纪中叶,爱尔兰哲学家 William Hamilton 据说曾观察到,如果将一把弹子撒在地板上,人很难一下子看到超过 6~7 个弹子。1887年,Jacobs 做过一个实验,他给被试大声念出一系列无特定顺序的数字,然后要他们立即写下他们能回忆出的全部数字。结果发现,被试能够回忆出的数字的最大数量约为

7个。前面也已提过，Ebbinghaus 本人发现，在阅读一次后，可记住约 7 个无意义音节。从 20 世纪 50 年代开始，许多心理学家应用字母、音节、字词等各种不同材料进行过类似的实验，所得结果是一致的，即短时记忆的容量约为 7。1956 年，美国心理学家 George A. Miller 发表了一篇著名论文，题为"神奇数 7 加减 2：我们加工信息的能力的某些限制"，明确提出短时记忆容量为 7±2，即一般为 7 并可在 5～9 之间波动。这个看法为大量实验所证实并得到公认。

1. 组块

关于短时记忆的容量，存在着一个十分奇特的现象。这涉及短时记忆中的信息单位问题。前面所谈短时记忆容量的数值并没有某一特定的单位。它可以是字母、数字，也可以是音节、字词等。如果呈现互不关连的字母，人大约可以记住 7 个；如果呈现一串无甚联系的字词，人也可以记住约 7 个。一个词是由几个字母构成的，这样短时记忆可容纳的字母数就远远超过 7 个。现在是否还能用字母数量来衡量短时记忆的容量呢？怎样来说明这两种情况下，短时记忆包含的字母数目的巨大差别呢？Miller（1956）从信息加工的角度出发，在上述论文中，提出了组块（Chunk）概念。所谓的组块是指将若干较小单位（如字母）联合而成熟悉的、较大的单位（如字词）的信息加工，也指这样组成的单位。他认为短时记忆中的信息不是以信息论中所说的比特（bit）为单位的，而是以组块为单位的。短时记忆容量即为 7±2 组块。一个字母是一个组块，由几个字母组成的一个字词仍是一个组块。几个字词组成的一个词组也是一个组块。组块受到材料性质的制约。不管人们的英语水平如何，若呈现一串毫无联系的字母，则他们都只能记住 7±2 个，即以字母为组块。然而，由于人的知识经验不同，对同一材料的组块也可能不同。"认知心理学"5 个字对不懂心理学的人来说是 5 个组块；对稍懂心理学的人来说，是两个组块（认知、心理学）；而对心理学家来说则只是一个组块。对于熟悉英语的人来说，他可以从呈现的一串无甚联系的英语词汇中记住约 7 个；这 7 个词可能包含数十个字母，但他不是孤立地记住这些字母，而是把它们组成词来记的，即进行组块。他能记住 7 个词的字母。然而，对只粗识英文字母的人来说，他从呈现的同样材料中，只能记住约 7 个字母。由此可见，短时记忆容量不是以比特或刺激的物理单位如字母、字词等来计算的，而是以组块来计算的。

2. 知识经验与组块

组块实际上是一种信息的组织或再编码。人利用贮存于长时记忆的知识对进入短时记忆的信息加以组织，使之构成人熟悉的有意义的较大的单位。组块的作用就在于减少短时记忆中的刺激单位，而增加每一单位所包含的信息。这样就可以在短时记忆容量的范围内增加信息，以利于人完成当前的工作，但这不应超过 7±2 组块。一个组块可包含多少信息也是不同的。Miller 曾经引述 Smith（1954）的一个实验，他应用的刺激材料为一长串的二进制数字，对这个序列的数字可以用不同的方式进行组块或再编码。表 5-1 列出几种组块方式。

表 5-1　二进制数字序列再编码的方式

二进制数字 (bit)	1 0	1 0	0 0	1 0	0 1	1 1	0 0	1 1	1 0
2:1 组块	10	10	00	10	01	11	00	11	10
再编码	2	2	0	2	1	3	0	3	2
3:1 组块	101		000		100	111		001	110
再编码	5		0		4	7		1	6
4:1 组块	1010			0010		0111		0011	10
再编码	10			2		7		3	
5:1 组块	10100				01001			11001	
再编码	20				9			25	

表中最上一行是 18 个二进制数字序列。下面 4 行是分别按 2∶1,3∶1,4∶1,5∶1 的比例对上述二进制数字序列依次进行组块,再编码为十进制数字。例如,第二行为 2∶1 组块,就是将两个二进制数字 10 编为十进制数的 2,将 00 编为 0,将 01 编为 1 等;第三行为 3∶1 组块,就是将 3 个二进制数字 101 编为 5,将 000 编为 0,将 100 编为 4 等;在第四行和第五行分别将 4 个和 5 个二进制数字编为一个十进制数字,如将 1010 编为 10,将 10100 编为 20 等。这些组块都包含较多的二进制数字,其中以 5∶1 包含的信息最多,一个组块即一个十进制数字包含 5 个二进制数字,其他方式的组块依次递减。无论采用哪一种组块方式,上述序列的 18 个二进制数字可减缩到 4～9 个组块,均可使这 18 个数字处于短时记忆容量以内。据此计算,如采取 5∶1 组块,短时记忆最多可容纳 45 个二进制数字(5×9)。但是,如果不采取上述任何一种组块方式,那么一下要记住这 18 个二进制数字即 18 个组块是不可能的。Smith 最初对 20 名被试进行实验,先测得他们对二进制和八进制数字的短时记忆容量平均为 9 和 7;然后将他们按 5 人一组分成 4 组,分别教他们上述一种组块方式,直到他们报告已经掌握为止,需时约 5～10 min,要求他们在后面实验中,应用所学会的组块方式来记呈现的二进制数字。结果发现,任何一组被试在运用所学到的组块方式后,比以前可以记住更多的二进制数字,但组块比率高的方式并没有充分显示出优越性。这显然与学习的程度不足有关。鉴于这种高比率的组块方式需要专门学习,Smith 像 Ebbinghaus 那样,自己来做被试。他耐心地对每一种组块方式进行认真的尝试,最后的结果是,他能记住 12 个八进制数字。在 2∶1 组块方式下,这相当于 24 个二进制数字;在 3∶1 组块方式下,这相当于 36 个二进制数字;而在更高比率的组块方式下,这相当于 40 多个二进制数字。这不仅说明组块的巨大作用,而且也说明,不同的组块包含的信息数量是不同的。组块的方式依赖于人的知识经验。

组块的作用及其对人的知识经验的依赖在弈棋这类复杂的智力活动中,也明显地表现出来。丹麦心理学家和象棋大师 de Groot(1965)在实验中发现,当给象棋大师和新手看一个真实的棋局 5 s,然后将棋子移开,要求他们进行复盘,即按照刚才看到的棋局将各棋子放回原处。象棋大师在第一次尝试时就能将 90% 的棋子正确复位,而新手只能正确恢复 40% 棋子。但是,如果给他们呈现的不是一个真实的棋局,而是任意放置的一些棋子,那么象棋大师和新手能正确复位的棋子数目都很少,而且没有什么差别。这些结果说明,象棋大师在真实棋局的复盘上之所以成绩好,是由于他们比新手具有更丰富的弈棋知识和经验,熟悉许多棋局,可以用来对短暂看到的棋子有效地进行组块,而新手则差得多。然而,象棋大师对任意放置的棋子却无法应用其丰富的知识经验,因而复盘的成绩降到新手的水平。Chase 和 Simon(1973)对这个问题作了进一步的研究。在他们的一个实验中,被试是象棋大师、一级棋手和新手各一人,给这些被试呈现一个真实的棋局,要求他们照着这个棋局尽快地在并排的另一个棋盘上再将它们摆出来,即对着实际的样本进行复盘,分别记录扫视和复盘所用的时间。应用的棋局共20 个,皆取自棋书或杂志,其中一半为中盘,一半为终盘。所得结果见图 5-1。可以看出,象棋大师、一级棋手和新手在扫视时间上没有什么差别,但象棋大师用于复盘的时间却明显地少于一级棋手和新手。在另一个实验中,给这些被试呈现一个包含 25 个棋子的真实棋局,时间为 5 s,然后撤去这个棋盘,要求他们根据记忆在另一棋盘上进行复盘,重新恢复刚看过的棋局。所得结果见图 5-2。实验结果表明,象棋大师可正确复位的棋子数最多,一级棋手次之,新手则最少,明显地表现出正确复位的棋子数随棋艺水平提高而增加的趋势。更有意思的是,Chase 和 Simon 还对实验结果进行了组块计算。他们认为,通过对被试复盘时,一个个地摆棋子的时间间隔可以计算出组块来。他们发现两类时间间隔:一类是 2 s,另一类是少于 1 s。他们将 2 s 看作组块间的间隔,即按 2 s 来划分组块,而少于 1 s 的,则看作组块内各成分的间隔。据此计算,象棋大师、一级棋手和新手在各次实验中的平均组块数分别为 7.7,5.7 和 5.3,每个组块中棋子的平均数为 2.5,2.1 和 1.9,这说明棋艺水平愈高的棋手应用的组块也愈多,并且每个

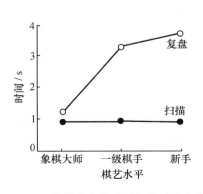
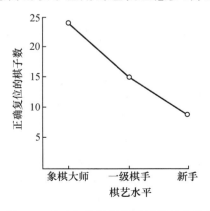

图 5-1　3 种棋艺水平下的扫描时间和复盘时间　　图 5-2　正确复位的棋子数是棋艺水平的函数

组块所包含的成分也多。联系到前一个实验的复盘时间的数据,可以说,在某一给定的时间内,象棋大师利用组块可获得和记住更多的信息。然而,如果呈现随机放置的棋子,则象棋大师也和一级棋手或新手一样,只能正确复位6个棋子左右。这时象棋大师无法运用其已有的知识经验进行组块,其优势也不复存在了。据 Simon 等人估计,象棋大师在长时记忆中,贮存的组块即棋局数目约为5~10万个,获得这些知识所需的时间不会少于10年。

Miller 和 Selfridge(1950)研究过语义和句法信息对组块的影响。他们设计了一些特殊的英语句子,这些句子与正常的英语句子有不同的接近度。所设计的接近度有7级,其中0级句子完全由随机选取的字词组成,其余1,2,3,4,5,6,7级有愈来愈高的接近度,而以7级最接近正常的句子,应用的句子有10,20,30和50个词的。将不同接近度的句子分别呈现后,要求被试立即进行顺序回忆,即按原来呈现的字词顺序来回忆出这些词。所得结果见图5-3。这些结果表明,词的回忆百分数是句子接近度的函数,句子愈接近正常的句法结构,其字词回忆的成绩也愈好。这说明人可利用长时记忆中贮存的语义知识和句法规则来组块,从而促进其短时记忆。后来,其他人的研究也证实了这一点,并且认为短语是语言材料记忆的一个单位,详见后面"言语"一章。

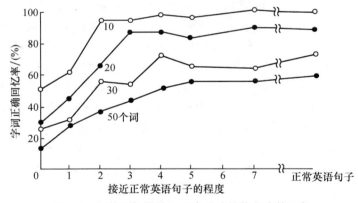

图 5-3　词的回忆是接近正常语法结构程度的函数

3. 分组

前面所说的各种材料的组块,都是运用长时记忆中已贮存的知识形成的较大的、有意义的单位,如一个词、一个十进制数字或一个棋局,这些组块也可称为意义组块。与这种组块相似的一种操作为分组(Grouping),它是把时间空间上接近的一些项目分成一组。例如:当呈现一串数字:0125611664051239,人们常将这些数字在主观上分成几组来记,如 01-256-1166-4051-239,这样就比不分组可以记住更多数字,若呈现这串数字时,在各组之间安排空间、时间间隔,也就是有节奏地或成组地呈现刺激,这种分组现象显得尤为突出。然而,在这些组的内部,各成分之间并不存在意义联系,也不形成一个熟悉的单位,但分组确实有利于短时记忆,现在电话号码的编排也是这样做的。前面举出的一串数字就是可打长途电话的一个用户号码。它包括地区号、局号、用户号和分机号等。这样分组有利于记住更多数字。分组呈现刺激的有利作用可能在于较易进行复述，还可能与表征有关。目前这些问题研究得还不多。虽然分组也可增加短时记忆能容纳的项目，但其作用远小于组块。有时也将分组看作一种组块，称之为时空组块。但它与组块的本来意义是不一致的，与意义组块有原则区别。这个问题还需进一步研究。

Miller(1956)提出的短时记忆容量为 7±2 组块得到了广泛的赞同，但也有人认为 7 这个数字太大了。Mandler 认为短时记忆的容量可能是 4 或 5。Simon(1974)曾以自己为被试来研究短时记忆容量。结果表明：他能立刻正确再现的单音节词和双音节词都是 7 个，三音节词是 6 个，但由两个词组成的短语，如：milk way, differential calculus, criminal lawyer，则只能记住 4 个，而更长一些的短语，如：fourscore and seven years ago，则只能记住 3 个。Simon 认为，把短时记忆容量说成 7 在大体上是对的。如果增加每个组块本身包含的信息，那么短时记忆容量就随之变小。后来他也倾向于认为短时记忆容量为 4～5 个组块。组块大小是一个值得注意的问题。它不仅涉及对同一性质材料的不同容量，如上述 Simon 的研究结果，而且很可能与不同性质材料的容量不同也有关。关于不同材料的短时记忆容量的研究结果见表 5-4。

二、容量有限的性质

短时记忆的容量有限是一个公认的事实。但是如何来解释这种容量有限的特性却非易事。Waugh 和 Norman(1965)及 Atkinson 和 Shiffrin(1968)似乎倾向于从贮存上来解释这种有限容量，将它看作有限的贮存空间，而且此存贮空间分为少数几个槽道，信息就贮存在这些槽道里。参看前一章的 Atkinson-Shiffrin 的含复述缓冲器的模型。而 Miller 提出的组块与这种看法密切相关。从组块的角度来看，在一个槽道里只能贮存一个组块，不管这个组块是字母或字词。这样，如果组块数超过槽道数，超出的那部分信息就不能被短时记忆所容纳，或者新进入的信息将会挤掉槽道里原有的信息。然而，这些看法引起争议。有人既不同意从贮存上来解释短时记忆容量有限；也不同意用组块作为测量短时记忆容量的单位。Baddeley 等(1975)认为，短时记忆痕迹的衰退极为迅速，痕迹一般只能维持约 2 s，如不及时在此期间加以再现或复述，则将消退；短时记忆容量实际上反映着人在 2 s 内能够加以复述的项目数量，因此短时记忆容量没有一个固定的数值，它取决于一个项目复述所需的时间长短，需要复述时间多的项目的容量就小，需要复述时间少的项目的容量就大。例如：音节多的词比音节少的词需更多的复述时间，其容量就会小。按 Baddeley 的看法，短时记忆是一个加工器，它有一个复述回路专司复述，因此他对短时记忆容量的看法被称作复述回路说。这个学说是从加工（复述）来说明短时记忆容量的，与上述贮存有限的观点不同。Baddeley 的观点得到一些实验结果的支持，但也有一些实验结果不支持他的观点。对于上述两种不同的观点，现在还不能作出定论。当前似乎更多地倾向于贮存有限的观点,它因得到组块说的支持而增强了。但 Baddeley 提出的短时记忆容量可变的看法也应受到注意。与此有关的一种观点是由 Klatzky(1975)提出的。他将短时记忆比作木工的工作台。木匠的工作台上通常放一些工具和材料,同时木工也要在台上操作,要占据一定的空间。如果在台上放的东西多了,即占的空间多了,那么留给操作的空间就少了,反过来也一样。Klatzky 认为短时记忆与此相似,也可将它看作一个空间,如果贮存的项目多,即占据较多的贮存空间,那么留下来供操作的空间(即工作空间)就会少了,情况也可以反过来。这就是说,在贮存的项目与加工之间存在着此消彼长的关系,也即贮存空间与工作空间有权衡关系。这种看法将短时记忆容量与加工联系起来,也把短时记忆容量看成是可变的。但它与复述回路说还是有很大区别的,它并没有从根本上用加工来说明短时记忆容量有限。似乎可以将 Klatzky 的这个看法纳入存贮有限的观点中去,作为一个补充。

第二节 短时记忆信息编码

一、感觉代码

1. 听觉代码与 AVL 单元

在短时记忆中,信息以什么形式保持或贮存是短时记忆信息编码问题。就记忆系统来说,所谓编码是对信息进行转换,使之获得适合于记忆系统的形式的加工过程(Encoding),而经过编码所产生的具体的信息形式则称作代码(Code)。短时记忆中的听觉代码显得十分突出。对此,Conrad(1963,1964)对人的回忆错误所作的分析提供了有力的证据。他就这个问题所做的一个主要的实验被广泛地引用。这个实验分为两个阶段。第一阶段为视觉呈现刺激,第二阶段为在白噪音背景上,听觉呈现刺激。在这两个阶段实验中,所用刺激皆为 6 个字母组成的一个字母序列,其中有些字母的发音相似,如:C 与 V,M 与 N,S 与 F。刺激呈现完毕,被试要立即进行顺序回忆,即严格按照原先字母呈现的顺序来回忆出这些字母。Conrad 将被试在这两个实验中回忆的结果与字母呈现序列加以对照,统计出被试的回忆错误,分别列成一个混淆矩阵,见表 5-2 和表 5-3。这两个表只是一部分的实验结果。表中列出的数字是一个刺激字母被错误地回忆成别的字母的次数,即混淆的次数。从表 5-2 可以看出,在第一阶段实验中,即使字母是视觉呈现的,回忆错误主要表现为声音混淆,如将 B 常误为 P 或 V,将 V 常误为 B 或 C,将 M 常误为 N,将 S 常误为 F,等等。读音相近的字母较多发生混淆,而读音不相近的字母则较少发生混淆。表 5-3 清楚地显示,在第二阶段实验中,当在白噪音背景上,以听觉呈现字母时,出现同样的情况,读音相近的字母也较多地发生混淆,如将 B 常误为 P 或 T,将 V 常误为 B 或 P,将 S 常误为 F 等,而读音不相近的字母也较少发生混淆。Conrad 计算了这两个实验的混淆矩阵的相关,得到的相关值高达 +0.64。

表 5-2 视觉呈现的字母回忆的混淆矩阵

		刺激字母								
		B	C	P	T	V	F	M	N	S	X
反应字母	B		18	62	5	83	12	9	3	2	0
	C	13		27	18	55	15	3	12	35	7
	P	102	18		24	40	15	8	8	7	7
	T	30	46	79		38	18	14	14	8	10
	V	56	32	30	14		21	15	11	11	5
	F	6	8	14	5	31		12	13	131	16
	M	12	6	8	5	20	16		146	15	5
	N	11	7	5	1	19	28	167		24	5
	S	7	21	11	2	9	37	4	12		16
	X	3	7	2	2	11	30	10	11	59	

(引自 Conrad, 1964)

表 5-3 听觉呈现的字母回忆的混淆矩阵

		刺激字母								
		B	C	P	T	V	F	M	N	S	X
反应字母	B		171	75	84	168	2	11	10	2	2
	C	32		35	42	20	4	4	5	2	5
	P	162	350		505	91	11	31	23	5	5
	T	143	232	281		50	14	12	11	8	5
	V	122	61	34	22		1	8	11	1	0
	F	6	4	2	4	3		13	8	336	238
	M	10	14	2	3	4	22		334	21	9
	N	13	21	6	9	20	32	512		38	14
	S	2	18	2	7	3	488	23	11		391
	X	1	6	2	2	1	245	2	1	184	

(引自 Conrad, 1964)

这表明两个实验中发生的回忆错误是很相似的,都是主要发生在声音相近的字母混淆上。这些结果说明,短时记忆的信息代码是声音代码或听觉代码,即使刺激材料是以视觉形式呈现的,其代码仍具有听觉性质,在短时记忆中出现形-音转换,而以声音形式在短时记忆中保持或贮存。这样来看,视觉呈现的字母引出声音混淆的错误也就可以理解了。Conrad 强调指出:这种视觉呈现字母的声音混淆与白噪音背景上听觉呈现字母回忆的声音混淆相似,确能说明问题,因为听觉呈现字母时,语音要部分地受到白噪音的掩蔽。值得注意的是,在声音混淆的错误中,视觉特征或许也起作用,因为发生声音混淆的一些字母不仅在语音上相似,而且在视觉特征上也相似,如 B 和 P,M 和 N 等。但是,如果将表 5-2 和表 5-3 的混淆矩阵与前面"知觉"一章中援引的混淆矩阵(Mayzner,1972)加以比较,那么还是可以看出它们的区别:表 5-2 和表 5-3 所列字母混淆主要是声音性质的或听觉性质的,而视觉字母识别的混淆主要是视觉性质的。因此,即使视觉特征相似在字母回忆的混淆中起某种作用,这也没有改变字母回忆混淆的听觉性质。

短时记忆的听觉代码后来得到了进一步的证实(Conrad & Hull,1964;Conrad,1970)。实验表明,当给被试视觉呈现一列发音相似的字母,如:DCBTPV,或一列发音不同的字母,如:LWKFRT,则被试对发音相似的字母产生听觉混淆的错误要多于发音不同的字母。Wickelgren(1965)用数字和字母进行的实验也得到类似的结果。不仅如此,Conrad(1971)的研究还表明,当记忆材料不是字母或字词而是图画时,听觉代码还是存在的。此外,他甚至还研究了先天性失聪学生的混淆情况,发现他们的混淆错误分为两类:一类表现出声音侵扰,另一类则不表现这种侵扰。然后又了解这些耳聋学生的说话情况。结果发现,说话好的耳聋学生有声音混淆错误,而说话不好的耳聋学生则有其他不同的错误。由此可以推想,某些耳聋人在短时记忆中将视觉符号转换成在功能上与语音代码相似的一种代码。这样就把短时记忆的声音代码延伸到有听觉缺陷的人身上了。

前面所说的声音混淆实验结果确可看作短时记忆的听觉代码或声音代码的证据。但是,事情有另外一面。问题在于,这些声音混淆现象或者至少其中一部分也可能有另一种解释。这特别涉及视觉呈现字母时,发生的声音混淆。心理学家早已知道,阅读常借助于内部言语来进行。内部言语虽因言语运动器官受到抑制而没有发出声来,但实际上言语运动器官仍在活动,这从记录喉、舌等有关部位的肌电图可以得到证实。那些视觉接收的字母、字词,通过内部言语就可以转换为言语运动器官的动作模式。可以设想,发音方式相似的字母、字词会发生混淆。因此,前述某些声音混淆现象也可能是言语运动或发音的混淆所造成的。这提示可能有言语动作代码或口语代码。即使是视觉呈现字母,恐怕也难以避免内部言语参与其加工过程。由于目前还无法将声音混淆和发音混淆区分开来,因而可以认为,听觉代码或声音代码也许与口语代码相并存,甚至交织在一起。在这种情况下,鉴于字母、字词的听觉代码和口语代码都是不同形式的言语代码,因此常将听觉的(Auditory)、口语的(Verbal)、言语的(Linguistic)代码联合起来,称之为 AVL 单元,而在单独谈到听觉代码时,也常包含这层意思。这些看法已为许多心理学家所接受。前面谈到的多存贮说的 Atkinson 和 Shiffrin 的模型就标出了 AVL,其含义与此相同。

2. 视觉代码

对于字母、字词和句子这些言语信息来说,听觉编码或口语编码无疑是适宜的。并且,言语也可参与非言语材料的加工,即使图画也可得到听觉编码。这自然会使人推想,短时记忆似乎只有一种听觉代码。但是,进一步的研究表明,短时记忆还有其他代码。我们在本书第 1 章的方法部分曾经介绍过 Posner(1967,1969)所做的字母的视觉匹配和名称匹配的实验。这些实验证实,短时记忆可有视觉代码。字母的视觉代码至少存在于短时记忆保持过程的初期,然后才出现字母的听觉代码。而对于大量的非语言材料,视觉代码也许更为重要,因为视觉信息转换为声音,就会丢失一些信息。这个问题还需进一步研究。

3. 感觉代码与感觉记忆信息的区别

短时记忆的听觉代码和视觉代码都属于感觉代码。但这种感觉代码与感觉记忆的代码是不同的。感觉记忆按感觉信息的原有形式来加以保持,即按刺激的物理特性进行直接的编码。短时记忆的感觉代码虽带有各自感觉道的特性,但比感觉信息要抽象,它已排除刺激的某些物理特性或细节。在对一个听觉呈现字母进行声音编码时,即可保留其读音音素,而舍弃读出该字母的声音强弱和快慢等特点。而对一个视觉呈现字母进行视觉编码时,也可排除其明暗和方位等特点。这种较为抽象的感觉代码与知觉过程的特点有紧密的联系。通常,进入短时记忆的项目都已经过识别。这可能是造成短时记忆的感觉编码与感觉信息相区别的一个重要原因。

由于短时记忆的听觉编码和视觉编码具有不同感觉道的特性,并且记忆效果也有不同。曾经有人设想短时记忆也许可能分为听觉的和视觉的,有单独的听觉短时贮存和视觉短时贮存,但此说目前还没有充分根据。同样,目前也还不能最终确定,除听觉代码和视觉代码以外,是否还有其他感觉形式的代码。

二、语义代码

除听觉代码和视觉代码这些感觉代码以外,短时记忆还有语义代码。语义代码是一种与意义有关的抽象的代码,不带有任何一个感觉道的特性。原先曾认为,语义代码只是长时记忆的特点。但后来的实验表明,短时记忆也有语义代码。Wickens(1970,1972)就此进行过一系列实验。他主要采用所谓的前摄抑制设计。前摄抑制是先前学习对继后学习和再现的干扰,先后学习的材料相似时的干扰作用较大。前一章就提到过这种现象。Wickens 利用前摄抑制设计的一个实验是由连续 4 次试验组成的,在试验 1 中,给实验组和控制组的被试呈现同样的 3 个字母,然后让他们进行一项计算作业,以防止复述,为时 20 s,之后要他们回忆这 3 个字母。接着进行试验 2,试验 2 和后面的试验 3 与试验 1 的程序完全一样,只是每次呈现的字母不同。在试验 4 中,给控制组被试仍呈现 3 个字母,但给实验组呈现 3 个数字,其余程序同前。所得的实验结果见图 5-4。从图中可以看出,自试验 1 到试验 3,两组被试的回忆成绩都逐步下降,明显地表现出前摄抑制的强烈作用;在试验 4 中,控制组的回忆成绩仍受到前摄抑制的作用而继续下降,但实验组的回忆成绩却急剧上升。Wickens 将实验组的回忆成绩上升称作"自前摄抑制释放"。这些结果表明,短时记忆可表征范畴意义,存在某种语义代码,因而其贮存也受到前后材料的意义联系的影响,否则就不会在应用同一范畴刺激(字母)时,出现强烈的前摄抑制;也不会在应用另一范畴刺激(数字)时,出现"自前摄抑制释放"。Wickens 应用各种不同的范畴,如字词/数字、字词/字词、男性/女性等,都获得类似的结果。

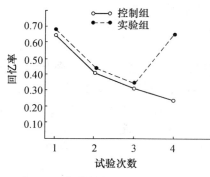

图 5-4　自前摄抑制释放的实验
(引自 Wickens,1972)

Shulman(1970,1971,1972)的实验也为短时记忆的语义代码提供了证据。他应用的方法类似于 Waugh 和 Norman(1965)的探测法。具体的做法是给被试看一张字表,如由 10 个字词组成的字表,接着再呈现一个词即探测词,要求被试将该探测词与字表中的一个词进行匹配。匹配有两种情况。一种是要求被试判断探测词是否与字表中的一个词相同,即在字表中出现过,这可称为同一匹配。另一种是要求被试判断探测词是否为字表中的一个词的同义词,这可称为同义匹配。实验表明,当要求被试进行同一匹配时,他们会将探测词与字表中意义相似的一个词混淆起来,误认为探测词是字表中的一个词,而实际上它并未包含在字表内。例如:给被试呈现的字表含有"美丽"一词,他们会将探测词"漂亮"误认为是字表中的词,将"美丽"和"漂亮"两个词混淆了,即使这两个词在呈现时的位置相近,也会出现混淆,这种语义混淆说明短时记忆中存在着语义代码。

前面所述的 Wickens 和 Shulman 的实验结果都被看作为短时记忆的语义代码的证据。但也有人(Baddeley,1972,1976)对这些实验结果提出不同的解释,认为自前摄抑制释放和语义混淆也许涉及长时记忆贮存的信息和加工。这种解释不无道理。从前摄抑制实验来看,在连续试验中加工信息,包括前后材料的意义联系即范畴信息,是可能有长时记忆参与的。而在探测词实验中的语义混淆也可能与长时记忆中贮存的提取策略有关。现在还没有充分的理由来消除这些异议;同样,这些异议也不足以否定短时记忆的语义代码。事情在于短时记忆与长时记忆之间存在着复杂的双向联系。现在一般都承认,语义编码是长时记忆的特点。长时记忆的语义信息会对短时记忆发生影响,即以上一节谈到的组块来说,这些较大的、有意义的单位(如字词)是贮存在长时记忆中的,这些语义信息可用于短时记忆的信息组织。组块在本质上就是短时记忆信息的意义组织或再编码。这是长时记忆对短时记忆影响的一个极好的例子。但不能因此而否认短时记忆的组块或语义加工。对 Wickens 和 Shulman 的实验结果也应这样来看。

综上所述,短时记忆信息有感觉代码(听觉代码和视觉代码)与语义代码。在研究的早期,听觉代码的实验结果显得十分突出,给人以深刻印象,同时复述又在短时记忆中起着重要作用,这引出一个看法,即认为听觉代码或感觉代码是短时记忆的特点,并因此而使短时记忆与以语义编码为特点的长时记忆有别。这个差别曾被看作短时记忆存在的证据。但是后来发现,短时记忆也有语义编码。这使短时记忆和长时记忆在信息编码方面的差别显得不怎么突出了。加工水平说对多存贮说的批评也涉及这一点。

这确实是一个需要进一步研究的问题。仅就短时记忆信息编码本身来说,现在所确定的几种代码并不是互相排斥的,一个项目可有不止一种代码,甚至可存在不同代码相加效应。但是,也正由于言语在认知活动中的重要作用以及复述机制的存在,听觉编码即AVL单元在短时记忆的信息编码中,显得是一种主要的形式。

第三节 短时记忆信息提取

将短时记忆中的项目回忆出来,或者当该项目再度呈现时能够再认,都是短时记忆的信息提取。由于短时记忆只贮存少数几个项目,而且立即可被提取出来。因而使人感到,短时记忆信息提取的机制是很简单的。但是,后来的研究表明,情况远非如此。实际上,短时记忆信息提取过程是相当复杂的。它涉及许多问题,并且引出不同的假说,迄今没有一致的看法。

一、Sternberg 的经典研究

1. 实验范式

最早开展短时记忆信息提取研究的是 Saul Sternberg(1966,1969)。他的研究现在被看作经典性的。他不仅开创了这个新的研究领域,引导出大量的研究,而且还发展出一个新的反应时实验方法即相加因素法。他提出的观点和方法产生了广泛的影响。本书第1章方法部分阐述了他的相加因素法,请参阅。现在介绍他的具体实验研究结果。

Sternberg 的一个基本实验是这样进行的:给被试视觉呈现一列数字(识记项目),如:5,8,7,3,这些数字一个个地相继呈现,每个数字的呈现时间为 1.2 s。全部数字呈现完毕后,过 2 s,再呈现一个数字(测试项目)并同时开始计时,被试要判定该测试数字是否是刚才识记过的,即是否包含在识记项目之内,计时也随之停止。如果测试数字是8,则要作出"是"反应;如果测试数字是4,则要作出"否"反应,这是一种再认实验。要求被试尽可能快地作出反应,但要正确,避免出错,从测试项目呈现到被试反应之间的时间即为被试的反应时。由于识记的项目数量都在短时记忆容量以内,被试的错误反应很少,一般低于5%,故实验以反应时为指标。在实验中,试验要进行多次,每次试验的识记项目和测试项目都要更换。并且,在全部实验中,测试项目数量的一半是识记项目中的,即一半数量的试验要求作出"是"反应;另一半则不是识记项目中的,即要求作出"否"反应。在要求作出"是"反应的那一半试验中,测试项目也均匀分布在识记项目系列的不同位置上面。这种实验也可利用听觉呈现识记项目以及字母等不同的刺激材料,甚至识记项目每次也可不加更换。

为了查明信息是如何从短时记忆中提取的,Sternberg 在这个实验中,将识记项目的数量作为唯一的实验变量。他应用1～6个数字,将识记项目的数量分为相应的6种。识记项目得到贮存即成为记忆集(Memory Set)。因此,每次试验中的记忆集大小

可以不同。需要注意，前面已说过，每次的识记项目也是要更换的，但这不是实验变量。通过系统地改变识记项目数量或记忆集大小，就可掌握被试的反应时随之发生变化的情况，从而了解短时记忆信息提取的内部过程。

2. 平行扫描与系列扫描

Sternberg 认为，从短时记忆中提取信息来实现再认，需要将测试项目与当前记忆集中的项目进行比较，并且判定是否与之匹配。他就此提出两个假设：（1）如果测试项目与记忆集中的全部项目同时进行比较，那么被试的反应时将不会随识记项目数量或记忆集的大小而发生变化，如图 5-5(a) 所示。他称这种同时比较为平行扫描（Parallel Scanning），现在也称之为平行搜索（Parallel Search）或平行加工（Parallel Processing）。（2）如果测试项目与记忆集中的诸项目一个个地相继进行比较，那么被试的反应时将随着识记项目增多或记忆集增大而增加，如图 5-5(b) 所示。他称这种相继比较为系列扫描（Serial Scanning），现在也称之为系列搜索（Serial Search）或系列加工（Serial Processing）。

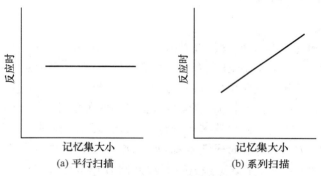

图 5-5　Sternberg 的两种假设实验结果

Sternberg 的实验结果见图 5-6。从图中可以看出，无论"是"反应还是"否"反应，其所需的时间即反应时均随识记项目增多而增加，成一条上升的直线。这证实了第二个假设。因此他认为，短时记忆信息提取是逐个进行比较的，即进行系列扫描。他进而提出了一个模型来说明短时记忆信息提取过程。这就是本书第 1 章方法部分提到的相加因素法实验模型。依照 Sternberg 的看法，短时记忆信息提取过程可分为相继的阶段，被试的反应时（RT）是各阶段所用时间的总和。这些阶段为：（1）测试项目编码，假设这个阶段用 e ms；（2）测试项目与记忆集中诸项目一个个地顺序比较，假设每比较一次用 c ms，如有 N 个项目，即需作 N 次比较，所用的时间即为 cN；（3）作出决定和反应（此阶段后来分为决策和反应组织两个阶段），假设用 d ms。这样就可得出：

$$RT = e + cN + d$$

也可改写为：

$$RT = cN + (e + d)$$

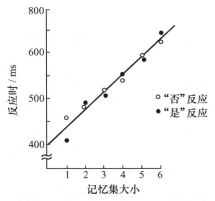

图 5-6　Sternberg 实验的实际结果

这是一个直线方程,其中 c 为斜率,$(e+d)$ 为截距。图 5-6 的实验结果清楚地显示出这种线性关系。根据图 5-6 的结果计算,$c=38$,$e+d=397$,因此

$$RT = 38N + 397$$

即每比较一次需时 38 ms,而刺激编码、作出决定和反应共需 397 ms。总的比较时间随 N 的增加而以一个恒定的数值(每个 38 ms)增加。

3. 从头至尾的扫描与自我停止的扫描

Sternberg 的实验还涉及另一重要问题,即系列扫描或系列搜索是从头至尾的(Exhaustive),还是自我停止的(Self-Terminating)。所谓从头至尾的系列扫描是指对记忆集中的全部项目都要顺序检查一遍,即将识记项目与记忆集中的每个项目都比较一次,然后才判定识记项目是否与记忆集中的一个项目相匹配,看它是否包含在记忆集中。所谓自我停止的系列扫描是指在记忆集中检查出所要的项目后即停止比较,即在识记项目与记忆集中的同一项目匹配以后,就不再搜索下去。可以预见,这两种系列扫描在"否"反应中有相同的反应时,因为在这两种情况下,要作出"否"反应都必须将识记项目与记忆集中的每一个项目进行比较。但是,在"是"反应试验中,这两种系列扫描的情况将有不同。从头至尾的系列扫描由于需将识记项目与记忆集中的全部项目依次进行比较,其反应时将与"否"反应的相近,两者的斜率相同。自我停止的系列扫描则有另一种情况。前面已经说过,在"是"反应试验中,测试项目均匀地分布在识记项目系列的不同位置。因此,当进行自我停止的系列扫描,有时需要进行比较的次数多,有时又比较少,平均起来只需进行记忆集中的一半项目数量的比较,实际上应是 $(N+1)/2$。所以,"是"反应时的斜率应是"否"反应时的一半。这两种系列扫描的模型见图 5-7。

图 5-6 的实际结果表明,"是"反应和"否"反应有着一样的斜率。Sternberg 因而认为,短时记忆信息提取是以从头至尾的系列扫描方式进行的。这一点乍看起来是很奇怪的。为什么在测试项目与记忆集中的一个项目已经得到匹配后,还要继续与其余项目比较下去呢?为什么短时记忆要做这种似乎无效的工作呢?Sternberg 后来提出一

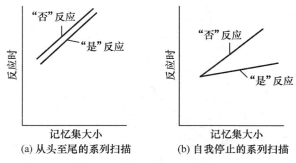

图 5-7　两种系列扫描模型

个解释。他认为比较过程和决策过程是分开的,并且比较过程进行得非常迅速,决策过程则需时较多,为求工作效率,与其在每次比较之后都要作一次判断,不如在全部比较之后作一次判定更为省时。这个解释也引起争议。

Sternberg 的研究在心理学中引起巨大反响。许多人相继利用各种不同的材料,如:字母、字词、颜色、面孔图等进行了类似的实验。所用被试有正常的儿童、大学生,也有精神分裂症患者、吸毒者、脑损伤患者等。得到的结果表明,虽然不同材料或被试的反应时的拟合线的斜率和截距或可有一定的差别,然而其"是"反应和"否"反应的斜率的关系却保持不变,两者是一样的(Anderson, et al, 1972；Harris, et al, 1974)。利用视觉和听觉进行同一感觉道和交叉感觉道的实验,也得到与 Sternberg 一致的结果(Chase, et al, 1969)。这些结果证实了短时记忆中的从头至尾的系列扫描。关于不同材料的反应时拟合线的斜率见表 5-4。

表 5-4　不同类别材料的加工速率与记忆容量

	加工速率(ms)	记忆容量(项目)
数字	33.4	7.70
颜色	38.0	7.10
字母	40.2	6.35
字词	47.0	5.50
几何图形	50.0	5.30
随机图形	68.0	3.80
无意义音节	73.0	3.40

(引自 Cavanaugh, 1972)

二、对 Sternberg 模型的批评

虽然 Sternberg 的看法得到一定支持,但对它也提出了批评和不同意见,还出现了一些新的实验结果。Carballis 等(1972)指出,Sternberg 在实验中最多只应用 6 个数字,识记项目数量太小,容易得到被试的反应时和识记项目数量的线性关系。他们还发

现,如果应用较长的一列识记项目,则可出现系列位置效应,系列的开始部分和末尾部分的项目可提取得快些。Morin 等(1976)也发现,当识记项目快速呈现并立即进行测试,也会出现首因效应和近因效应,其他一些研究也有类似结果。他们认为,系列位置效应是一个值得注意的问题。这种效应难于被从头至尾的系列扫描所解释,但自我停止的系列扫描却可以给予说明,出现首因效应和近因效应可解释为扫描是从项目系列的两端开始进行的,搜索到所需的项目后,即可停止。他们指出,Sternberg 的实验之所以未发现系列位置效应,是由于刺激呈现的速度太慢,有时间进行充分复述,从而掩盖了这种效应。这些都提示可有自我停止的系列扫描。还有一些研究表明,"是"反应的拟合线的斜率与"否"反应的不相等,前者虽未达到后者的一半,但要小于后者。这种情况是符合自我停止的系列扫描模型的(Theios, et al, 1973)。

Sternberg 从他的实验结果得出从头至尾的系列扫描的结论。但对这个结果也可以作出完全相反的解释。Townsend(1972)从加工能量有限的观点出发,认为测试项目与记忆集中的全部项目是同时进行比较的,之所以出现反应时随识记项目增多而呈线性增加,是由于加工能量分配不同造成的。他的推论如下:如果记忆集中的项目少,那么平均分配给每个项目比较的能量就要多些,比较就进行得快些,反之,如果记忆集中的项目多,那么平均分配给每个项目比较的能量就少些,比较就进行得慢些。因此随着记忆集中的项目增多,每个项目分配到的能量减少,即使是同时比较,反应时也要相应增加。这样看来,前述 Sternberg 的实验结果也可解释为比较是同时进行的,即有平行加工。这种解释有一定道理。关于加工能量有限的设想在前面"注意"一章中已经谈过,但是,Townsend 提出的平行加工观点还缺少正面的实验证据。这个观点同样预测"是"反应与"否"反应有相同的拟合线斜率,然而前面提到,并非在所有情况下都是如此。

三、直通模型

系列加工模型(从头至尾的扫描和自我停止的扫描)与平行加工模型虽然在加工方式上有区别,但两者都以比较或搜索为核心。它们都认为,短时记忆是通过比较或搜索过程而实现信息提取的。后来出现一个与之不同的直通模型(Direct Access Model)。它认为信息不是通过比较来提取的,人可直接通往所要提取的项目在短时记忆中的位置,进行直接提取,故称为直通(Wickelgren, 1973)。依照这个模型,短时记忆中的各个项目都有一定的熟悉值或痕迹强度,可以据此作出某种判定。人有一个内部的判断标准,当熟悉值高于这一标准,则作出"是"反应,低于这一标准则作出"否"反应;当熟悉值愈是偏离这个标准,即熟悉值愈高或愈低,则作出"是"或"否"的反应也愈快。直通模型得到一些实验的支持。Theios 等(1973)发现,常见词的反应时快于非常见词。Baddeley 和 Ecob(1973)也发现,如果识记项目表中有重复出现的项目,即同一项目几次出现,则该项目的反应时少于非重复项目。直通模型认为,这是由于常见词和重复项目的熟悉值或痕迹强度较高之故。系列加工模型和平行加工模型都不能对此作出解释。直通模型还可以解释系列位置效应，即认为最初和最后呈现的项目比中间呈现的项目的熟悉值或痕迹强度都要高。但是这个模型也有一些困难问题。例如，它不能很好地解释反应时为什么会随着识记项目增多而呈线性增加。

四、双重模型

由于搜索模型和直通模型都有其合理的一面，同时又都有不足，因此有人企图将两者结合起来。Atkinson 和 Juola(1973)提出的短时记忆信息提取的双重模型就是一个尝试。他们设想，输入的每个字词可按其知觉维量来编码，称为知觉代码；字词还有意义，即有概念代码。知觉代码和概念代码共同构成一个概念结。每个概念结有不同的**激活水平**(Activity Level)或**熟悉值**(Familiarity Value)，其强度或大小依赖于该概念结是否经常受到激活和新近是否受到激活。经常和新近受到激活的则有高激活水平或熟悉值，否则有低激活水平或熟悉值，他们还进一步假设，人在内部有两个判定标准：一个是"高标准"(C_1)，如果某一探测词的熟悉值达到或高于这个标准，人便可迅速地作出"是"反应；另一个是低标准（C_0），如果某一探测词的熟悉值达到或低于这个标准，人就可迅速地作出"否"反应。照 Atkinson 和 Juola 看来，这是一个直通过程。但是，对于具有一个中等熟悉值的探测词，即其熟悉值低于"高标准"而高于"低标准"的探测词，则要进行系列搜索，才能作出反应，需时也较多。这个双重模型可用图 5-8 来表示。

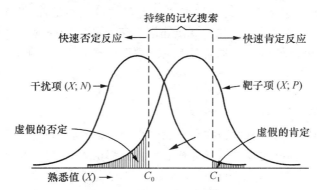

图 5-8　短时记忆信息提取的双重模型
（引自 Atkinson & Juola，1973）

根据这个模型，人有时基于探测词的熟悉值大小就可直接作出判定，有时则需进行搜索才能作出判定。前者是平行的快速过程，后者是系列的慢速过程。但是，人在实际作出反应时不仅受到熟悉值的制约，而且还依赖于判定标准和情境等其他因素。如果情境要求迅速作出反应，即强调速度，那么"高标准"可能降低，"低标准"可能升高，两者的间距将减少，人将更多地依据熟悉值迅速进行直通。如果强调反应的正确性，那么

"高标准"可以提高,"低标准"可以降低,两个标准的间距将增大,人将更多地进行较慢的搜索。Atkinson 和 Juola 认为,这两个判定标准是可变的,它们决定于人在当时所接受的速度-正确率权衡。这样来看,Sternberg 提出的从头至尾的系列扫描模型是这个双重模型的一个特例。由于 Sternberg 的实验强调反应的正确性,并且采用的是数字、字母等熟悉值没有系统差异的材料,因而被试倾向于只用较慢的扫描或搜索,以便保证反应的正确性。双重模型将扫描或搜索和直通都包括进来,显得比单一的搜索模型和直通模型更加灵活。

从前面所述的几个模型来看,它们中间常有对立的关系。例如,扫描模型或搜索模型与直通模型是对立的。在扫描模型中,系列扫描和平行扫描是对立的,在系列扫描模型中,从头至尾的扫描与自我停止的扫描是对立的。同时又出现企图加以综合的双重模型,这些情况说明,短时记忆信息提取是一个十分复杂的过程。它可能包含各种不同的操作,并且依赖许多因素。在不同的情况下,短时记忆信息提取的过程也可能不一样。这里涉及应用不同策略的问题。正如双重模型所表明的,不同的情境可应用不同的策略(调整两个标准)来作反应。因此,这几种看起来互相对立的模型,实际上未必是互相排斥的,对此还需要进一步研究。

五、加工速率与记忆容量

一个事实值得注意:已有的一些实验结果表明,短时记忆信息提取的加工速率与材料性质或信息类型有一定关系。Cavanaugh(1972)统计出不同的研究对某类材料的平均实验结果,得出扫描一个项目的平均时间,并与相应的短时记忆容量(广度)加以对照,见表 5-4。从表中可以看出一个有趣现象:加工速率随着记忆容量的增大而提高,容量愈大的材料,扫描也愈快。现在还难以清楚地解释这个现象。曾经设想,在短时记忆中,信息是以特征来表征的,而短时记忆的贮存空间有限,如果每个刺激的平均特征数量愈大,那么短时记忆能够贮存的刺激数量就愈小。Cavanaugh 进而认为,每个刺激的加工时间与其平均特征数量成正比,平均特征数量大的刺激需要的加工时间多,反之则少。这种解释还存在不少疑点。但它却把短时记忆的信息提取、记忆容量和信息表征都联系起来。这确实是一个重要的问题。加工速率反映加工过程的特点,在不同材料的加工速率差别的背后,可能由于记忆容量乃至信息表征等因素的作用而存在着不同的信息提取过程。

第四节 短时记忆中的遗忘

一、遗忘进程

短时记忆的容量有限,保持的时间也短暂。在没有复述的情况下,短时记忆可以保持信息约 15～30 s(Atkinson & Shiffrin,1968),甚至可能更短些(Solso,1979)。如果得到复述,信息在短时记忆中可保持较长时间。因此,设法阻止复述,就可以发现短时记忆中信息的遗忘情况。实验研究常是这样进行的。Peterson 和 Peterson(1959)所做的一个实验是很典型的。在他们的实验中,每次给被试听觉呈现 3 个辅音字母,如 KBR;为了阻止复述,在呈现字母之后,立即听觉呈现一个三位数,如 684,要求被试从这个数中迅速地作连续减 3 的运算并说出每次运算的结果,即要报告 681,678,675 等,直到主试发出信号再回忆刚才识记的 3 个字母。字母呈现与回忆的时间间隔,也即被试进行连续减 3 的作业的时间分为 6 种:3 s,6 s,9 s,12 s,15 s 和 18 s。但每次被试事先并不知道要进行多长时间的运算。这是一个不同时距的延缓回忆测验,在延缓期间进行额外的干扰作业。试验进行多次,每次应用的字母和数字都不同,实验的被试是大学生,所得实验结果见图 5-9。从图中可以看到,当延缓时间仅为 3 s 时,被试的平均正确回忆率高达 80%,几乎都能记住 3 个字母。但是,随着间隔的时间延长,正确回忆率急剧下降,当延长到 6 s 时,正确回忆率降到约 55%;而当延长到 18 s 时,被试的正确回忆率就只约为 10% 了。这个结果令人惊奇。实验作业是那么简单,被试又是大学生,为什么只经过 18 s 就会出现如此低的回忆成绩呢?显然,关键在于字母呈现后,被试进行的连续减 3 的运算阻止了对字母的复述。这个实验证明,短时记忆保持信息短暂,如未得到复述,将迅速遗忘。

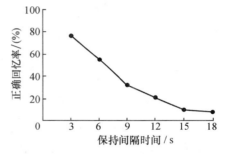

图 5-9　阻止复述后的短时记忆的遗忘速率
(引自 Peterson & Peterson,1959)

上述实验不仅具体表明短时记忆的遗忘情况,而且也为短时记忆的存在提供了有力的证据。它所应用的方法,即在呈现刺激和回忆之间插进干扰作业(连续减 3)以阻止复述,也得到广泛流传并被称作"Peterson-Peterson 方法"。几乎与此同时,另一心理学家 Brown(1958)也有类似的发现,这个方法有时也称为"Brown 方法",或称"Brown-Peterson 方法"。在利用这个方法时,通常要求被试迅速地或尽快地作连续减数的运算和报告,也可以按照事先设定的节拍器的较快节律进行。因为,连续减数的作业若进行得缓慢,将达不到阻止复述的目的。

Murdock(1961)做过类似的实验。他同样用 3 个辅音字母,此外,还用了另两类材料,一类是由 3 个字母构成的一个单词,如 CAT,另一类则是 3 个这样的单词。除安排即时回忆外,其他实验程序基本同前。所得结果见图 5-10。这些结果表明,3 个辅音字母和 3 个单词的保持或遗忘情况几乎相同。当延缓 6 s 时,两者的正确回忆率均降到 40% 左右;而当延缓时间为 18 s 时,它们的正确回忆率降到 20% 左右,这些数字虽与 Peterson 和 Peterson(1959)的有些出入,但实验结果的总趋势是一致的。无论是 3 个辅音字母还是 3 个单词,在没有复述的情况下,将迅速发生遗忘。这些实验结果还表明,只要识记项目的数量不变,识记材料性质的改变对短时记忆的遗忘进程没有什么大的影响。

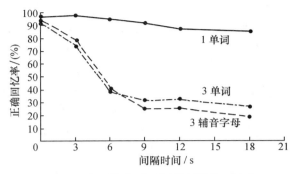

图 5-10　短时记忆中不同材料的遗忘速率
（引自 Murdock，1961）

在图 5-10 中，一个单词的实验结果非常引人注目。它与 3 个辅音字母和 3 个单词十分不同。虽然实验条件是一样的，但它并没有随着回忆的延缓而发生大的变化，一直保持着很高的正确回忆率，阻止复述的作业似乎未起作用。对这个实验结果，可试用资源分配加以解释。在"注意"一章里，我们已经叙述过资源和资源分配问题。从这个角度来看，被试对一个单词进行复述和完成连续减数的作业都分别需要一定资源；但复述一个熟悉的单词只需很少资源，即使同时完成连续减数作业占去很多资源，复述还是可以进行的，因此一个单词的保持受到的不利影响要少，回忆率仍保持很高水平。这种解释得到一些实验的支持。Posner 等(1966)以及 Watkins 等(1973)的实验都曾发现，当在刺激呈现和回忆之间插入阻止复述的作业时，短时记忆的保持随阻止复述作业的难度变化而有不同的结果。如果阻止复述作业的难度大，则保持要受到很大的损害，反之则小。这也是应用 Peterson-Peterson 方法需要注意的一点。上述一个单词的实验结果虽与 3 个辅音字母和 3 个单词的不同，但却从另一方面说明复述对保持或遗忘的作用。

二、痕迹消退与干扰

前面引述的实验都表明，在没有复述的情况下，短时记忆的遗忘进程是很快的。但是，要弄清遗忘发生的原因却非易事。例如：可以设想，复述会增强记忆痕迹，没有复述，记忆痕迹将随时间而自然消退或衰退，从而出现遗忘。也可以设想，阻止复述的作业对短时记忆中的信息发生干扰而导致遗忘。在心理学中，早就认为痕迹消退和干扰都可能是遗忘的原因。然而，将这两个因素分开来却是困难的，因为干扰作业总是需要一定时间，而在回忆前即使不进行额外作业也难以完全排除内外因素的干扰。

Waugh 和 Norman(1965)设计出一个非常巧妙的实验，企图将纠缠在一起的这两个因素分开来。他们发展出一种新的方法，称作探测法。这个方法是给被试呈现一系列数字,如 16 个数字,最后一个数字呈现时伴随一个高频纯音,这最后一个数字称为探测数字,它在前面只出现一次。被试一旦听到声音,就要把这个探测数字在前面出现位置的后边一个数字回忆出来。如呈现的数字系列是 3917465218736528 *（星形表示纯音）,则探测数字是 8,它在前面的系列中出现在第 10 个位置上,被试应当将这个位置后面的一个数字 7 报告出来。从应被报告的数字的后面一个数字起,到最后一个数字,称为间隔数字,也就是起干扰作用的数字。在本例中,间隔数字为 36528 共 5 个,而呈现这些间隔数字所用的时间称作间隔时间。Waugh 和 Norman 在实验中,利用了不同数量的间隔数字和间隔时间。这是因为,根据记忆痕迹消退假说,保持的信息将随间隔时间的延长而减少;而据干扰说,保持的信息将随间隔数字的增加而减少。现在的关键是要把间隔数字和间隔时间这两个因素分开。为此,他们应用了两种数字呈现速度:快速呈现为每秒 4 个数字,慢速呈现为每秒 1 个数字。这样就可以在间隔数字不变的条件下,来改变间隔时间,例如:间隔数字都是 4 个,快速呈现的间隔时间为 1s,慢速呈现的间隔时间为 4s。同样也可以在间隔时间不变的条件下,来改变间隔数字,例如,间隔时间都是 1s,快速呈现的间隔数字是 4 个,而慢速呈现的间隔数字仅为 1 个。通过这样的巧妙安排,就可以分别考察间隔时间和间隔数字对遗忘的作用。实验进行多次,以正确回忆率来表示信息保持。这个实验得到的结果见图 5-11。

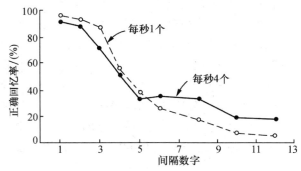

图 5-11　干扰项目数量对短时记忆信息保持的影响
（引自 Waugh & Norman, 1965）

　　从图 5-11 可以看到,无论是快速还是慢速呈现数字,正确回忆率都随间隔数字或干扰项目的增加而减少,两种速度的实验结果非常接近,两条保持曲线并没有多大差别。这就是说,正确回忆率并未因数字呈现速度不同所导致的间隔时间的不同而有很大的区别。这种结果支持干扰说,证明短时记忆遗忘的主要原因是干扰而不是记忆痕迹消退。

6

长 时 记 忆

　　长时记忆是一个真正的信息库。它有巨大的容量,可长期保持信息。从两种记忆说或多存贮说来看,短时记忆中的信息通过复述或精细复述而进入长时记忆。记忆系统加工的信息归根到底要在长时记忆中贮存。长时记忆存贮着我们关于世界的一切知识,为我们的一切活动提供必要的知识基础,使我们能够识别各种模式,进行学习,运用语言,进行推理和解决问题等。短时记忆直接与从感觉系统输入的当前信息打交道。长时记忆则将现在的信息保持下来供将来使用,或将过去贮存的信息用于现在。它把人的活动的过去、现在和未来连成一个整体,在人的整个心理活动中,占据特别重要的地位。

　　我们在"记忆结构"一章中已经提过,自19世纪下半叶 Ebbinghaus 开创记忆研究以来,长时记忆差不多在整整一个世纪里,被看作唯一的一种记忆。其间虽然兴起过不同的心理学思潮,但它始终得到心理学的研究,而且主要是在 Ebbinghaus 开拓的方向下进行的。20世纪50年代认知心理学兴起以后,在50～60年代,短时记忆成为记忆研究的热点。但自70年代以来,长时记忆重又成为研究重点。与传统的研究方向相比,认知心理学对长时记忆的研究有两个鲜明的特点。第一,它不再将长时记忆看作单一的,而是采取分析的观点,认为长时记忆可分为不同的类型或系统,如情景记忆和语义记忆,表象系统和言语系统等。第二,它着眼于长时记忆的内部加工过程,重视信息的内部表征和组织,而不局限于研究各种外部因素的作用。这两个特点体现了当前长时记忆研究的主导方向。近20年来,认知心理学对长时记忆的研究主要针对语义记忆,并且提出了各式各样的模型。这些研究与人工智能的有关研究互相渗透,十分引人注目。本章将重点阐述有关语义记忆的研究。

第一节　长时记忆的类型

一、情景记忆与语义记忆

　　长时记忆要涉及各种各样的事物。它既贮存历史事件、个人经历和周围情景,也贮存语词、概念、公式和规则等。这些信息似具有不同的性质,分属不同的类型。1972年加拿大心理学家 Tulving 在其和 Donaldson 共同主编的《记忆的组织》(Organization of Memory)一书中,依照所贮存的信息类型,将长时记忆分为两种:情景记忆和语义记忆。用他的话来说,情景记忆接收和贮存关于个人的特定时间的情景或事件以及这些事件的时间-空间联系的信息;语义记忆是运用语言所必需的记忆,它是一个心理词库,是一个人所掌握的有关字词或其他语言符号、其意义和指代物、它们之间的联系,以及有关规则、公式和操纵这些符号、概念和关系的算法的有组织知识。换句话说,情景记忆是对个人在一定时间发生的事件的记忆。我们亲身经历的种种事情的记忆,如"我昨晚看了一场电影"、"我去年夏天游览了杭州"等,都是情景记忆。总之,情景记忆保持的信息总与个人生活中特定的时间或地点相联系,具有自传体的性质。语义记忆与此不同,它是对语词、概念、规则和定律等抽象事物的记忆,如对语词的意义和语法规则、化学公式、物理定律、乘法规则以及各种科学概念的记忆。语义记忆所贮存的事物不依赖于个人所处的某个特定时间或地点,例如,$3\times 3=9$,三角形内角之和等于 180°,电流=电压/电阻,鸟是有羽毛的动物。这类信息具有抽象和概括的特性。换句话说,语义记忆中的事物总是可用一般的定义来描述的。语义记忆包含事物的意义,贮存着我们运用语言所需要的信息。这些关于意义的信息即称作语义信息。

现在来看一个传统的长时记忆实验,就可以将情景记忆与语义记忆区分开来。在这种传统的实验中,先让被试识记一个词表,如包括"鸟"在内的若干字词,然后过一段时间,进行回忆测验。在这个实验中,实验者只要求被试熟记所呈现的词表,包括"鸟"在内,但并未教被试什么是"鸟"或"鸟"这个词的意义。如果被试原先就知道"鸟"是什么,那么关于"鸟"这个词的意义在实验之前和实验过程中,乃至实验之后,都将照样贮存在被试的长时记忆中,不依赖本次实验的情境。如果被试事先不知道"鸟"这个词的意义,那么他们在这个实验中,对此也毫无所获。在这个实验中,教给被试的只是"鸟"这个词现在处于要识记的词表之中。而这个事实依赖于此一时间和情境。它作为被试的个人经历而进入长时记忆,到测验时再提取出来。从这里就可以看出,长时记忆贮存语词意义和贮存特定时间的个人事件是不同的。上述传统的实验所研究的是情景记忆,而不是语义记忆。

情景记忆和语义记忆不仅贮存的信息不同,而且在其他方面也可有区别。情景记忆以个人经历为参照,以时间空间为框架,而语义记忆则以一般知识为参照,可有形式结构,如语法结构。此外还有人认为,情景记忆处于经常变化的状态,易受干扰,所贮存的信息常被转换,不易提取。而语义记忆却较少变化,不太受干扰,比较稳定,较易提取。情景记忆贮存特定时间的个人事件,其推理能力小,而语义记忆贮存一般知识,其推理能力大。这一点非常重要,它说明语义记忆与人的认知活动和智能似有更密切的关系。这两种记忆还可有别的区别。这些问题都还需要进一步研究和证实。

将长时记忆划分为情景记忆和语义记忆的做法是有一定道理的。抽象的语义信息与个人的具体事件的信息确可看作不同的信息类型,并可由此产生记忆机能的区别。这种做法还得到一些病例的支持。例如,某些遗忘症患者特别难于回忆特定的情景,但他们可以对此作一般的言语描述。若让患者回忆他经历过的有关旗帜的任何一个特定情景,他会说:他记得旗子,旗子要在游行队伍上空飘扬,游行总是这样的,但他不能描述任何一面具体的旗子或一次特定的游行。这说明患者的情景记忆受到了更大的损害。然而也有相反的情况,某些智力落后症患者可以记住一些个人的具体事件,但特别难于记住运算规则和其他抽象的东西。这说明他们的语义记忆受到了更大的损害。尽管如此,将情景记忆和语义记忆看作两种不同的记忆也不是没有困难的。在某些情况下,可以将这两种记忆清楚地分开来;然而在另一些情况下就难于加以区分。例如,对两天前读过的一篇文章的论点的记忆是情景记忆还是语义记忆?学生对上一节课教员讲授物理定律的记忆究竟属于哪种记忆?对此很难作出明确的回答。现在倾向于将情景记忆和语义记忆看作一个连续体的两端,在它们之间难以划出一条严格的界限。对特定时间和地点的情景记忆,经过在不同背景上的多次重复,就会逐渐概括而成为语义记忆,与概念形成过程是相似的。应当指出,即使 Tulving 本人也不否定情景记忆与语义记忆的联系。

虽然存在着一些问题,Tulving 区分两种长时记忆的观点仍然具有重要的意义。从这个观点来看,自 Ebbinghaus 以来的一个世纪里,利用词表进行的大量记忆实验,实际上是研究情景记忆,而语义记忆则被忽略了。这也许是心理学长期对记忆的研究未能对学校教学和其他社会生活领域产生应有的积极作用的一个重要原因。自 Tulving 的上述著作发表以后,语义记忆成为研究的重点,并且提出了几个语义记忆模型。这些模型企图说明语义记忆的结构和过程,即贮存在语义记忆中的信息是如何组织和提取的。这样,语义记忆研究就把记忆、言语、思维更加紧密地连在一起,更接近人的实际生活。这些研究与概念形成和概念结构的研究互相交叉,它们都属于更加宽阔的人类知识的表征和使用的研究领域。

二、表象系统与言语系统

除 Tulving 将长时记忆分为情景记忆和语义记忆以外,Paivio(1975)从信息编码的角度将长时记忆分为两个系统,即表象系统和言语系统。表象系统以表象代码来贮存关于具体的客体和事件的信息。言语系统以言语代码来贮存言语信息。这两个系统既彼此独立又互相联系。这个观点称作两种编码说或双重编码说。关于长时记忆的信息编码问题一直存在着争论。争论的焦点在于是否承认语义代码以外还存在表象代码。语义代码是一种抽象的意义表征,具有命题(Proposition)的形式。命题可用句子来表述,如"鸟是有羽毛的动物",但命题本身不是句子,而是事物意义的抽象表征或反映事物情况的思想。因此语义代码现在又称为命题代码或命题表征。表象代码是记忆中的事物的形象。人的视觉表象特别发达,视觉表象被看作一种主要的表象代码。与语义代码不同,表象代码有着与实际知觉相似的性质,并且与外部客体相类似,如视觉表象包含着客体大小和空间关系。所以表象代码被看作类比表征。这两类表征或代码都有一些实验证据。现在一致认为,语义代码在长时记忆中占有特别重要地位。但是,有人认为它是长时记忆中的唯一的代码,否定表象代码的存在。关于这个问题及有关的争论,我们在后面"表象"一章中还将阐述。

Tulving 和 Paivio 两人对长时记忆类型的划分是不同的。前者着眼于信息类型,后者着眼于信息编码形式。但是,他们两人划分的长时记忆类型还是有某些相似之处的。Paivio 划分的表象系统和言语系统同样也与信息类型有密切关系。表象系统是贮存具体事件的,它与情景记忆有某种相似;言语系统是贮存言语信息的,它与语义记忆有某种相似。然而,情景记忆未必是以表象形式来编码的。现在有人认为,情景记忆和语义记忆一样,也可以由命题来表征。此外,目前提出的情景记忆与语义记忆的机能差别未必适用于表象系统和言语系统。长时记忆信息表征或编码是一个重要问题。Paivio 提出的两种编码说也引起注意。但是,比较而言,Tulving 提出的两种长时记忆在心理学中产生更大的影响,促使许多心理学家去研究语义记忆。下面分别叙述几个主要的语义记忆模型。

第二节 层次网络模型和激活扩散模型

一、层次网络模型

1. 模型的结构

层次网络模型(Hierarchical Network Model)是 Quillian (1968),Collins 和 Quillian(1969)提出的。它是认知心理学中的第一个语义记忆模型。这个模型原本针对言语理解的计算机模拟而提出的,称作"可教的言语理解者"(Teachable Language Comprehender),后来也用来说明人的语义记忆,并因其具有层次网络结构而被称作层次网络模型。在这个模型中,语义记忆的基本单元是概念,每个概念具有一定的特征。这些特征实际上也是概念,不过它们是说明另一些概念的。有关概念按逻辑的上下级关系组织起来,构成一个有层次的网络系统,见图 6-1 所示。图中圆点为结点,代表一个概念;带箭头的连线表示概念之间的从属关系。例如,"鸟"这个概念的上级概念为"动物",其下级概念为"金丝雀"和"鸵鸟"。连线还表示概念与特征的关系,指明各级概念分别具有的特征,如"鸟"所具有的特征是"有翅膀"、"能飞"、"有羽毛"。连线把代表各级概念的结点联系起来,并将概念与特征联系起来,构成一个复杂的层次网络。连线在这个网络中实际上是具有一定意义的联想。

这个层次网络模型对概念的特征相应地实行分级贮存。在每一级概念的水平上,只贮存该级概念独有的特征,而同一级的各概念所具有的共同特征则贮存于上一级概

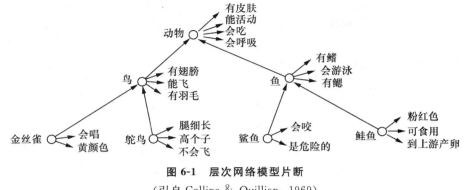

图 6-1 层次网络模型片断
（引自 Collins & Quillian，1969）

念的水平上。如与"金丝雀"一起贮存的是它与其他"鸟"区别开来的"会唱"、"黄颜色"这些特征，"金丝雀"和所有其他"鸟"所具有的共同特征（"有翅膀"、"能飞"、"有羽毛"）则贮存于上级"鸟"概念中，而不与"金丝雀"或其他任何一种"鸟"一起贮存。"金丝雀"水平虽不贮存"鸟"的那些特征，但有连线与之相通，仍可得到"鸟"的特征。由于上级概念的特征只出现一次，无须在其所有的下属概念中再贮存。这样的分级贮存可以节省贮存空间，体现出"认知经济"原则。

在这个模型中，由于概念按上下级关系组成网络，因此每个概念和特征都在网络中处于特定的位置，一个概念的意义或内涵要由该概念与其他概念和特征的关系来决定。换句话说，一个概念的意义决定于某种连线的模式。例如，"鸟"概念的意义决定于此结点与其上级概念"动物"结点的联系以及与"有翅膀"、"能飞"、"有羽毛"等特征的联系，乃至与"金丝雀"等下级概念结点的联系。这是一种连线的模式。而"鱼"概念则有另一种连线的模式，其意义也与"鸟"不同。由于这些联系业已在网络中建立，这种层次网络模型被称为预存模型。它表明由一些概念的联系构成的知识，预先就已贮存于语义记忆中。当需要从记忆中提取信息时，就可以沿连线进行搜索。例如，当要求判定"金丝雀是动物"这个句子的真伪时，就可以从"金丝雀"结点搜索到"鸟"结点再到"动物"结点。一旦发现语义记忆中的"金丝雀"与"动物"两个概念的关系与句子中两个概念的关系相匹配，就可以作出肯定反应。而对"金丝雀是鱼"这个句子，经过搜索则可作出否定反应。这些都说明语义信息得到提取，达到对句子的理解。搜索是这个语义记忆模型的加工过程，它与这个模型的层次网络结构无疑有紧密的联系。这种搜索实际上也是一种推理过程。可以说，层次网络模型含有一定的推理能力。

2. 模型的验证：范畴大小效应

Collins 和 Quillian 进行了一系列实验，来验证这个模型。实验材料是一些简单的陈述句，如"金丝雀会唱"、"金丝雀是鸟"、"金丝雀是动物"等。每个句子的主语都是层次网络中最低水平的一个具体名词，而谓语则取自不同的水平，可参看图 6-1。每次给被试呈现一个句子,要求判断其真伪,记录他们的反应时。这种实验作业称为句子验证。这些句子可按判断所需信息的贮存水平加以分类。例如,"金丝雀是动物"句子中的"动物"与"金丝雀"相距两级或两个水平,这个句子可看作 2 级水平的句子;"金丝雀有翅膀"句子中的"有翅膀"与"金丝雀"只相距一级,这是 1 级水平句子;而"金丝雀会唱"中的"会唱"与"金丝雀"处于同一水平,相距 0 级,这是 0 级水平句子。所有这些句子又可分为两种性质。一种为特征句,如"金丝雀会唱";另一种为范畴句,如"金丝雀是鸟"。按照句子水平和性质整理的实验结果见图 6-2。

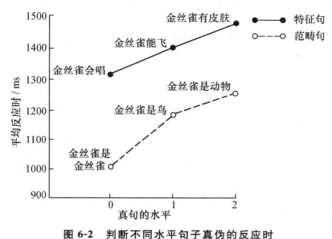

图 6-2 判断不同水平句子真伪的反应时
(引自 Collins & Quillian, 1969)

从图 6-2 可见,无论是特征句还是范畴句,0 级句子判断需时最少,1 级句子判断需时较多,而 2 级句子需时最多。依照 Collins 和 Quillian 的看法,对 0 级句子如"金丝雀会唱"的判断只需进入"金丝雀"所在水平即可,因"会唱"也处于此一水平,所以需时少。对"金丝雀有翅膀"句子的判断,也需先进入"金丝雀"所在水平,但那里没有关于金丝雀有翅膀的信息,而金丝雀是鸟,需上升一级到"鸟"那里才可搜索到"有翅膀"的特征,因此比 0 级句子多上升一级,也即多搜索一层关系或多经过一条连线,故需时也较多。而对 2 级句子如"金丝雀是动物"的判断需再多上升一级,需时也更多。这种结果称为范畴大小效应,即当谓语的范畴变大,判断句子所需的时间也多。在实验结果中,各个水平的特征句的反应时均多于相应的范畴句。这说明在同一水平上,特征是附随概念而贮存的,搜索一个特征比搜索相应的概念需要额外的时间。这些结果支持语义记忆具有层次网络结构的看法。

3. 对模型的批评

(1) 熟悉效应:Collins 和 Quillian 的工作受到广泛的注意,并引出大量的研究。一些不同的结果和批评也随之出现。Rips 等(1973)发现,判断一个包含直接的上级概念的句子有时要慢于判断一个包含更高的上级概念的句子。例如,判断"狗是哺乳动物"要慢于判断"狗是动物"。而依照层次网络模型,"动物"是"哺乳动物"的上级概念,距"狗"更远一层,对前一个句子的判断理应要快于对后一个句子的判断。但是实际情况恰好相反。这可能是由于人经常地将狗与动物联系在一起,而较少地将狗与哺乳动物连起来。这种对较熟悉的句子判断较快称作熟悉效应(Familiarity Effect)。Rips 等设想,概念联系的频率反映出主观的概念间的距离,在某些情况下,它与客观的概念的层次距离不一致,并越过后者而起作用。Conrad(1972)得到的实验结果也与层次网络模型不相吻合。她用的实验材料也是一些简单的陈述句,如"鲨鱼能活动"、"鱼能活动"、"动物能活动"等。这些句子的主语取自网络中的不同水平,而谓语则取自一个最高水平。这种主语和谓语的选择与 Collins 和 Quillian 的实验相比,正好倒过来了。但它们仍然是不同水平的句子。依照层次网络模型,既然"能活动"是与"动物"一起贮存的,那么判断"动物能活动"要快于判断"鱼能活动",而后者又应快于判断"鲨鱼能活动"。但是,实验结果表明,对这些不同水平句子的判断所需时间无甚差别。Conrad 认为,概念与特征的层次距离对搜索或提取所需时间的影响小,而概念与特征联系的频率或强度则决定搜索或提取需要的时间。

(2) 典型性效应:层次网络模型还难于解释另一些现象,如典型性效应(Typicality Effect)。所谓典型性效应是指对一个范畴或概念的典型成员的判断要快于对非典型成员的判断。人们对"鸽子是鸟"的判断要快于对"企鹅是鸟"的判断,因为在"鸟"范畴中,鸽子比企鹅更具典型性。但从层次网络模型来看,"鸽子"与"企鹅"同处一个水平,都是"鸟"的下级概念,两者与"鸟"的距离是一样的,不应出现反应时的差别。然而事实却不是这样。

(3) 否定判断:层次网络模型对否定判断的解释也是有困难的。依照层次网络模型,作出一个否定判断,通常需要进行较长的搜索。但是 Glass 和 Holyoak(1975)发现,对"所有鸟都是狗"或"蝙蝠是鸟"这类句子作出否定判断是很快的。Schaeffer 和 Wallace 进行过一个类似于 Collins 和 Quillian 的实验。他们给被试每次呈现一对词,其中有属于同一范畴的,如"铁杉-雏菊",也有不属于同一范畴的,如"铁杉-鹦鹉",让他们判断这对词是否属于同一范畴,记录其反应时。结果发现,判断同一范畴的两个词比判断不同范畴的两个词需要花费更长的时间。这与层次网络模型不一致。依照层次网络模型,对"铁杉-雏菊"的肯定判断只需搜索到"植物"结点即可,而对"铁杉-鹦鹉"的否定判断还需再升到"生物"结点,需时应更多,而不是更少。此外,Landauer 和 Freedman(1968),Meyer(1970)均发现,对伪句的判断与对真句的判断一样,也有范畴大小效应,即当句子中谓语的范畴变大或句子的水平提高,其所需时间也随之增加。例如,对"雏菊是动物"的判断所需时间多于对"雏菊是鱼"的判断。层次网络模型也无法解释这种现象。一般来说,这个模型缺少对否定判断的完整说明。

层次网络模型的核心是概念按逻辑的上下级关系而组成网络。这使它具有简洁的特色,但也带来一些明显的缺点。首先,层次网络模型涉及的概念间联系的种类是极少的。概念之间除垂直方向的上下级关系外,还有许多横向联系,其数量远远超过垂直的联系。在层次网络模型中,主要的连线为"是一种"、"有"、"会"等性质的关系,没有涉及其他种类关系。这不可避免地使层次网络模型具有很大的局限性。其次,层次网络模型对概念的特征实行分级贮存,以此来节约贮存空间,但它却要增加提取信息所需的时间。对计算机模拟来说,节约贮存空间可能是重要的;但对人来讲,人的长时记忆容量可以说是无限的,而提取信息的速度也许更为重要。此外,层次网络模型难以解释典型性效应,并且概念的逻辑层次关系不是提取信息所需时间的唯一决定因素,概念联系的频率或强度有时也可起决定作用。尽管存在这些缺点,层次网络模型还是在某种程度上反映了语义记忆的一个方面或一个部分。它的一些缺点后来在激活扩散模型中得到克服,同时一些重要原则也发生了变化。

二、激活扩散模型

1. 模型的结构

激活扩散模型(Spreading Activation Model)是 Collins 和 Loftus(1975)提出的。它也是一个网络模型。但与层次网络模型不同,它放弃了概念的层次结构,而以语义联系或语义相似性将概念组织起来。图 6-3 是激活扩散模型的一个片断。图中方框为网络的结点,代表一个概念。概念之间的连线表示它们的联系,连线的长短表示联系的紧密程度,连线愈短,表明联系愈紧密,两个概念有愈多的共同特征;或者两个结点之间通过其共同特征有愈多的连线,则两个概念的联系愈紧密。从图中可以看出,各种机动车通过其共同特征而紧密联系起来,各种颜色也是这样。但一些红色的东西如救火车、樱桃、日落和玫瑰等虽有一个共同的红色特征,但并不是紧密联系在一起的。这样的语义记忆结构无疑不同于逻辑层次结构,但它本身并不排除概念的逻辑层次关系,如"机动车"是"小汽车"和"卡车"等的上级概念,有连线相通。然而,概念之间有更多的横向联系。"小汽车"还与"卡车"、"公共汽车"、"急救车"等机动车有联系,甚至与"街道"等也有联系。在激活扩散模型中,一个概念的意义或内涵也是由与它相联系的其他概念,特别是联系紧密的概念来确定的,但概念特征不一定要分级贮存。在人尚未掌握"有羽毛"是"鸟"的普遍特征以前,而只知道"金丝雀"是"有羽毛"的,这个"有羽毛"特征可先与"金丝雀"结点一块贮存,后来再在"鸟"结点复制,但早先贮存在"金丝雀"结

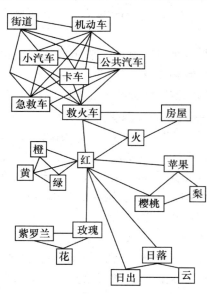

图 6-3 激活扩散模型片断
(引自 Collins & Loftus,1975)

点的"有羽毛"特征并不必然要清洗掉。层次网络模型的逻辑层次结构和分级贮存是密不可分的。激活扩散模型放弃了逻辑层次结构,必然也要放弃分级贮存原则。在激活扩散模型中,概念之间也已建立一定的联系,即事先包含一定的知识,所以它也是一种预存模型。

前面谈的是语义网络。Collins 和 Quillian 还认为,概念的名称另外贮存于一个词汇网络中。这个网络是按读音的和正字法的相似性组织起来的。每个名称结点与语义网络中的一个或多个结点相联系。如词汇网络中的"杜鹃"结点既与语义网络中的一种"鸟"的结点,又与一种"花"的结点相连。语义网络和词汇网络既彼此分开,又互相联系。

2. 模型的加工过程

激活扩散模型的加工过程是很有特色的。它假定,当一个概念被加工或受到刺激,在该概念结点就产生激活,然后激活沿该结点的各个连线,同时向四周扩散,先扩散到与之直接相连的结点,再扩散到其他结点。这种激活是特定源的激活,虽有扩散,但可追踪出产生激活的原点。此外还假定,激活的数量是有限的,一个概念愈是长时间地受到加工,释放激活的时间也愈长,但激活在网络中扩散将逐渐减弱,它与连线的易进入性或强度成反比,连线的易进入性愈高或强度愈高,则激活减弱愈少;反之则减弱愈多。这里提出了概念间连线的另一个重要特性。前面提到概念间的连线按语义联系的紧密程度而有长短之分,现在连线则又有强弱之别。连线的不同强度依赖于其使用频率高低,使用频率高的连线有较高强度。这样,当连线的强度高时,激活扩散得快。并且,激活还会随着时间或干扰活动而减弱。由于激活是沿不同的连线扩散的,当不同来源的激活在某一个结点交叉,而该结点从不同来源得到的激活的总和达到活动阈限时,产生这种交叉的网络通路就受到评价。

根据以上的假定,激活扩散模型认为,从语义网络中提取信息,如对"野鸭是鸟"作出判断,就需要进行搜索,来收集足够的肯定和否定的证据。而这些证据也就是不同性质的激活交叉,也就是说,从产生激活交叉的不同通路可以得到肯定的或否定的证据。例如,上下级概念联系、概念的特征匹配等通路提供肯定证据。否定的上下级关系、概念特征不匹配、互相排斥、反例等通路则提供否定证据。但是,从不同通路来的证据要相加,肯定证据和否定证据要互相抵消,最后结果若达到肯定标准,则作出肯定判断;结果若达到否定标准,则作出否定判断;若达不到任一标准,则会说"不知道"。这是一个决策过程。例如,当在"野鸭"和"鸭"之间找到上下级连线,又在"鸭"和"鸟"之间找到上下级连线,就得到足够的肯定证据对"野鸭是鸟"作出肯定判断。与此相似,当在"蝙蝠"和"鸟"之间发现否定的上下级连线,就可对"蝙蝠是鸟"作出否定判断。从这里可以看出,激活扩散模型的信息提取机制是相当复杂的。它与层次网络模型不同。层次网络模型只包含搜索过程,而激活扩散模型则包含两种过程,除搜索过程以外,还有决策过程。这种决策过程也可看作计算。激活扩散模型虽然也是一种预存模型,但信息的提取或应用还要依靠计算。

3. 模型的验证：启动效应

激活扩散模型得到一些实验的支持，其中特别突出的是关于启动效应（Priming Effect）的实验。启动效应是指先前的加工活动对随后的加工活动所起的有利作用。Freedman 和 Loftus（1971）在一个实验中，采用了一种作业的两种表达方式：一种方式是"说出一种水果名称是以 A 字母开头的"，另一种方式是"说出一种以 A 字母开头的水果名称"。它们是同一种作业，被试的正确反应都是说出 Apple（苹果），但表达方式不同。区别在于它们涉及的"水果"范畴在前一句中出现在"以 A 字母开头"之前，而在后一句中则出现在后。每次试验时，给被试呈现一个句子，呈现完毕，立即开始计时，直至被试作出反应为止。结果表明，被试完成前一种表达方式的作业要快于后一种。这个作业的实质是信息提取。激活扩散模型可以对这种实验结果作出恰当的解释。依照这个模型，被试在前一种表达方式的作业中，不必等到整个句子呈现完毕，而在接收到"水果"一词后，其语义网络中的"水果"结点就受到刺激，产生的激活向四周扩散，并同时等待句子的其余部分；而在后一种表达方式的作业中，只有当被试接收到全部句子以后，"水果"结点才产生激活，在这之前被刺激的只是字母 A。由于概念是按语义联系而组成网络的，"水果"这个概念与其下级概念"苹果"、"梨"、"橘子"等有紧密联系，这些下级概念内部又有高度联系，扩散到"苹果"等结点的激活既多且快，接近其活动阈限，所以一旦接收到"以 A 字母开头"就可很快出现激活交叉，说出"苹果"。但是，在后一种表达方式下，情况却完全不是这样，因而反应也要慢。Loftus（1973）还发现，如果要求被试在说出一种水果名称是以 A 字母开头后，再说出一种水果名称是以 P 字母开头，那么在这种情况下说出第二个（以 P 字母开头的）水果名称就比先前没有说过第一个水果名称的要更快。这也是先前受到刺激的"水果"、"苹果"等概念结点产生的激活发生作用的结果。

Meyer 等（1971）在词汇判定实验中，给被试呈现一串字母，要求被试判定字母串是否为英语单词。字母串成对地呈现，在被试对第一个字母串作出反应后，立即呈现第二个字母串。所应用的字母串是各式各样的，其中有无意义的字母组合，也有英语单词；成对呈现的两个单词之间的意义联系也有不同，如"Bread（面包）-Doctor（医生）"、"Nurse（护士）-Doctor（医生）"。令人最感兴趣的结果是，在"护士-医生"这一对字母串中判定医生为单词，比在"面包-医生"这一对字母串中判定医生为单词要更快。显然，这是由于"护士"与"医生"有紧密的语义联系，对"护士"一词的加工启动了人对与之联系的"医生"一词的加工。这些启动效应的实验为激活扩散模型提供了十分有力的证据。

4. 激活扩散模型对层次网络模型的修正

实际上，激活扩散模型是层次网络模型的修正。它用语义联系取代了层次结构，因而比层次网络模型显得更加全面和灵活。在激活扩散模型中，概念之间的联系既有不同的紧密程度,又有不同的强度。这样,激活扩散模型不仅和层次网络模型一样能够说明范畴大小效应,而且能够说明层次网络模型所不能或难以解释的一些现象,如熟悉效应及典型性效应等。同时,由于激活扩散模型的加工过程包含决策机制,它也可以说明为什么能够很快作出否定判断。总起来看,激活扩散模型对层次网络模型的改进可以归结到一点:如果说层次网络模型原本是针对计算机模拟提出的,带有严格的逻辑性质,那么激活扩散模型则更适合于人,具有更多的弹性,可容纳更多的不确定性和模糊性。也许可以说,激活扩散模型是"人化了的"层次网络模型。它在认知心理学中极受重视。

第三节 集理论模型和特征比较模型

上一节介绍的两个模型都属于网络模型范畴。这类模型的特点是语义信息的高度组织化。每一个概念都与其他概念有一定联系,处于网络中的一定位置,语义记忆有着严紧的结构。由此,一些知识也事先得到贮存,这类模型即为预存模型,并且搜索成为其必不可少的加工过程。本节介绍的集理论模型(Set-Theoretic Model)和特征比较模型(Feature Comparison Model)则属于特征模型范畴。这类模型与网络模型有显著的差别。它们的特点是语义信息没有严紧的结构,不具网络形式,而是松散的。概念之间没有现成的联系,这种联系无法靠搜索既有连线,而要靠计算才能得到。这类模型称为计算模型。下面具体阐述这类模型。

一、集理论模型

1. 模型的内容

集理论模型是 Meyer(1970)提出的。在这个模型中,基本的语义单元仍为概念。每个概念都由一集(set)信息或要素来表征。这些信息集可分样例集和属性集或特征集。样例集是指一个概念的一些样例,如"鸟"概念的样例集包括"知更鸟"、"金丝雀"、"鸽子"、"夜莺"、"鹦鹉"等。属性集或特征集是指一个概念的属性或特征,如"鸟"概念的特征为"是动物"、"有羽毛"、"有翅膀"、"会飞"等。这些特征称作语义特征。这样来看,语义记忆是由无数的这种信息集所构成的。然而,这些信息集或概念之间没有现成的联系。当要从语义记忆中提取信息来对句子作出判断时,如判断"金丝雀是鸟"这个句子的真伪,就可以分别搜索"金丝雀"和"鸟"的属性集,再对这两个属性集进行比较,根据这两个属性集的重叠程度作出决定。两个集的共同属性愈多,重叠程度就愈高。重叠程度高时,就可以作出肯定判断;反之则作出否定判断。由于"金丝雀"与"鸟"的属性集高度重叠,所以可迅速作出肯定判断。而对"金丝雀是动物"这个句子的判断,因"金丝雀"与"动物"的属性集也有相当高的重叠,故也可作出肯定判断,但其重叠程度低于"金丝雀"与"鸟"的属性集的重叠,因为"金丝雀"与"动物"的共同属性少于"金丝雀"

与"鸟"的共同属性,所以作出判断就要慢些。可见,集理论模型也能说明范畴大小效应。但它是用两个概念的属性集的重叠程度来说明的,这与层次网络模型和激活扩散模型应用逻辑层次或连线都不同。

2. 谓语交叉模型

为了进一步说明集理论模型如何提取信息来对全称语句(如"所有玫瑰都是汽车")和特称语句(如"有些妇女是作家")进行加工,Meyer 提出了谓语交叉模型(Predicate Intersection Model)。这个模型是集理论模型的一个具体实例。谓语交叉模型包含两个加工阶段,见图 6-4。第一个阶段是判定主语与谓语是否交叉。第二个阶段为判定主语是否为谓语的子集或下级概念。这两个阶段的加工是不同的。依照这个模型,当要对"有些妇女是作家"这样的特称语句作出判断时,首先需检查主语(S)"妇女"与谓语(P)"作家"是否有共同的成员,即这两个概念是否交叉或重叠。其做法是先搜索所有与谓语"作家"有共同成员或相交叉的概念,例如,可能找到"教授"、"文学家"、"人"、"职业妇女"等,它们的成员都有作家。一旦通过对这些概念的搜索而找到与主语"妇女"共同的一个成员,主语"妇女"与谓语"作家"也就交叉了,可以对"有些妇女是作家"这个特称语句作出肯定判断。也就是说,只需经过第一个阶段的加工就可作出判断了。而对于"所有玫瑰都是汽车"这个全称语句或"有些玫瑰是汽车"这个特称语句,则可发现主语"玫瑰"与谓语"汽车"没有任何共同成员,不相交叉,故可作出否定判断。这也是第一个阶段的加工。从这里可以看出,对任何特称语句的判断在第一个阶段就可实现。对包含不相关连的两个概念的句子,也可在第一个阶段加以判断。

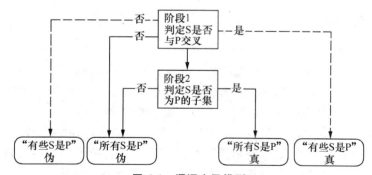

图 6-4 谓语交叉模型

现在来看另一些全称语句。如果要对"所有妇女都是作家"或"所有金丝雀都是鸟"这样的全称语句作出判断,那么光靠第一个阶段的加工就不够了。因为第一个阶段只确定主语与谓语是否交叉,即使存在交叉,即两者仅有一些而不是全部成员是共同的,也只能对特称语句作出肯定判断,对"有些妇女是作家"或"有些金丝雀是鸟"判断为真。要对上面两个全称语句作出判断,还需进行第二个阶段的加工,来确定主语是否为谓语的子集,即谓语能否包容主语。要达到这一点,必须将谓语的全部属性与主语的全部属性进行比较。如果谓语的每一个属性也都是主语的属性,那么主语就是谓语的子集,据此可以作出肯定判断,反之则作出否定判断。对于"所有妇女都是作家"这样的全称语句无疑要作出否定判断,因为"作家"的属性不是所有妇女都具备的,"妇女"不是"作家"的子集。但对"所有金丝雀都是鸟"则应作出肯定判断,因"金丝雀"是"鸟"的子集或下级概念。由此可见,除包含两个概念互不关连的句子以外(如"所有玫瑰都是汽车"),对全称语句的判断需要得到两个阶段的加工,并且只能在第二个阶段才可实现。

3. 模型的验证和评价

谓语交叉模型预测,对特称语句的判断要快于对全称语句的判断(有一例外)。因为特称语句只需一个加工阶段,而全称语句需两个阶段。Meyer 的实验结果支持这个预测。他分别进行了全称语句和特称语句的试验。实验时被试坐在屏幕前,先在屏幕上打出句子的框架:对全称语句试验,打出"所有——都是——";对特称语句试验,打出"有些——是——"。稍后,在句子框架的空白处再打出两个概念的名称,前一个空白处打出的是主语(如"妇女"),后一个空白处打出的是谓语(如"作家")。这样就构成一个全称语句("所有妇女都是作家")或一个特称语句(如"有些妇女是作家")。被试的任务是判断语句的真伪,按键作出反应,记录其反应时。实验结果表明,对特称语句判断的反应时要少于对全称语句的判断。但是,Rips(1975)得到的实验结果与之不一致。Meyer 的实验是将全称语句与特称语句分开来进行的。Rips 则将全称语句与特称语句混在一起做实验,没有发现特称语句的判断快于全称语句。这个结果是谓语交叉模型难以解释的一个问题,对谓语交叉模型是很不利的。

总的来看,集理论模型可以说明范畴大小效应。然而,它不能解释熟悉效应和典型性效应。这对谓语交叉模型也是不利的。与层次网络模型相比,集理论模型的长处在于它可以较好地解释某些迅速作出的否定判断。更值得注意的是,集理论模型提出了非预存的思想,概念间的联系或一定的知识需要通过比较或计算才能得到。这与层次网络模型有很大区别。它似乎包含更多的推理的可能性,要求更高的推理能力。与其他语义记忆模型相比,集理论模型还未得到充分的研究。

二、特征比较模型

1. 两类语义特征

与集理论模型相近的是特征比较模型。这个模型是 Smith,Shoben 和 Rips(1974)提出来的。它同样被认为,概念在长时记忆中是由一集属性或特征来表征的。但它与集理论模型有一个很大的区别。集理论模型对一个概念的诸属性或特征没有按照其重要性加以区分,实际上,将它们看成对这个概念是同等重要的。特征比较模型则将一个概念的诸语义特征分成两类。一类为定义性特征(Defining Feature),即定义一个概念所必须的特征。另一类为特异性特征(Characteristic Feature),它们对定义一个概念并不必要,但也有一定的描述功能。图 6-5 列出"知更鸟"和"鸟"两个概念的特征及其比较。图中所列特征是按其重要性自上而下排列的,位置愈高也愈重要。从图中可以看出,上级概念("鸟")具有的定义性特征比下级概念("知更鸟")要少,但下级概念的定义性特征必然要包含上级概念的全部定义性特征,此外还有自己的独特的特征。定义性特征和特异性特征可看作一个语义特征连续体的两端,语义特征的"定义性"即重要性的程度是连续变化的,可以任意选择一点将重要的特征与不太重要的特征分开来。特征比较模型强调定义性特征的作用。

图 6-5　概念的定义性特征和特异性特征

2. 语义空间

依照特征比较模型,在概念之间,共同的语义特征特别是定义性特征愈多,则联系愈紧密。Rips 等(1973)收集了被试对一集概念的评定,也即对一些实例与其范畴以及这些实例之间的联系程度的评定,如对"麻雀"、"知更鸟"、"金丝雀"、"鸡"、"鹦鹉"等之间联系以及它们与"鸟"的联系程度的评定。他们利用一个计算机程序,称作"多维量表程序",将得到的被试的评定转化为实际的距离,并将这些距离画在一个二维空间中,见图 6-6。图中左侧是"鸟"范畴各成员的联系程度的评定,右侧则是"哺乳动物"的。无论是"鸟"范畴,还是"哺乳动物"范畴,空间中任何两点之间的距离反映着两个相应概念之间的心理距离或语义距离。两个点愈接近,它们就愈相似或联系愈紧密,如"麻雀"与"知更鸟","山羊"与"绵羊"等。一个范畴的空间中诸点距离的集合则称为相应的语义空间或认知空间。

Rips 等认为,被试对概念间联系作出评定,依靠的是他们长时记忆中贮存的语义特征。两个概念有多少共同特征,他们就会判定这两个概念在多大程度上接近,共同特征愈多,就会认为愈接近。这样,就可以通过考察一个范畴的语义空间来发现被试应用哪些语义特征来评定概念间联系的。Rips 等分析了图 6-6 的两个范畴的空间。他们发现,在"鸟"范畴的空间中,躯体大的鸟如鹰和隼处于水平轴的一端,而小的鸟如知更鸟、

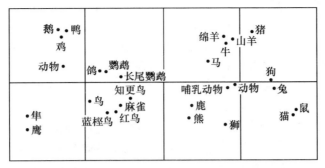

图 6-6 "鸟"范畴与"哺乳动物"范畴的二维空间

(引自 Rips, Shoben & Smith, 1973)

麻雀则处于另一端;"哺乳动物"也有类似情况,躯体大的鹿和熊等处于水平轴的一端,躯体小的猫和鼠则处于另一端。这意味着水平轴反映动物躯体大小。在这两个范畴的空间中,垂直轴反映着动物的食肉性或野性。野生的哺乳动物位于底部,驯养的哺乳动物位于顶部;凶猛的禽鸟位于底部,温顺的禽鸟位于顶部。"鸟"和"哺乳动物"两个范畴空间的维量是如此一致,说明被试应用了有关躯体大小和野性的语义特征来评定这两个概念间的联系程度。这对信息提取和应用是很重要的。

3. 两阶段加工过程

特征比较模型的加工过程也包含两个阶段,见图 6-7。当要判断一个句子的真伪,如"麻雀是鸟"时,第一个阶段是提取该句的主语和谓语两个概念的特征,将两者的全部特征包括定义性特征和特异性特征加以总体比较,并确定两者的相似程度。如果两者高度相似即有很多共同的语义特征,如本例中的"麻雀"与"鸟",立即就可对"麻雀是鸟"作出肯定反应,判定为真;如果两者极不相似即没有或很少共同的语义特征,如"桌子"与"鸟",立即可对"桌子是鸟"这个句子作出否定反应,判定为伪。然而,如果确定两者

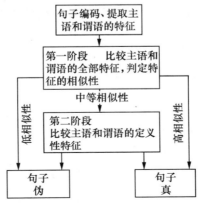

图 6-7 特征比较模型的两个加工阶段

中只有中等程度的相似即有某些共同的语义特征，如"企鹅"与"鸟"，那就需要实施第二个阶段。这种情况与 Atkinson 和 Juola(1973)的短时记忆信息提取的双重模型极其类似。第二个阶段撇开主语和谓语两个概念的特异性特征，只对两者的所有定义性特征进行比较，如果两者匹配，就可判定为真，否则判定为伪。这两个阶段的加工性质是有区别的。第一个阶段加工是一种总体比较，带有启发式性质，常可发生错误。第二个阶段的加工实际是计算，较少发生错误。

这种两阶段的加工过程可以说明判断不同语句的反应时的差别，显示出特征比较模型的优点。对于范畴大小效应，特征比较模型可用不同的加工阶段予以解释。对"麻雀是鸟"的判断在第一个阶段就可完成，因为两者的语义距离小，有很高的相似性；对"麻雀是动物"的判断似需第二个阶段，因为两者的语义距离较大，其相似性略低，这样，前者就要快于后者。但是，由于概念间的语义距离不同，对"狗是动物"的判断可快于"狗是哺乳动物"。从图 6-6 的"哺乳动物"的语义空间可以看出，"狗"与"动物"的距离小于"狗"与"哺乳动物"的距离。特征比较模型可以同样来解释典型性效应。它甚至可说明为什么对两个句子的否定有不同的反应时。例如对"桌子是鸟"的否定比对"蝙蝠是鸟"要快。可设想这是由于"桌子"与"鸟"没有什么相似，而"蝙蝠"与"鸟"却有某些相似。特别值得提出，特征比较模型对以上各种效应和实验结果的解释，都是依据一条原则即语义特征的相似性，没有附加任何其他东西，这在众多的语义记忆模型中是少见的。

特征比较模型也存在一些问题。Glass 和 Holyoak(1975)发现，判断"有些椅子是桌子"这个句子反而要快于判断"有些椅子是石头"。从特征比较模型来看，这种情况不应发生。因为"椅子"和"石头"可说没有任何共同特征，在第一个加工阶段就可作出判断。而"椅子"和"桌子"都属"家具"范畴，它们是有某些共同特征的，势必要到第二个加工阶段才能作出判断，反应时定要多于前者。然而实验结果与此相反。对特征比较模型来说，也许更大的困难还在于如何将定义性特征与特异性特征划分开来。进一步来看，概念是否由其语义特征来表征也是有争议的，可参看"概念"一章。但是，从目前研究水平来看，特征比较模型较好地与实验结果吻合，是另一些模型所不及的。

三、关于语义记忆模型研究方法的困难

以上介绍了集理论模型和特征比较模型，将它们与网络模型加以比较，似乎网络模型更注重语义信息的组织即语义记忆的结构，而特征模型似侧重加工过程。一个语义记忆模型总要包含结构和过程两个方面。语义信息在记忆中的表征是无法直接观察到的，需要通过操作过程才能推论出来。例如，通过对句子的判断来对语义记忆结构进行推论。这给研究工作带来困难，并且引起意见分歧。现在举一个突出的例子。前面已经介绍过层次网络模型，其中有一个重要的实验结果，即判断"金丝雀是鸟"这个句子要快于判断"金丝雀是动物"。这个结果被看成概念按逻辑层次来组织的有力证据。换句话说，这个结果被看作语义记忆的层次网络结构的表现。然而，特征比较模型可以完全

从另外一个角度,即从加工过程的角度来解释这个结果,认为这两个句子是在不同阶段加工的,因此所需时间也不同。也就是说,这个结果同样可看成特征比较模型的两个阶段加工的证据。这种状况使人感到十分困惑。应当承认,造成这种状况的原因是多方面的,既有主观方面的原因,如研究者的理论假设和研究方法的不同;也有客观方面的原因,即语义记忆的结构和过程的复杂关系。随着研究工作的进一步深入,特别是研究方法的改进,这种状况将会得到改变。

第四节 HAM ELINOR

前面介绍了两个网络模型和两个特征模型。这些模型都对语义记忆的结构和过程提出了自己的理论说明。尽管它们之间存在看法上的分歧,但它们都以概念为基本单元,主要说明概念是如何贮存和提取的。相对地说,这些模型是比较简单的语义记忆模型。因为概念虽是人类知识的基本成分,但人类知识不限于概念一种形式,利用概念可以构成各种复杂的知识,包括对规则、定律等的认识。另一方面,前面已经提到,将语义记忆与情景记忆严格区分开来也是困难的。在层次网络模型提出以后,语义记忆的研究迅速发展。心理学家在此基础上提出了一些记忆模型,尝试用命题作为知识的基本单元,企图说明复杂知识在长时记忆中的贮存和加工,并集语义记忆和情景记忆于一体。这些模型因而具有综合性,涉及的面也更广,这是那些简单的模型所不及的。本节介绍的 HAM 和 ELINOR 就属于这类综合性的模型。下面分别加以阐述。

一、HAM 模型

1. 命题与联想

HAM 就是"人的联想记忆"(Human Associative Memory)模型,是 Anderson 和 Bower(1973)提出来的。它也是一种网络模型,但其基本的表征单元是将概念连起来的命题,而不是单个的概念本身。命题是抽象的表征,在形式上类似句子。依照这个模型,一个命题是由一小集联想构成的,每个联想则将两个概念结合在一起或联系起来。联想有不同的类型。Anderson 和 Bower 区分 4 种主要的联想。这 4 种联想及其联结的方式均见图 6-8:(1)上下文-事实联想,事实是指发生了什么事情,上下文是指何时何地发生了这件事情;(2)地点-时间联想,地点说明上下文的"何地",时间说明"何时",它们结合而成上下文;(3)主语-谓语联想,主语说明事实的主体,谓语说明主体的特性;(4)关系-宾语联想,这是构成谓语的联想,关系是指主体的某种行动或与其他事物的联系,宾语则指行动的对象。此外,还有概念-实例联想,如家具-桌子。

这几种联想的适当结合,就可以形成一个命题。用树形图可以很好地表明多种联想怎样结合而成一个命题。这种图可称作命题树。图 6-9 是表征"教授在教室里问过了比尔"这个句子的命题树。从图中可以看到,命题树由结点(圆)和指针构成,结点代

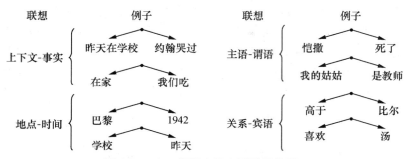

图 6-8　HAM 模型中的主要联想类型

表命题、上下文、事实等概念。指针代表联想。图 6-9 的顶部结点 A 代表命题,称作命题结点,它是由事实和上下文之间的联想构成的。下面则是上下文结点 B,它又包含地点结点 D 和时间结点 E(过去时,因为句中说教授问过了);事实结点 C 也可分为两部分,即主语结点 F 和谓语结点 G;谓语结点再分为关系结点 H 和宾语结点 I。这个树形图的最底部则是终极结点,它们是长时记忆中的概念,即"教室"、"过去"、"教授"、"问"、"比尔"。因它们不可再分解,故称为终极结点。任何一个命题树必须连接它们才能获得一定意义。但是,概念不是按其本身的特性或概念的语义距离,而是按命题结构组织起来的,具有网络的性质,形成命题树。因此,长时记忆也就像一个庞大的命题树网络。

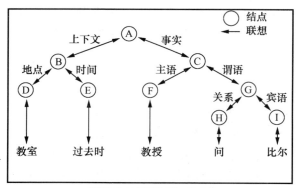

"教授在教室里问过了比尔"
图 6-9　HAM 模型的命题树

从这里可以看到 HAM 模型的一个最大的特点和优点,这就是它既可以表征语义记忆,又可以表征情景记忆,能将两者结合起来。说来简单,只要情景记忆信息是以命题来表征的,在这种有层次的命题树网络中,就可以容纳个人经历的各种事件。这是前面谈过的几个语义记忆模型所做不到的。HAM 的命题树结构还可使一个命题嵌进另一个命题,把几个命题有机地结合在一起,构成一个复杂的命题。例如,可将"教授在教室里问过了比尔"和"这使考试按时结束"两个命题合成一个复杂的命题。这时前一个命题就是主语,后一个命题就是谓语,成为"教授在教室里问过了比尔而使考试按时结束"。这个复杂命题同样可以用命题树来表征。

2. 4 阶段操作过程

HAM 模型的操作过程为匹配过程。当需要从长时记忆中提取信息来回答一个问题或理解一个句子,就需要将这个问题或句子与长时记忆中的信息进行匹配。这个过程可分为 4 个阶段,见图 6-10。该图以"狗咬比尔"句子为例来说明这些阶段。第一个阶段为输入句子。第二个阶段为对输入的句子进行分析,构成一个命题树,将这个命题树底部的终极结点"狗"、"咬"、"比尔"与长时记忆中的相应结点进行匹配;如果输入中有新的字词(概念),则将形成一个新的结点。第三个阶段则是从长时记忆中的每个相应结点出发来进行搜索,以找到一个与输入的命题树相匹配的命题树,也就是要在长时记忆中找到一个也以同样方式联系同样概念的命题树。第四个阶段为搜索到的相应的命题树与输入的命题树成功地匹配。这样,"狗咬比尔"句子也就得到理解。如果不是理解一个句子,而是要回答一个问题如"谁咬比尔?"在输入和分析这个问题以后,在构

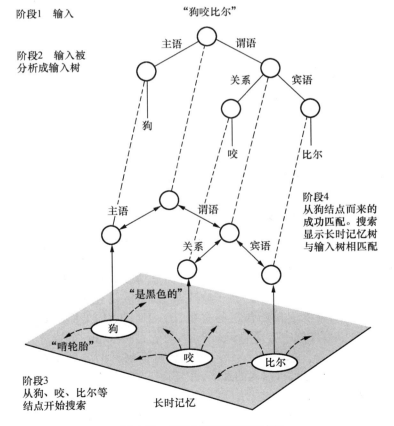

图 6-10 HAM 模型的匹配过程

成的命题树中"谁"可看作是空白,仍可将其余部分与记忆中的信息进行匹配。当在命题树网络中,搜索到"狗咬比尔",就可填充空白,回答"谁咬比尔"这个问题。不仅如此,HAM 模型既可以加工言语信息,又可以加工非言语信息,如视觉信息。看到的场景转换为命题树后,可以得到同样的加工。

HAM 模型以命题为基本单元的看法得到一些实验的支持。实验表明,一个词在同一句子(命题)中重复,可以提高回忆成绩,重复次数愈多,成绩也愈高;而一个词在不同的句子中重复,则不会提高回忆成绩。HAM 模型还成功地实现了计算机模拟,使计算机能理解一些句子并回答一些问题。应当指出,HAM 模型是以命题为基本单元的,没有或较少考虑概念本身的特性,因此它难以解释前面几个模型涉及的一些现象,如熟悉效应等。它的匹配过程是按阶段相继进行的,这一点也受到批评。但是 HAM 模型的优点也是明显的。它集语义记忆和情景记忆于一身,这应当得到高度评价。后来,Anderson(1976)在 HAM 模型的基础上又提出了 ACT 模型,力图建立一个统一的理论框架来解释各种认知活动,如言语加工、记忆、推理和问题解决等。

二、ELINOR 模型

1. 信息类型

ELINOR 也是一个综合的记忆模型(Lindsay & Norman, 1977;Norman & Rumelhart, 1975),这个名字也许来自其提出者 Lindsay,Norman 和 Rumelhart 3 个人姓的开头字母。这个模型同样是网络模型,由结点和连线组成。结点代表概念、事件等,连线表示两者之间的意义联系。依照这个模型,长时记忆中贮存 3 类信息,即概念、事件和情景。概念指特定的思想,它由 3 种关系来定义:(1)"是一种(个)",如"鸟是一种动物",它指明其上级概念;(2)"有(是、会)",如"鸟有羽毛",它指明所具有的特征;(3)"是一种(逆向)",它指明一个概念的实例或下级概念,像"鸟是有羽毛的动物,如金丝雀",其中"如金丝雀"即为"是一种(逆向)",实际上,它的意思是说"金丝雀是鸟"。这里举出实例以利于表征和理解。这些关系均在连线上标明。事件是一个由行动、行动者和对象等构成的场景。例如,在"母亲为孩子做早餐"这个事件中,母亲是行动者或主事者,做是行动,早餐是对象,孩子是承受者。事件的表征以行动为中心,围绕行动而展开各种联系。数个事件按一定时间关系结合而成情景,时间关系说明这些事件的先后顺序。例如,"母亲为孩子做早餐,孩子吃完早餐,背着书包上学"。在前面叙述的这 3 种类型的信息中,实际上起核心作用的是事件。可以说,ELINOR 模型的基本单元是事件。人的记忆是以事件为中心而组织起来的,概念是构成事件的成分。ELINOR 包含丰富的连线,除概念的 3 种关系以外,还有围绕行动而展开的各种关系。这使 ELINOR 可以表征复杂事物,对信息进行深入的加工,并且将语义记忆与情景记忆混合在一起。

2. 命题表征

在 ELINOR 中,概念、事件和情景都用命题来表征。由结点和连线所形成的网络也就是命题表征。现在举一个包含许多概念和事件的情景表征的例子。设有下述句子:罗奇店是一个酒馆。路易丝喝葡萄酒。鲍勃喝葡萄酒。玛丽把面条泼在山姆身上。厄尔拥有罗奇店。鲍勃喜欢路易丝。厄尔的狗黑子咬山姆,因为山姆对玛丽吼叫。玛丽喜欢鲍勃。这些句子描述的情景在 ELINOR 中的表征见图 6-11。图中的"企业"、"饮料"、"鲍勃"等均为结点(概念);方框代表命题,说明网络结点的特性,它实际是结点,是表征一个概念(行动)的各种关系的汇集;〈 〉符号也是结点,它代表一个概念的实例或某些特定的感觉信息,其具体内容未列出(缺席值),但可猜测出来。在诸结点之间有各种标出名称的连线。从图的右上部可以看到"啤酒"、"葡萄酒"被分别定义为一种由"发酵谷物"或"发酵水果"制成的"饮料"。这是语义记忆信息表征。但"啤酒"或"葡萄酒"又是"饮"或"买"的对象,它们可与一些事件连在一起,作为构成事件的成分。在图的下部可以看到由几个事件按时间顺序而组成的情景:玛丽把面条泼在山姆身上,引起山姆对她吼叫,这又引起厄尔的狗咬山姆。这些事件和情景都可是情景记忆。但是 ELINOR 把语义记忆和情景记忆混合在一起了。在图 6-11 中还有许多成分和关系没有列出来,如对"泼"、"吼叫"和"咬"等行动的表征,但从图中可以看到信息是如何在 ELINOR 中表征的。

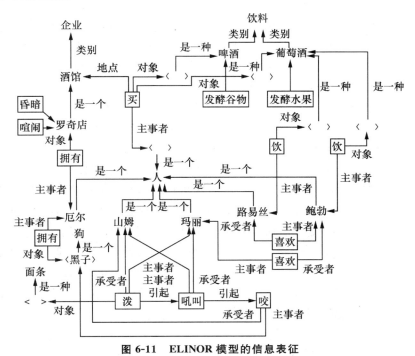

图 6-11　ELINOR 模型的信息表征

ELINOR 模型是一个网络模型,它与其他网络模型有许多共同点。然而它的特点也是十分突出的。它能容纳多种多样的联系,可表征各种信息,但它的加工过程尚不清楚,无法对其操作的结果作出预测,因而难以将它与其他模型作具体比较。

7 表 象

表象(Mental Image)亦称意象,包括通常所说的记忆表象和想象表象。表象是一个富有特色的心理过程,在现代心理学发展的早期即已得到研究。这个时期主要是对表象的某些方面进行定量评定,如 Galton(1880,1883)测量了人的表象的鲜明性,并且确定了表象的某些年龄的和性别的差异。其他一些心理学家如 Titchener(1909)和 Betts(1909)等也进行过类似的研究。但为时不久,随着行为主义在 20 世纪 20 年代兴起并在心理学中逐渐占据统治地位,表象的研究趋于沉寂,甚至可说是中断了。直到 60 年代后期,由于行为主义的衰落和认知心理学的崛起,表象的研究又重新受到重视并得到迅速发展。其中一部分继续保持定量评定的研究方向(Sheehan,1967,1971,1973;Singer & Antrobus,1966,1970,1973)。而其他大部分研究是从认知心理学的角度进行的,着眼于信息的表征(Representation)。这一部分研究在课题和方法上都带有很强的新颖性,所取得的成果也是非常丰富的,如 Shepard 及其同事(1971,1973,1975)关于"心理旋转"(Mental Rotation)的研究,Kosslyn(1973,1975)关于"心理扫描"(Mental Scanning)的研究,以及 Paivio(1969,1971)关于两种编码的研究等。它们都给人留下深刻的印象。现在,表象已成为认知心理学的一个重要的研究领域。

当前,认知心理学对表象的研究几乎都是有关视觉表象的,很少涉及其他感觉道的表象。特别值得注意的,是随着研究工作的开展,近年来进行着一场有关表象的实质和功能的争论。以 Kosslyn (1980,1981)等人为一方,认为表象是一种类似知觉的信息表征,它在人的心理活动中有自己的作用;另一方则以 Pylyshyn(1973,1979)为代表,认为表象没有独立的地位和功能,不能用来解释心理现象,信息是以命题来表征的。本章主要叙述有关视觉表象的研究并将涉及上述争论。

第一节 表象 知觉 表征

一、表象与知觉的机能等价

长期以来,心理学将表象和知觉紧密地联系起来,将表象看作是已经贮存的知觉象的再现(记忆表象),或经过加工改造而形成的新的形象(想象表象)。目前在认知心理学中,撇开否定表象的独立地位的观点不说,尽管对表象的理解还有不少差别,但存在着一个重要的共同点,就是仍将表象和知觉连在一起,将表象看作是类似知觉的信息表征。Neisser(1972)认为,表象活动运用的是知觉时的某些认知过程,只不过这时没有引起知觉的刺激输入而已。后来 Neisser(1976)又进一步将表象看作是由相应的知识所激活的对知觉的期待,这样就把表象和知觉的自上而下的加工联系起来。Kosslyn(1980,1981)将视觉表象看成类似于视知觉的人脑中的图画,或者类似图画的信息表征。这些观点都强调表象与知觉的机能等价,在目前是具有代表性的。现在确实有一些实验结果支持这些看法。

1. 定位实验

研究表象和知觉的机能等价的一个重要方法,是将在知觉条件下完成的一种作业与在表象条件下完成的同一作业进行比较,以发现是否有共同的或相似的情况。Podgorny 和 Shepard(1978)应用这种方法进行过视觉定位实验。实验分为 3 组:(1)知觉-记忆组,实验材料为一个 5×5 栅格,用黑色将其中的一些方格涂成某个英文字母,如 I,L,F,E,或字母组合 IF,见图 7-1(a);另有一个同样的 5×5 栅格,在其中的任一方格内画有蓝色圆点作为测试点。在正式实验时,先用速示器给被试呈现一个涂有某个字母或字母组合的栅格,然后呈现一个带有一个测试点的栅格,要求被试在保持高度精确的同时,尽快地判定该蓝色的测试点是落在所呈现的字母之内或之外,分别用左手或右手作出按键反应,记录反应时。一个字母或字母组合要试验多次,测试点在全部 25 个方格中至少出现一次,其顺序是随机的,测试点安排在字母之内和之外的次数也是相等的。(2)带栅格的表象组,这个组的实验程序与知觉-记忆组基本相同,但有一个重大差别。在这组实验里,上述的字母和字母组合不是利用某些方格涂黑而构成的。实验时先用速示器呈现一个同样的、然而是空的 5×5 栅格,同时实验者给被试以口头指示,让他利用某些特定的方格想象出某个英文字母或字母组合,这些字母及其在栅格中的位置与知觉-记忆组相同,并且要求他不要变更字母在栅格中的位置。待被试想象出字母后,再用速示器呈现带一个测试点的同样栅格,其余实验程序同前。(3)不带栅格的表象组,这个组的实验与带栅格的表象组只有一点不同,即带测试点的栅格只画出最外边的轮廓,内部的方格不画出来。这样做的目的是为了避免被试在测试点呈现之后推论出字母在栅格中的位置。其他实验程序同前。所得到的 3 个组的总的实验结果见图 7-2。统计分析表明,3 个组的总的实验结果没有显著的差异。这意味着在知觉条件和表象条件下,完成同一作业的情况是一样的或相似的。而且 3 个实验组的结果全都显示出一个共同的趋势,即占方格少的简单字母的反应时少于占方格多的复杂字母和字母组合,其差异达到统计学的显著水平。鉴于每个实验组的 5 个刺激所测试的 125 个方格与另一组均有较高的正相关(平均相关系数为 0.69),Podgorny 和 Shepard 对每个刺激字母计算出每个方格测试点的 3 个实验组的平均反应时,见图 7-1(b)。从中还可以看出另一些共同的反应时模式:(1)测试点落在字母之内的反应时小于落在字母之外的;(2)落在字母之内的测试点的反应时,当测试点位于横竖线交叉处时更小;(3)落在字母之外的测试点的反应时,当测试点愈远离字母则愈小。应当说,所有这些结果都是支持表象与知觉有机能等价的看法的。

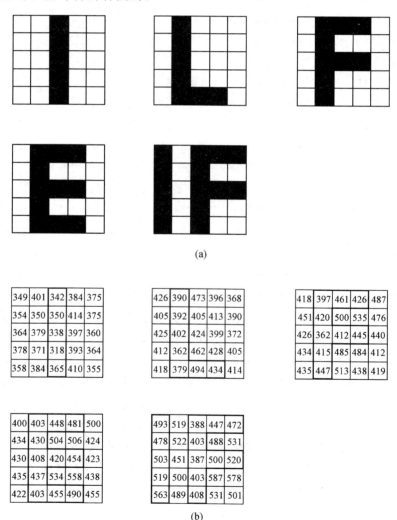

图 7-1　5 种刺激模式(a)和每个模式的单个方格在 3 种条件下的平均反应时(b)

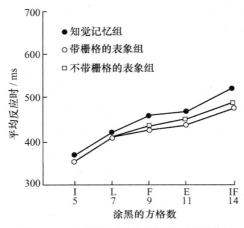

图 7-2 3 种条件下的视觉定位实验结果

2. 锐敏度实验

Finke 和 Kosslyn(1980)利用具有不同的表象鲜明性的被试来研究表象和知觉的机能等价问题。他们进行了边缘视觉锐敏度实验和相应的表象锐敏度实验。(1) 边缘视觉锐敏度实验:在被试的前面安置一个白色屏幕。该屏幕被一条垂直的细黑线和另一条水平的细黑线分成相等的 4 个部分。在屏幕的中央放一个白色的方纸板(大小为 9.5× 9.5 cm),其中心与等分屏幕的两条直线的交叉点相重叠,构成一个刺激野。以上参看图 7-3。在刺激野内绘有横置的或竖置的两个直径为 6 mm 的黑点,其距离为 6,12,18 mm 3 种(从黑点的中心算起)。在等分屏幕的两条直线上,设置可以沿着相应直线移动的红点,其直径亦为 6 mm,此红点为注视点,移动手柄可使红点移动。被试的头部在实验时用托架固定,以保持被试与屏幕的距离不变,但托架可绕轴转动,以利于被试连续地注视移动着的红点。实验时,被试用手柄缓慢地向左或右(两个黑点竖置时)、向上或下(两个黑点横置时)移动红点,同时双眼追随此一注视点,直到被试不能再将刺激野中的两个黑点看成两点时即停止移动手柄。实验者记录这时的注视点与刺

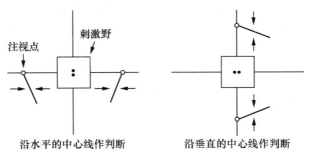

图 7-3 边缘视觉锐敏度实验及相应的表象实验的方法

激野中心的距离，据此来测定边缘视觉锐敏度，并以度数来表示。(2)表象锐敏度实验：这个实验与视觉锐敏度实验只有一点不同，即在实验时给被试呈现一个空的刺激野，不呈现两个黑点，而是要被试想象出两个黑点，其他方面一如视觉锐敏度实验。为了让被试做到这一点，事先用带有两个黑点的刺激野对他们进行训练，直到他们能形成准确的和鲜明的表象并能睁开眼睛，这时才进行正式实验。在进行锐敏度实验以前，应用视觉表象鲜明性问卷（Marks，1973）对全体被试作了测查，将他们分为鲜明组和非鲜明组。所得到的实验结果见图7-4。图中是两组被试的左右和上下边缘视觉的平均实验结果，是以度数来表示的。从中可以看到，表象鲜明组的被试在知觉和表象两种条件下的锐敏度几乎没有差别，而且都随两点的实际距离增大而提高，其曲线的形状是一样的。非鲜明组的被试在表象条件下的锐敏度低于知觉条件下的，但其曲线的形状也是相似的。这些实验结果不仅支持表象与知觉具有机能等价的观点，而且揭示出其中存在的个别差异，提供进一步研究的线索。

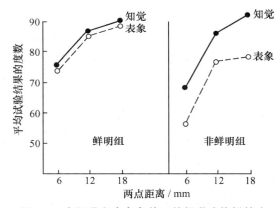

图 7-4　在知觉和表象条件下的视觉边缘锐敏度

3. McCollough 效应实验

Finke(1980)关于 McCollough 效应的实验极富兴味。他的实验表明，如果在诱导实验中只让被试看两种颜色，而要求他们相应地想象横竖线条，那么应用通常的测试就可以得到 McCollough 效应。然而，如果在诱导实验中，只让被试看横竖线条，但需表象出两种颜色，那么就不会出现 McCollough 效应。这些实验结果是很有意义的。它们提示，表象在模式信息的加工水平与知觉有机能等价，而在颜色信息加工水平则没有；颜色信息是在较低水平加工的，模式信息是在高级水平加工的。因而可以说，表象过程是一种中枢过程，它类似高级水平的知觉过程，而不是周边的过程。这些实验结果及其解释也指出表象与知觉的自上而下的加工是有密切联系的。

4. 选择性干扰实验

前面所述的几个实验研究都证实表象与知觉的机能等价。这样人们自然会想，如果同时进行同一感觉道的知觉和表象两种活动,那么就会发生表象和知觉的相互干扰,甚至两者可能混淆。早在20世纪初,Perky(1910)就发现,在正常人身上表象和知觉是可能混淆的。在实验室中,Perky要求被试想象出在屏幕上有一个红的西红柿,同时实际在屏幕上投射出一个较模糊的西红柿的图像,这个投射出来的西红柿图像在一般情况下是可以觉察到的,但现在被试却不能发现屏幕上的西红柿是投射出来的,反而认为那是他们的表象。这个实验是会引起争议的。应当承认,在通常的情况下,同一感觉道的表象和知觉是可以清楚地分开来的,但也不能完全排除两者混淆的可能性。而关于表象对知觉的干扰则有较确定的实验。Segal和Fusella(1970)要求被试形成某个视觉表象(如一棵树)或某个听觉表象(如电话铃声),接着对他们进行视觉信号和听觉信号的觉察实验。实验结果表明,视觉表象对视觉信号觉察有干扰,听觉表象对听觉信号觉察有干扰,见图7-5。这种情况称作表象对知觉的选择性干扰。它表明同一感觉道的表象和知觉是相似的,两者竞相争夺同一心理过程或资源。自然这只是事情的一个方面。另一方面,有实验研究表明,在一些情况下,表象也可以有利于知觉。这在后面将会叙述。

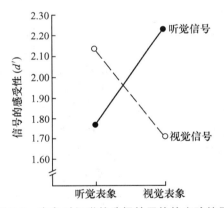

图 7-5　表象对知觉的选择性干扰的实验结果

现在可以说,一些认知心理学家认为表象与知觉相似、两者有机能等价是有一定根据的。但是,知觉是在现实的刺激直接作用于感官时产生的,依赖于当前的信息输入,而表象则不依赖当前的直接刺激,没有相应的信息输入,它依赖于已贮存于记忆中的信息和相应的加工过程。将这些有关的观点加以概括,就可以将表象看作当前未直接呈现的客体或事件的心理表征或类似知觉的信息表征。

二、表象与表征

1. 关于表象的争论

我们已经看到,一些心理学家将表象看作一种独立的信息表征的形式并有其加工过程。他们强调表象与知觉的机能等价,甚至将视觉表象看成人脑中的图画或心理图画(Kosslyn, 1980)。在前面"长时记忆"一章中谈过,信息表征除表象的形式以外,还有抽象的命题表征。这后一种表征形式得到几乎所有心理学家的承认。然而目前关于表象是否确系一种独立的心理表征形式却存在着尖锐的争论。

有些心理学家如 Pylyshyn(1973)不承认表象的独立地位,反对将表象看作类似知觉的心理表征。他们特别批评那种认为视觉表象是心理图画的看法。他们提出了几条反对意见。第一,如果将视觉表象理解为心理图画,那么对表象的知觉就应与对实际的图画的知觉一样;然而事实却不是这样,实际图画的知觉加工包含图形与背景分离这个最基本的过程,而表象却已经高度组织为对象了。第二,表象与实际的图画在结构上不同,如果人们忘记某个表象的一部分,这个丢失的部分是一个有意义的单元,而不是任意的一个片断,不像图画被碰掉一个角那样。第三,如果未被解释的表象随机地贮存在长时记忆中,就像随意地将照片扔到盒子里,那么几乎不可能在需要时提取某个特定的表象,然而事实上却容易提取所需要的表象。另外,Anderson(1980)还指出,某些操作在图画上极易进行,而很难在表象上进行。Pylyshyn(1973, 1979)进而认为,所有的信息都是以命题来表征的,那是一种抽象的、意义的表征。

这些批评自然会引来反批评(Kosslyn, 1980, 1981)。那些提出反批评的心理学家并不否定命题表征,但极力维护表象表征。他们指出,将视觉表象看作心理图画是说表象类似视知觉经验背后的表征,只不过这些表征是从长时记忆中提取的,因而表象也具有知觉的高度组织的结构,并且某个特定的表象在需要时是可以提取出来的。现在这个争论还没有结束,Anderson(1978)甚至认为,这个争论是无法解决的,因为难以设计出实验来验证这两种对立的看法。这个看法也受到批评(Heyes-Roth, 1979)。从下面各节可以看到这个争论的一些具体方面,同时也可看到,确有支持表象存在的实验证据。应当承认,命题表征可以说明表象表征所涉及的一些现象,但无法说明或不能圆满地说明另一些现象。可以说,对于某些现象,表象表征比命题表征可提供更好的解释,表象表征是难以否定的。

2. 两种编码说关于表象的论证

强调表象重要作用的莫过于 Paivio(1975)的两种编码说,在前一章中已谈过这个学说。它把表象看成是与言语相平行和联系的另一个认知系统。言语系统加工离散的语言信息;表象系统则对具体的客体或事件的信息进行编码、贮存、转换和提取,其表征极似知觉。表象系统和言语系统可分别由有关刺激所激活,两类信息可以互相转换。这些看法得到一些实验研究的支持。

Paivio(1975)曾经做了一个设计精巧的实验。他给被试看一些卡片,在这些卡片上有一对图画或一对打印的字词(见图7-6),要求被试判定所画的一对东西或打印的字词所标志的一对东西之中,究竟哪一个在原来印象上是较大的(不是指画出来的大小,而是指人的原来印象中的两个东西的实际大小。在图7-6中,应是斑马大而台灯小,尽管在一张卡片上,将斑马画得比台灯要小),记录其反应时。Paivio作出下述假设:如果长时记忆中只含有语言编码的信息,那么被试对图画材料作出判定要慢于对字词作出反应,因为在作出判定之前,需要将图画转换为语词;另一方面,如果长时记忆也包含视觉表象或视觉编码的信息,那么被试对图画的反应就不会慢于对字词的反应,因为视觉表象可以直接从记忆中得到,无须再作转换。Paivio还将图画分成两种,一种是卡片上画出来的一对东西的相对大小与其实际大小相一致(即画出来的斑马大而台灯小),另一种则不一致(即画出来的斑马小而台灯大)。另外对字词也作了相应的安排。他作出进一步的推论:如果长时记忆中包含视觉表象,那么不一致的图对将会引起冲突,即所知觉的画出来的一对东西的相对大小与记忆中的相应的客体大小发生冲突,这将延缓被试对它作出反应,其反应时要大于一致的图对。但字词却不会引起这个问题,因为字词要得到语言编码。实验结果表明:(1)被试对图画作出判定不仅不比对字词慢,反而更快;(2)对不一致的图对的反应时大于对一致的图对,但对字词的反应却没有这种差别。这些结果说明,在长时记忆中确实有视觉编码,或者说既有表象又有语言两种形式的信息编码。鉴于对图画的判定快于对字词的反应,甚至可以说,客体的大小主要是以表象来表征的,语言信息需要转换为表象再行判定,因而需时也较多。

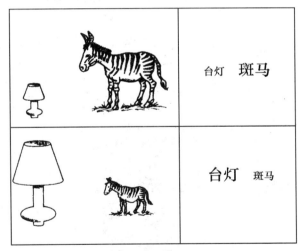

图7-6 两个图对和两个字对
(上面的图对是一致的,下面的图对是不一致的。)

这个实验不仅为表象的存在提供了实验证据,而且提出了表象表征不同于语言的一些特点,如视觉表象之具有空间特性。这样来看,表象确实是可以作为一种类似知觉的信息表征的。指出表象与知觉类似,固然是重要的,但这并没有充分揭示表象的特殊性和机制。要深入探讨表象的实质和功能,就需要考察有关心理旋转和心理扫描等具体的表象的研究。

第二节 心理旋转

一、心理旋转概述

Shepard 及其同事于 20 世纪 70 年代初开展了"心理旋转"的研究。这项研究所应用的方法和取得的结果对后来的表象研究产生巨大的影响。他们（Shepard & Metzler，1971）最初所做的一个实验是有代表性的。在这个实验里，用速示器给被试成对地呈现图形（见图 7-7），被试的任务是判定这两个图形是相同的还是不同的。实验所用的图形是计算机制作的，每个图形都是由 10 个小方块连接起来组成的手柄形，有 3 个直角弯头，看起来是立体的。这些图形的成对应用有 3 种情况。第一种情况是两个图形相同而方位不同，其中一个相对于另一个在平面上转动了一定角度（见图 7-7(a)），所谓平面是指画有该图对的纸张的表面；如果将其中一个图形转回相应的角度，那么这两个图形就可以重合。这种图对可称为平面对，被试判定它为"相同"才是正确反应。第二种情况是两个图形亦为相同，但其中一个图形在与纸张表面相垂直的平面上转动了一定角度（见图 7-7(b)），即在三维空间中作了转动；如果其中一个图形回转相应的角度，这两个图形也可以重合。这种图对可称为立体对，对它的正确反应也是"相同"。第三种情况为两个不同的图形，它们是镜象对称的，其区别如同左右手一样。这两个图形看起来相似，但无论怎样转动也是不能重合的（见图 7-7(c)），对它们的正确判定是"不同"。在平面对和立体对中，都安排了几种不同的转动角度或两个图形的方位差，这是一个重要的实验变量。这 3 种不同性质的图对随机地混在一起。实验时，每次呈现一个图对，要求被试尽快地作出异同判定，记录反应时。

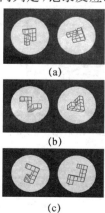

图 7-7 心理旋转实验所用的 3 种图对

(a) 平面对，其中一个图形在平面上旋转 80°；(b) 立体对，其中一个图形在空间中旋转 80°；(c) 镜象对，两个不同的图形。

这个实验得到的结果表明(图 7-8),无论是平面对还是立体对,如果两个图形的形状和方位都相同,那么被试只需要约 1 s 就能看出它们是相同的;然而当其中一个图形转动了一定角度,出现方位差后,反应时就增加了,到转动角度为最大值 180°时,平均反应时已超过 4 s,反应时随方位差度数的增加而增加,两者成正比。不仅如此,从图 7-8 中还可以看到,平均反应时与方位差有着线性关系,反应时是随着方位差度数的增加以固定速率增加的。经过计算,方位差增加 53°,反应时就增加 1 s。总起来看,平面对和立体对的实验结果几乎是一样的。

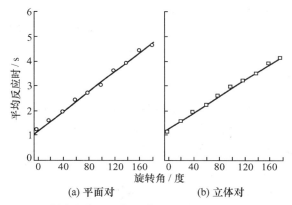

图 7-8　判定两个图形相同的反应时是其角度差的函数

Shepard 等认为,被试完成这种作业是不能依据图形的一些表面特征的,因为一对图形看起来相似,都有 10 个小方块和 3 个直角弯头,而且两个相邻的直角弯头间的方块数也是一样的,找不出两个图形在这些方面有什么明显差别。他们还排除了下述可能性:被试分别对两个图形进行分析,将每个图形的结构简化为某种类型的代码,然后再比较两个图形的代码,根据它们是否匹配而作出"相同"或"不同"的判定。例如,一个图形可以从一端开始,依照其方块数目和弯头的方向来表征为 2R 2U 2L 1,即"两个方块,向右弯;两个方块,向上弯;两个方块,向左弯;一个方块"。Shepard 等认为,生成每一个图形的代码也许在某种程度上依赖于图形的绝对的方位,但两个图形是分别单独地受到分析的,生成两个图形的代码所需的时间绝不依赖于它们的相对方位,完成作业所需的时间不会随两个图形的方位差而变化。而实验结果却表明反应时与方位差有线性关系。并且,经过 1600 次试验之后,被试仍不能认出任何单独的图形,而只能比较两个图形。这个结果也不支持上述代码比较的设想。

根据以上的实验结果,Shepard 等指出,被试对两个图形作比较时,是在头脑里将一个图形转动到另一个图形的方位上来,然后依据匹配的情况再作出判定。想象的转动或心理旋转成为这类比较的基础。并且这种旋转的速率是相对稳定的,每秒 53°,所以两个图形的方位差愈大,心理旋转所需的时间也愈多,表现为反应时是两个图形方位差的线性函数。被试的报告也支持心理旋转的设想。他们通常说是先将左边的图形转动到使它上面的一条臂与右边图形的相应的臂平行，然后再通过想象将这样转动后的图形的另一端的伸展方向与右边图形的相应部分进行比较。被试的内省报告与反应时的数据是吻合的，都有利于承认心理旋转。实验结果还表明，被试既可以完成平面对的作业，也可以完成立体对的作业。这意味着表象可以表征画出来的物体的三维结构，而不仅是图形的二维特征；并且平面对和立体对的反应时数据包括反应时函数的斜率几乎是一样的，因而可以说，在三维空间中和二维平面上的转动都是同样易于想象的。Shepard 等认为，他们确定了心理旋转这一事实，而且第一次实验证明了它具有上述的渐进性和空间性的特点。这个实验研究开创了表象研究的一个新方向，引导出一系列的研究。

二、字符旋转实验

Cooper 和 Shepard(1973)用不同倾斜角度的正的和反的字母、数码，对心理旋转作了进一步的研究。图 7-9 是所用的 3 个字母和 3 个数码，左侧是 6 个正的字符，右侧是相应的反的字符（即镜象）。每个字符及其镜象又各有 6 个不同的方位，即从垂直的正位起，在二维平面上作了不同角度的旋转，两个相邻的方位相差 60°。这样，每个字符就有 6 个正的和 6 个反的样本。以这种方式安排的字母 R 可见图 7-10。

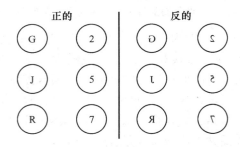

图 7-9 用于心理旋转实验的 6 个字符及其镜象

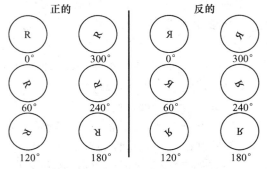

图 7-10 不同方位的正的和反的 R 字符

每个字符的实验是分别进行的。实验的基本过程如下:用速示器将某个字符的某一样本呈现给被试,被试的任务每次都是判定该字符是正的还是反的,而不管其具体的方位如何,按键作出反应,记录其反应时。每个字符的 12 个样本各呈现一次,其顺序是随机的。要求被试尽快作出反应,而又不犯错误。如果被试作出错误反应,则该次试验以后予以重复,直至取得正确反应。在正式实验前,给被试以训练。

实验分为几种。一种即为上述的实验程序。其余几种都比上一种增加了前行信息,即事先将所要呈现的字符或/和字符方位告诉被试。字符是以正常的正位样本的略图表示的,字符的方位即所旋转的角度(顺时针方向)是以箭头表示的,箭头的方向指明字符样本顶端的位置。然后呈现该字符的旋转了相应度数的一个正的或反的样本,让被试判定其正反。图 7-11 是在前行信息中,将字符和其方位结合起来的实验安排,其中字符方位和测试样本均为旋转了 120°。

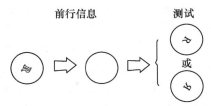

图 7-11　字符和字符方位结合的前行信息的实验

1. R 字符实验结果

以 R 字母所做的几种实验的结果均见图 7-12。从没有前行信息的实验结果来看,

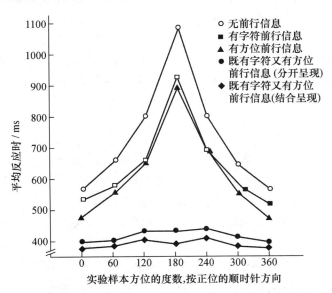

图 7-12　有各种前行信息或无前行信息的 R 字符旋转实验结果

当样本为垂直的正位时,即旋转的角度为 0°或 360°,不管是正常的或镜象的,判定所需时间较少,约为 0.5 s;而当样本作了不同角度的旋转,反应时随之增加,当样本旋转了 180°时,反应时为最长,随着样本的旋转度数的进一步增大,反应时反而逐渐减少。以 180°为界,曲线的两侧是对称的。有单独的字符前行信息或方位前行信息的实验结果与此相似。但是,既有字符又有方位前行信息的实验,包括字符和方位分开来呈现和结合起来呈现的,其实验结果都与上面所说的情况不同。在所有这些条件下,无论样本的方位如何,反应时都较短,而且没有发生什么大的变化,其曲线几乎是平行于横坐标的直线。

Cooper 和 Shepard 认为,在没有前行信息的实验中,被试要将所呈现的字符样本与该字符在长时记忆中的正常的正位样本进行比较,才能判定正反。当呈现的样本偏离垂直的正位,即旋转了一定度数,被试就要将该样本的表象转回到正位上来,然后再与长时记忆中的正位的表征作比较。因为正位的样本不需要作旋转,就可以与长时记忆中的表征进行比较,所以判定正反所需的时间就少。而对偏离正位的样本作出判定,需要对该样本的表象进行旋转,费时也较多。样本偏离正位的度数愈大,需要作出的心理旋转就愈多,反应时也愈长。这种解释与被试的内省报告是一致的,应该认为是合理的。从图 7-12 还可以看到,字符表象的旋转速度约为 180°/0.5 s,远快于前面所说的手柄状图形表象的旋转。这与人们熟悉字符以及字符的结构比较简单可能有关。令人感兴趣的是,图 7-12 中,无前行信息和只有字符或方位前行信息的反应时曲线在样本方位转动 180°的两侧是对称的。这说明表象旋转既可沿顺时针的方向,也可沿逆时针的方向。具体的情况必定是,当样本旋转的角度小于 180°时,表象旋转是沿逆时针方向的;而当样本旋转的角度大于 180°时,表象旋转则是沿顺时针方向的。只有这样,旋转了 60°和 300°的两个样本以及旋转了 120°和 240°的两个样本才会有几乎一样的反应时,并且所需的旋转时间都得到节省。这种解释也可用于旋转了 180°的样本。这个样本的表象旋转,无论是沿顺时针的或逆时针的方向,都无法节省时间,因而其反应时也最长。这个实验结果表明,人进行心理旋转是要采用一定策略的,表现出明显的智慧色彩。

有字符和方位两种前行信息的实验结果不同于上述没有前行信息的,其反应时并不随样本的方位而发生显著的变化。Cooper 和 Shepard 认为,之所以出现这样的结果,无疑是由于被试事先知道将要呈现的字符及其方位后,在需要判定的字符样本还没有呈现时就形成了该字符的表象并将它旋转到规定的方位,所以当刺激样本呈现时,被试可以立即将它与已形成的表象进行比较,无须再作心理旋转就可迅速作出判定,因而反应时都比较短,而且不随样本偏离正位的度数而急剧变化。在没有前行信息的实验中,反应时是从刺激样本呈现开始计算的,被试作心理旋转所需的时间包括在反应时之内,反应时是样本偏离正位的度数的函数。在有这些前行信息的实验中,反应时也是从刺激样本呈现开始计算的,但被试作心理旋转所需的时间却不包括在反应时之内,不管心理旋转需要多少时间,不同样本的反应时也不会发生显著的变化。有这种前行信息的实验结果从另一个角度证实了心理旋转,它与没有前行信息的实验结果看起来不同,但实际上是一致的。

2. 心理旋转的验证

Cooper 和 Shepard(1984)用同样的实验程序,以多边形为材料,进行了另一个有前行信息的实验,记录了事先作心理旋转所需的时间,即为作出判定所需的准备时间。其做法是在呈现某个多边形的正位样本及其方位后(分开来呈现的),要求被试将该图形的表象旋转到规定的方位上来,半数试验要被试沿顺时针方向旋转,半数试验要被试按逆时针方向旋转,记录完成旋转所需的时间。接着呈现刺激样本,要被试作出正反判定,记录反应时。这样,每次试验都得到两个时间,一个是进行事先的心理旋转所需的时间(准备时间),另一个是对刺激样本作出判定所需的时间(反应时)。实验结果见图7-13。从中可以看到,被试对试验图形作出判定,不管其方位如何,所需的时间基本上没有变化。这个结果和前一个有前行信息的实验结果是一致的。而事先进行心理旋转所需的时间却随着样本偏离正位的度数而增加,呈线性关系。这个结果同前面的没有前行信息的实验结果是一致的。这些实验结果表明,即使是有前行信息的实验,被试也是要作心理旋转的,其所需的时间依赖样本偏离正位的角度。这个实验还提供了一个新的有意义的结果。在先前的字符实验中,对心理旋转的方向未加规定,因而可能出现的最大旋转度数为180°,并且它需时也最多。但在这个实验里,由于规定了旋转的方向,可以旋转的最大度数为300°。在这个范围内,心理旋转所需的时间与样本偏离正位的度数仍然保持线性关系。样本偏离正位为240°和300°的心理旋转的时间多于样本偏离180°的,这是与前一个实验不一样的。这个结果进一步证实了心理旋转。

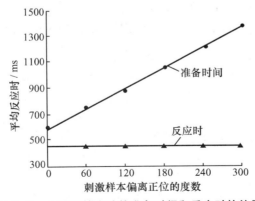

图 7-13 心理旋转实验的准备时间和反应时的结果

三、心理旋转的连续性

从前面的叙述可以看到,Shepard 等在心理旋转的研究中取得了引人注目的成果。

但是,对心理旋转来说,还需要证明它确实经历了一些中间的阶段,即必须是逐步通过一些中间的角度,而不是从一个角度跳到另一个角度。针对这个问题,Metzler(1973)进行了实验研究。这个实验的刺激材料和程序与前面提到的手柄状图形实验基本相似,但在许多做法上有特点:无论是平面对还是立体对,两个图形不是同时呈现的,而是先呈现其中一个(刺激甲),要求被试按照规定的方向(顺时针的或逆时针的)对甲的表象进行旋转,然后经过一定的时间间隔再呈现另一个图形(刺激乙),让被试作出两个图形"相同"或"不同"的判定。实验的关键在于刺激乙在什么时候呈现,Metzler 作了如下的安排:使刺激乙的延缓时间等于两个有一定方位差的图形同时呈现所需要的心理旋转时间。根据在以前的实验中得到的被试的平均旋转速度(53°/1 s)加以计算,如果一对图形的方位差为 135°,则需时约 2.5 s,那么刺激乙的呈现时间应比刺激甲晚 2.5 s。经过这样安排,假如被试真的进行心理旋转,那么在刺激乙呈现的当时,刺激甲的表象正好转到刺激乙的方位,可以立即进行匹配并作出判定。如果从刺激乙的呈现开始计算反应时,那么反应时必定都很短,而且不随两个图形方位的角度差而变化。由于被试事先并不知道要将刺激甲的表象旋转多少度,所以反应时的相对恒定,证明被试不是从一个角度跳到另一个角度,而是进行了经过许多中间角度的旋转。

实验结果(图 7-14)证实了上述设想。但是反应时曲线并不是一条平行于横坐标的直线,而是随转动的角度略有上升。这是因为刺激乙的呈现时间是按照被试的平均反应时来计算的,而事实上被试之间在反应时方面存在着个别差异,被试需要作补充的旋转来校正,导致反应时略有增加。后来 Cooper 和 Shepard 应用多边形作了类似的实验,但是按照每个被试的反应时数据来分别安排刺激乙的呈现时间,所得到的相应的反应时曲线却是一条平行于横坐标的直线。这些实验结果并没有在严格的数学意义上证明心理旋转是连续的,因为连续的旋转必须扫过所有可能的中间角度。但心理旋转确实扫过一些中间角度,也许从心理现象的角度可以相对地将心理旋转看成是连续的。

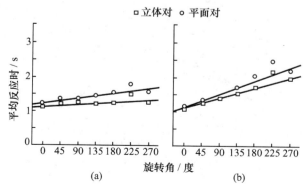

图 7-14　从延缓呈现的第二个刺激开始计量的平均反应时
(a)旋转时间较少变化的被试,(b)旋转时间较多变化的被试。

四、心理旋转研究的理论概括

根据以上的实验结果,Shepard 等将心理旋转看成一种类比过程(Analog Process)。所谓的类比是说心理旋转也要经历一些中间阶段,与客体的物理旋转是类似的。它与数值计算或符号操纵是不同的。如果让计算机来计算旋转的角度,那么计算所有的各种旋转角度所需的时间都将是一样的。依据心理旋转研究和其他有关研究的结果,Shepard 等认为,表象的实质就在于它是一种类比表征,表象与外部客体有着同构关系(Isomorphism);但是表象并不是直接地从结构上来表征外部客体,它与外部客体在结构上并没有一对一的联系。Shepard 所说的表象与外部客体的同构是指内部表征的机能联系与外部客体的结构联系是相似的,即如心理旋转与客体的物理旋转。Shepard 等称这种同构为"二级同构"(Second-Order Isomorphism),以区别于格式塔心理学所阐述的同构。照格式塔心理学看来,个别的神经生理事件与它所表征的个别的外部客体之间存在某种结构类似,例如,与一个外部的正方形的知觉有关的神经生理事件似乎也有与正方形的4个角相对应的4个组成部分。而二级同构则把表象与外部客体的关系看成类似于锁和钥匙的关系。锁和钥匙是不同的实体,但在机能水平上却有一对一的联系,一把钥匙开一把锁。与此相应,形成一个表象的神经过程与它所表征的外部客体可能是不相似的,但该客体却有激活这些神经过程的功能。这个二级同构不但说明表象与外部客体的关系,而且还要涉及表象与知觉的关系。表象是记忆表征,其信息来自知觉。虽说内部表征的联系类似于外部客体的联系,但实际上,也意味着客体在表象中的联系类似客体在知觉中的联系。这也就是本章第一节中所说的表象与知觉的机能等价。

Shepard 等关于心理旋转的研究着眼于表象的表征和加工,开辟了表象研究的新方向。但他们的研究仅涉及视觉表象。后来 Marmor 和 Zaback(1976),Carpenter 和 Eisenberg(1978)都曾在盲人身上进行了触觉道的心理旋转的研究。他们都发现,盲人在类似上述 Shepard 等的实验中,完成触觉道作业所需的时间也同样随刺激样本方位偏离正位的度数而增加。这说明触觉道的表象也是可以旋转的。心理旋转不局限于视觉表象,也不依赖视觉表象的特殊功能,它可作用于没有任何视觉成分的空间表征。

心理旋转的研究是当前的表象理论的重要组成部分。它有力地支持将表象看作一种独立的心理表征的观点。但是命题表征说认为它同样可以解释心理旋转的实验结果。依照命题表征说的解释(Anderson,1978),命题之间的联系会发生系统的变化,命题可一步步地转换为每个中间状态,直到刺激样本的正位,这种解释似乎也是可行的。然而它无法说明为什么旋转是渐进的,为什么字符样本偏离180°时需时最多。正如 Kosslyn 和 Pomerantz(1977)指出的,从命题表征说来看,旋转180°应当是最容易的,因为命题可以很快地得到所要的变化,如"顶端"变为"底部","左侧"变为"右侧"。事实却相反,旋转180°需要最多的时间。一般来说,命题表征说很难对表象实验作出预测,往往只在事后提出某些解释,并且有些实验结果是它无法解释的。这些都提示,表象是实在的和有活力的心理现象,它可以恰当地解释人的许多作业的过程。

第三节 心理扫描

Kosslyn 及其同事也在 70 年代初开始对表象进行一系列的实验研究。他们认为,表象与现实客体的知觉相似。视觉表象中的客体同样也有大小、方位、位置等空间特性,也是可以被扫描的。从这个观点出发,他们在实验里要求被试构成一个视觉表象并加以审视,如同利用内部的眼睛来扫描,以确定其中的客体或其空间特性,记录所需的时间。这些就是心理扫描实验。Kosslyn 所做的心理扫描实验主要涉及距离效应和大小效应。

一、距离效应

Kosslyn(1973)在一个实验中先让被试识记一套图片,如汽艇、小汽车等(图 7-15),然后一次表象出其中一个。实验有两种情况,一种情况是让被试"注视"表象出的客体的某一部分,如汽艇的尾部;另一种情况则是要求被试注意整个表象。当被试表象出原来识记的一个画片并按要求"注视"后,实验者说出原来的该图片中可能有的一件东西的名称,要求被试判定原来的图片中是否有这件东西,记录判定所需的时间。实验结果表明,如果让被试"注视"汽艇的尾部,而实验者要求确定的是艇首的旗子,则被试所需的时间较长;如果让被试"注视"汽艇中部的舱门,而实验者要求确定的仍是艇首的旗子,则被试所需的时间较短;但是,当被试注意整个表象时,则没有这种时间差别。这说明表象也是可以被扫描的,并且扫描所需的时间随扫描的距离而增加,这些都类似对实际的图画的扫描。

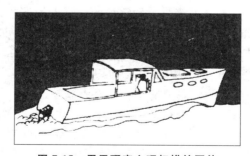

图 7-15 用于研究心理扫描的图片

Kosslyn,Ball 和 Reiser(1978)曾经做了更为复杂的心理扫描实验。他们让被试识记一个小岛的地图,图中画有茅屋、树、石头、水井、池塘、沙地和草地(见图 7-16),其准确的位置在图中以×表示。以上 7 个地点可以配成 21 对,其中每对之间的距离与长度次之的另一对的距离至少相差 0.5 cm。给被试足够的练习,使他们能构成精确的相应表象。然后告诉被试,当他们听到实验者说出地图中的一个地名后,他们要表象出整个地图并注视刚才说出的地点。这样注视 5 s 后,实验者说出另一个地名,如果该地点是地图中存在的,被试就应对它扫描,等扫描到该地点时就按键作出反应。扫描的方式是让被试想象一个小黑点从第一个地点出发,沿最短的直线尽快地运动到第二个地点,但小黑点要始终能"看"出来。如果说出来的第二个地点是地图中没有的,则按另一个键作出反应。计时从实验者说第二个地名开始,到被试按键结束。实验结果(图 7-17)表明,对表象扫描所需的时间随扫描距离而增加。这同知觉时对图画进行扫描是一样的。这说明表象是类似图画的表征,它可以得到加工,而不是一种副现象。

图 7-16 用于研究心理扫描的小岛地图

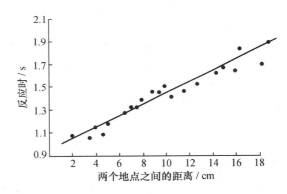

图 7-17 对表象中的两个地点的扫描时间是两点距离的函数

Kosslyn 等还做了上述地图表象扫描的比较实验。这个比较实验所用的材料和方法与上述实验基本相同,但有一个重要差别,即根本不提表象扫描。被试听到第二个地名后,只需尽快地判定该地点是否存在于地图中。在对实验程序作了这种改变以后,被试作出判定所需的时间就不随两个地点之间的距离而增加。这个实验结果说明,即使被试构成一个表象并加以注视,只要没有进行扫描,那么两个地点之间的距离就不会对反应时有影响,从而证实了心理扫描的存在。Kosslyn 等认为,视觉表象至少在一个方面是类似图画的,即表象也包含空间信息,表象的各部分描述所表征的客体的对应部分,所表象的客体各部分的空间联系保留在表象的相应部分的空间联系之中。这些看法与 Shepard 的观点有某些一致之处。

Kosslyn 等人对上述心理扫描实验结果的看法引起激烈的争议。Pylyshyn (1981)认为,被试在上述 Kosslyn 的心理扫描实验中,并没有真的对表象进行扫描,只不过是对任务的要求作出反应而已。具体地说,由于被试被要求构成一个视觉表象并进行扫描,他们也就服从这个指示,使他们的反应时得以调整,以与他们的有关的知觉经验相适应,外表上看起来好像是进行内部扫描的样子。这个批评意见不是没有一点道理的,但它还没有实验依据。现在还不能说 Kosslyn 等人的看法已被否定了。这类批评意见如同对心理旋转的批评一样,大多来自命题表征说一方,其情况也与前者类似。

二、大小效应

Kosslyn 注意到一个极平常的事实,即小的客体总不如大的客体容易看清楚。如果说表象类似知觉,那么表象是否也有这种情况呢？Kosslyn(1974,1975)对此进行了一系列的实验。他先让被试表象出一个动物(如兔子)靠在另一个大的动物(如大象)或小的动物(苍蝇)的旁边。绝大多数被试在构成这样的表象之后,都说在大象近旁的兔子要比在苍蝇近旁的兔子小得多,见图 7-18。当被试构成一个这样的表象后,实验者说出靶子动物即兔子的一个特征（如耳朵）,要求被试利用他们已经构成的表象来确认,记录其反应时。实验结果表明,被试应用与大象配对的兔子表象来确认兔子是否具有耳朵,其反应时要长于与苍蝇配对的兔子。换句话说,评定其主观表象较小的客体要难于其主观表象较大的客体。这是另一种心理扫描,其情况与知觉相似。

图 7-18 表象中的大象和苍蝇近旁的兔子

在另一个实验里,Kosslyn 先让被试形成 4 个大小不同的正方形的表象,每个正方形的面积比大小次之的正方形大 6 倍,并且每个正方形都有一个颜色代号。给被试以足够的练习,使他们在听到一个颜色名称后能表象出相应大小的正方形。在实验时,实验者说出一个颜色和一个动物的名称,如"绿色的熊"或"淡红色的虎",要求被试形成与相应的正方形大小相同的动物表象,即使所想象的动物填满相应的正方形框架。然后实验者说出该动物可能有的一个特征,要求被试作出真或伪的判定,记录其反应时。这个实验的过程和结果分别见图 7-19 和图 7-20。在这个实验里,被试判定小的正方形中的动物是否具有该特征,其所需的时间要多于大的正方形中的动物。这和前一个实验结果一样,也是小的东西难于扫描。

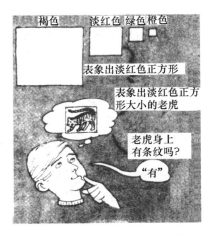 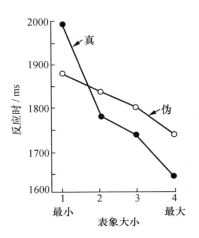

图 7-19　对不同大小的客体表象进行扫描的实验　　图 7-20　对不同大小的客体表象的特征作出真伪判定的时间

这种大小效应的实验也引起争论。批评意见同样来自主张命题表征说的人。Anderson(1978)指出，被试在这种实验里不必求助于表象，反应时的差别可以从命题表征得到说明：当被试构成一个较小的表象时，只有少数命题受到激活，因而细节的东西就不容易发现；相反，大的表象涉及较多的命题，细节就易被发现。但是，Kosslyn(1980)的其他实验结果表明，当被试未被要求去构成视觉表象时，确认所需的时间即反应时却不受客体大小的制约，而是受客体和特征的联系的频率所制约。例如，对"猫有爪子吗？"的回答就快于对"猫有头吗？"的回答，因为猫和爪子的联系有较高的频率。当被试构成视觉表象时，反应时就受客体大小的影响，对"头"的确认比对"爪子"的确认要快。这种结果虽然可看作表象表征与命题表征的差别，但 Kosslyn 的解释还是不能摆脱批评，前面提到的 Pylyshyn 的批评现在仍然可以提出来。这个问题正是当前的争论焦点之一，需要进一步的研究。

三、表象的计算理论

Kosslyn(1980，1981)在上述心理扫描实验研究的基础上，提出了表象的计算理论。这个理论尝试具体地说明表象过程是怎样进行的。依照这个理论，表象有两个主要因素：(1) 表层表征(Surface Representation)，即出现在视觉短时记忆中的类似图画的表征；(2) 深层表征(Deep Representation)，这是贮存在长时记忆中的信息，用于生成表层表征。我们意识到的表象依赖于表层表征。这种表层表征出现于视觉短时记忆中，其容量是有限的，而且极易衰退。表层表征保留了客体的位置、方位、大小等空间特征，好像阴极射线管的屏幕显示一样。至于构成表象基础的深层表征，这个理论将它分为两类：(1) 本义表征(Literal Representation)，这种表征所提供的信息是关于某一客体是什么样子，而不是关于某一客体看起来像什么。这种表征在计算机模型中是作为坐标表贮存的,它们指明各点在视觉短时记忆中的位置,以形成客体的精确的表象。(2)命题表征(Propositional Representation),这种表征是由抽象的命题表构成的,与本义表征不同,它们是解释客体的。据此,Kosslyn认为,从深层的本义表征生出表象,这要涉及4种过程:

(1)图示过程(Picture Process):它将深层的本义表征转换为视觉短时记忆中的表象。

(2)发现过程(Find Process):它在视觉短时记忆中搜索某个特定的客体或其部分。

(3)放置过程(Put Process):它实现各种必要的操作,使客体的各部分处在表象中的正确位置上。

(4)表象过程(Image Process):它协调上述3个过程的活动。

除上述4个过程以外,还有一些其他的过程,它们的作用是确定和调整表象的大小比例以及进行各种变换,其中包括对确切位置的扫描过程(Scan Process)和变换表象方位的旋转过程(Rotate Process)。Kosslyn认为,这些变换有两种不同的方式:一种可称作移动性变换(Shift Transformantion),这是连续的、逐步增加的变换;另一种可称作闪烁性变换(Blink Transformation),这是非连续的变换,一个表象被洗掉,代之以同一客体的另一个表象。Kosslyn设想,在通常情况下采用移动性变换,而闪烁性变换则适用于大的变化。

Kosslyn的这个理论在解释表象时,区分表层和深层两种表征,提出生成表象的几种过程。这些观点含有一定的合理成分。但它的许多方面还有待于进一步的研究和证实。例如,关于深层的本义表征的实质和形式以及表象生成过程的确定等,都需要更深入的研究。从一般的信息表征的角度来看,实际上,Kosslyn认为,表象编码和命题编码是平行的。这种看法同主张表象编码的许多人是一致的。但他又赋予表象以短时记忆的性质,又使他与别人不同。不过,表象与知觉的类似仍然是Kosslyn的这个理论的支柱。尽管这个理论尚不完整,但它不失为一个有益的尝试。

第四节 表象的功能

一、表象对知觉的促进作用

从前几节中可以看到,主张表象编码说的心理学家承认表象的独立地位和作用。心理旋转和心理扫描的实验确实证明了这一点。在知觉方面,前面已经提到,表象与知觉的机能等价不仅会导致表象对知觉的干涉,而且也会出现表象对知觉的促进。这种促进作用也为实验研究证实。

Hayes(1973)的实验研究表明,当所要识别的字母的大小与事先表象出的该字母的大小相一致时,识别所需要的时间要少于大小不一致的字母。他的实验应用了 A,B,D,E,H,K,R,T 等 8 个字母。在每次试验前,先用速示器给被试呈现排成一列的 4 个点（ ），两个相邻点间的夹角为 0.5°,要求被试据此想象某一个正的大写字母,其大小分为两种：一种是"大的",即所想象的字母的大小相当于最外侧的上下两点的距离；另一种是"小的",即想象的字母的大小相当于中间两点的距离。待被试形成所要求的某个表象后,由被试自己按键,速示器随即呈现某个相应的"大的"或"小的"正的大写字母。被试的任务是判定所呈现的字母与要求他表象的字母是否相同,而不管其大小如何,分别用左右手按键,记录其反应时。在半数试验中,表象的字母和呈现的字母相同,另半数试验则不同。半数试验中,想象的字母大小与呈现的字母大小相一致,另半数试验则不一致。实验连续进行 4 天。所得到的结果见表 7-1。表中所列的是被试在各种条件下的反应时（ms）,是以中数表示的。可以看出,在相同的字母的情况下,当呈现的字母的大小与表象出的大小相一致时,识别要快于大小不一致的,平均起来要快 60 ms 以上。但在不同字母的情况下,却未发现这种差别。这个结果说明,在一定的条件下,表象所携带的大小信息是有利于知觉的。在另一个类似的实验里,Hayes(1973) 也发现,当呈现一个向左或向右倾斜 30°的字母,如果这个字母与事先表象出的字母及其方位相同,那么识别起来就快些,比字母方位不一致的平均要快 20 ms。这同样表明,表象携带的方位信息也可在一定条件下有利于知觉加工。这些也可说是某种类似模板的东西在起作用。

表 7-1 不同条件下的字母判定的反应时（中数/ms）

字母类别	相同字母				不同字母			
投射的表象大小	小		大		小		大	
字母大小	小	大	小	大	小	大	小	大
实验日 1	336	385	450	330	460	450	440	445
2	322	375	360	300	425	425	380	410
3	315	345	355	300	400	395	395	430
4	325	340	395	275	415	415	420	430
平 均	324.5	361.2	390.0	301.2	425.0	421.2	408.7	428.7

Hayes 的这些实验结果与心理旋转和心理扫描一样,再次说明视觉表象具有很强的空间特性。值得注意的是,Hayes 的实验结果使我们能进一步了解表象是如何作用于知觉的。前面说过,Neisser(1976)将表象看作对知觉的期待,甚至把它当作知觉活动的一个时相。Hayes 的实验有力地支持 Neisser 的观点。当两个字母及其大小和方位相同时,先形成的第一个字母的表象提供对第二个字母的精确的期待,并使对第二个字母的加工更易于进行。表象为知觉相应的客体做了准备,成为知觉的自上而下的加工的一个重要方面。

二、表象对学习记忆的作用

表象作为一种信息表征在学习记忆中起重要的作用。从前面叙述的 Paivio(1975) 的两种编码的实验可以看出,图像信息是在表象系统中贮存和加工的。Paivio 及其同事(1968)所作的成对联想学习的实验表明,表象对一些字词的识记也有重要作用。他们先让一些大学生按 7 个等级来评定一些字词(名词)引起表象的能力。7 级为最易引起表象,1 级为最难引起表象。得到的结果表明,一些名词容易引起表象,如教堂、大象、乐队、街道、酒精、鳄鱼等名词的等级均在 6 级以上,即都具有较高的表象值;另一些名词则较难引起表象,如上下文、能力、失误、格言等名词的等级均在 3 级以下,即都具有较低的表象值。Paivio 等然后应用有不同的表象值,但在意义性和使用频率方面有相同等级的名词进行成对联想学习的实验。在一个词对里,刺激词和反应词可分别有高的或低的表象值。这样,刺激词和反应词的配对就有高-高、高-低、低-高和低-低 4 种。实验结果(图 7-21)表明,当刺激词和反应词均有高表象值时(即高-高),正确回忆的结果最好;当刺激词和反应词均有低表象值时(即低-低),正确回忆的数目最少;而当词对中只有一个词有高表象值时,刺激词有高表象值的回忆效果优于反应词有高表象值的。这些结果提示,表象在一些字词识记中起着中介作用,是有利于学习和记忆的。

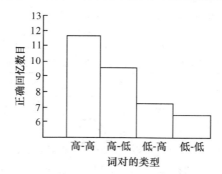

图 7-21 字词的表象值对成对联想学习的作用

Paivio(1969)还发现,如果给被试以很快的速度呈现一系列的图画或字词,那么被试回忆出来的图画的数目远多于字词的数目。这个实验结果说明,视觉的表象信息可以得到同时加工,表现出一定的优势。这个看法逐渐被一些心理学家承认(Cohen,1983)。上面所说的 Paivio 的这些实验无疑是支持他的两种编码说的。撇开这一点不说,应当承认,表象是有其自己的功能的。

Bower(1970)也曾做了成对联想实验,来考察表象的作用。在这个实验中,被试分成 3 组,这 3 组的实验条件的差别仅仅在于指示语的不同。一个组的被试得到的指示语是要求他们将两个词所表示的客体形成相互联系的表象,例如,当词对为箭和树时,被试形成箭射入树的视觉表象。另一组被试则只被要求形成两个词所表示的客体的单独的表象,如箭和树的表象,而无须将箭和树在表象中联系起来。第三组是控制组,他们得到的指示语丝毫不涉及表象。实验结果(表7-2)表明,形成相互联系的表象的被试组在回忆上优于其余两组,但3组被试在再认上,则没有什么差别。Bower认为,这个结果说明表象的作用在于将刺激和反应联系起来,这构成他的联系-组织假说。

表7-2 有无关于表象的指示语的各组的记忆效果(%)

实验组	再认	回忆
有相互联系的表象	87	53
有非相互联系的表象	83	27
机械背诵	84	30

但是Bower关于表象的看法引起争议。Jonides等(1975)确定,在成对联想学习的实验中,要求天生的盲人和有正常视觉的被试都在刺激词和反应词之间"想象出某种联系",这种指示语可以同等地提高盲人被试和有视觉的被试的回忆。对盲人被试来说,这种回忆的改善显然是由于将两个字词联系起来,但这种联系无疑不是视觉的,与表象无关。Bower本人及其同事(1970)也曾发现,如果让被试用刺激词和反应词造一个句子,这样也能提高回忆效果。这些研究结果给评价表象在联想学习中的作用带来一些问题,需要作进一步的研究。

三、表象在思维中的作用

表象在思维活动中的作用最引人注目,然而长期以来就存在着激烈的争论。许多心理学家认为表象在问题解决、创造活动中有重要作用。在心理学中早就指出,视觉表象对诸如绘画、建筑设计、机械设计和安装等是必不可少的,而听觉表象对于音乐家有重要意义,等等。有些心理学家把这种主要借助于表象而实现的思维活动称作形象思维,以区别于逻辑思维。这些看法是有道理的,也得到大量的内省报告的支持,但缺少严密的实验证据,并且有些内省报告又否定表象的作用,因而极易引起争议。这种情况目前也没有根本改观。

值得特别注意的是前面已详细叙述过的Shepard的心理旋转实验。这个实验令人信服地表明,人在完成某种作业或解决某些问题时,主要依赖于视觉表象操作或表象过程。这种视觉表象操作实质上是一种视觉思维,属于上述形象思维的范畴。根据Shepard的上述研究,这种视觉思维具有整体的和类比的性质,而与逻辑思维有明显的区别。

除心理旋转实验以外,还有其他实验涉及表象在思维中的作用。Huttenlocher(1968)的研究表明,空间表象在线性三段论推理中起重要作用。我们将在后面的"推理"一章中加以阐述。现在可先介绍Woocher等人(1978)的实验。他们将16个人身高作线性等级排列,即 A>B>C>D⋯,并将这种序列事先告诉被试,使之熟记,然后举出两个人,问谁高,要求被试回答并记录反应时。实验发现,当举出的两个人在身高序列中是紧挨着的,如 A 与 B,被试的反应时要长;而当两个人在身高序列中有一定距离,如 C 与 E 或 G,则被试的反应时要短;即距离愈大,反应时也愈短。这些结果表明,被试在头脑里有这种身高序列表象,两个身高的差别小,回答就慢,反之则快。这证实表象在推理中的作用。

在第一章的方法部分,已谈过句子-图画匹配实验。Clark 和 Chase(1972)认为,完成这种作业要将句子转换为命题,并将图画也要转换为命题,然后再将句子和图画两者的命题表征进行比较。Carpenter 和 Just(1975)提出过相近的解释。他们都强调语言-命题加工的必要性。这类解释可称作语言-命题说。但是也存在完成这个作业的另一种可能性,即将句子转换为表象,然后将它与图画作比较。这可称作表象说。语言-命题说认为,句子的语言结构对加工有重要影响,对否定句的加工所需的时间要多于对肯定句的加工,而且一般来说,比较阶段需时较多。从表象说来看,句子的语言结构对比较阶段不会有影响,因为不管是肯定句或否定句,当转换为表象后,语言结构的差别不复存在,比较可以迅速进行。从完成句子-图画匹配作业的总的时间来说,表象说预测的时间要少于语言-命题说,因为应用表象进行匹配不再需要将图画转换为命题,可以节约时间。Macleod 等(1978)在他们的实验中发现,一部分被试(43 人)的实验结果较好地符合语言-命题说,突出的表现为否定句的加工和比较需时多于肯定句,然而另一部分被试(16 人)却不怎么符合语言-命题说,没有表现出这种差别。因此他们认为,这后一部分被试是应用表象来完成匹配作业的。Mathews 等(1980)在匹配实验中,让一部分被试应用语言-命题的方式来完成作业,而让另一部分被试应用表象的方式来完成作业。他们发现,被要求用语言-命题方式的被试的实验结果接近语言-命题说的预测,被要求用表象方式的被试的实验结果接近表象说的预测。这揭示表象加工有其特点,在这些作业中是起作用的。

在本章中,我们从一开始就提到关于表象的争论。事情的复杂性在于,人们的内省报告既有肯定也有否定表象作用的,而有些实验结果既可从表象的角度也可从语言-命题的角度得到解释。即使这样,也不应否定表象,因为人的心理活动有多种方式,一个作业可以通过不同途径来完成,而且达到同样的水平。同时,现在确实有些实验,如心理旋转实验等,是无法用表象以外的心理结构来解释的。目前需要的正是这种能揭示表象加工特点的实验研究。

8

概　　念

概念是事物本质的反映。它对一类事物进行概括的表征。从前面所述的几个语义记忆模型就可以看到这一点。但是，在这些模型中，概念只作为记忆网络中的相互联系的结点，或者作为由若干成分组成的一个集。本章则专门讨论概念形成和概念结构的问题。概念形成亦称概念学习，是指个人掌握概念的过程。它是心理学的一个重要研究领域，在现代心理学中已有数十年的研究历史。20世纪50年代，Bruner, Goodnow 和 Austin(1956)关于概念形成的研究曾经促进认知心理学的兴起。而随着认知心理学的出现，概念形成的研究也发生明显的变化，其中重要的一点是认知心理学明确地提出了概念结构问题，从而对概念形成的研究产生重大的影响。所谓概念结构是指概念的表征由哪些因素构成的。概念形成和概念结构是紧密联系着的。如果说概念形成是获得事物的概括表征，那么概念结构则是这种表征的内部组织。目前认知心理学在概念领域内，主要也是研究这两个方面的问题。

第一节　概念形成

在现代心理学对概念形成问题进行研究的数十年间，曾经先后提出几个理论来说明概念形成的具体过程。以 Hull(1920)为代表的共同因素说认为，概念形成是将一类事物的共同因素抽象出来并对它作出相同的反应。这个理论曾在较长期间产生过影响，直到20世纪50年代才逐渐衰落。继之而起的是以 Osgood(1953)为代表的共同中介说，它认为概念形成是获得对一组刺激的共同中介反应。这两个理论是有差别的，但两者都以某种方式包含刺激-反应原则。虽然这两个理论触及概念形成的某些环节或方面，然而，正如许多心理学家指出的，这两个理论对概念形成的解释显得过于简单和机械。它们都有一个共同的严重缺陷，就是使概念形成过程带有某种被动的色彩，没有充分考虑人的主动性。与此不同的是20世纪50年代兴起并已在认知心理学中占主导地位的假设考验说(Hypothesis-Testing Theory)。

一、假设考验说

1. 基本观点

这个学说是 Bruner, Goodnow 和 Austin(1956)首先提出的,后来又有一些心理学家将它加以发展。假设考验说认为,人在概念形成过程中,需要利用现在获得的和已存贮的信息来主动提出一些可能的假设,即设想所要掌握的概念可能是什么。假设可看作认知的单元,它是人解决概念形成问题的行为的内部表征。这些可能的假设组成一个假设库。在概念形成的实验中,对任何一个刺激作出反应之前,被试必须从他的假设库中,取出一个或几个假设并据此作出反应,也即对所应用的假设进行考验。如果被试作出的这个反应被主试告知为正确的,这个假设就将继续使用下去(成功-继续),否则就会更换假设(失败-更换),将原用的假设送回假设库,再取出其他的假设进行考验。这个过程如此继续下去,直到获得某个正确的假设,即形成某个概念。这种假设考验的过程也就是概念形成的过程。假设考验说的名称也由此而来。

照假设考验说看来,人在概念形成过程中,形成和考验假设并不是任意的或没有规则的。在这个过程中,人作出有关决定的序列可被看作包含一定目的的策略。这种目的包括:(1)从每一个决定中得到最大限度的信息;(2)使任务的压力保持在可处理的限度以内;(3)调节在规定的时间或活动的范围内,未能掌握概念的风险以及作出一个决定所带来的其他风险。Bruner 等人认为,不管人是否意识到他的这些目的,任何一个策略都可以从这些目的角度来加以评价,而每个决定的相应后果就反映出这种策略的目的。Bruner 等人还具体确定了几个策略,我们在后面将加以叙述。可以说,策略的运用构成假设考验说的一个核心。由此来看,概念形成过程是一种富有策略性的假设考验的过程,这个过程因而带有明显的智慧色彩,表现出人的主动性,这是假设考验说的最突出的特点,也是它胜过其他理论的关键之处。

2. 人工概念形成实验

为了理解假设考验说所阐述的概念形成过程,需要首先知道 Bruner 等人(1956)所做的一个经典实验。这个实验是研究人工概念的形成。实验材料是画有图形的卡片,详见图 8-1。图形的形状、颜色、数目和边框数是构成每一特定卡片的 4 个维量。每个维量又分 3 个水平,即各有 3 个属性或值。如形状维量有十字、圆形和方块 3 个属性;颜色有绿、黑、红(图 8-1 的卡片从左至右依次为上述 3 种颜色);图形数和边框数也各有 3 个值。每一张卡片都具有这 4 个维量的各一个属性,因而每一张卡片都与任何其他一张卡片在 1~4 个维量(属性)上有区别。这样就有 81 张(3×3×3×3)不同的卡片作为实验材料。实验者事先规定某个维量的某一属性(如红色)或几个维量的属性(如红色圆形)为某个人工概念的特有属性,即以这些维量和属性构成某个人工概念,它们被称作有关维量和有关属性,其他的则称作无关维量和无关属性。凡具有所规定的全部有关属性的卡片则为概念实例或肯定实例,否则为否定实例。但实验者事先并不将

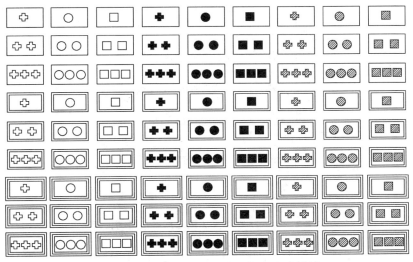

图 8-1　Bruner 等应用的人工概念实验材料

某个人工概念(即其有关属性)告诉被试。实验开始时,主试告诉被试:本实验有一个特定的概念,这个概念是由具有某一属性或某些属性组成的,要求被试通过实验过程来发现这个概念;然后主试首先取出一张肯定实例卡片给被试看,并明确告知这是肯定实例,被试则要从摊在他面前的所有的卡片中,根据他自己的想法来选取属于这个概念的其他肯定实例,一次选出一个;每次选取之后,主试都要给予反馈,指出他选得对或错。实验如此进行下去,直到被试发现这一概念,即表现为能正确地选择全部肯定实例并能说出这个概念是什么。图 8-2 是这种实验的图示。在这个例子中,人工概念是红色圆形,＋表示主试在被试选取卡片后告知所选取的是对的,即肯定实例,一为错的,即否定实例。这种人工概念形成的实验实际上是一种分类实验,以有关属性为标准,将一个刺激总体分为肯定实例和否定实例两组。被试掌握了这个标准,就可以正确地将两类实例分开来了。

　　Bruner 等人确定,在这个实验中,当主试在呈现了第一张肯定实例卡片之后,被试不得不根据这个肯定实例对未知的概念进行猜测,也即形成他对这个未知的概念的假设,并且依据他的假设来选取其他的肯定实例。这个时候,被试形成假设只有两个途径或方式:(1) 形成一个总体假设,即把主试呈现的第一个肯定实例所包含的全部属性都看作该未知概念的有关属性。例如,如果这个肯定实例是含有一条边框和两个红色圆形的卡片,那么就需把这张卡片包含的全部属性:"一条边框、两个图形、红色、圆形",都设想为未知概念的潜在的有关属性。(2) 形成一些部分假设,即根据主试呈现的第一个肯定实例所包含的部分属性来形成关于未知概念的假设,如"一条边框"或"两个图形"或"两个圆形"或"红色圆形"等等,因而可以形成一个或多个这种部分假设。这两种假设的区别就在于它们是否包含第一个肯定实例卡片的全

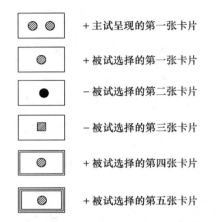

图 8-2　Bruner 等的人工概念形成实验的图示

部属性。被试的这两种形成假设的方式可分别称作总体策略和部分策略。被试必须采用上述两种途径中的任何一种,才能进行选择。但是,形成这种假设只是概念形成的起始环节,使被试能够据以选取肯定实例,假设是否正确还需要验证。在实验中,被试将自己的选择与主试的反馈加以对照也就是对此一假设的考验。如果被试的选择得到肯定,此假设将会继续使用下去,否则就要更换假设。被试从这种假设考验中获得有关未知概念的信息。

3. 策略应用

Bruner 等人发现,被试在实验中连续作出的选择或决定不是任意的或杂乱无章的,而是有着一定的顺序。这种顺序总是包含一定的目的,如获得最大限度的信息等,这在前面已经谈过。换句话说,被试是按照一定的策略来作出选择的,这同时也意味着假设的考验也是有一定策略的。被试所应用的这种策略受到他们在实验开始时形成的假设的制约。如果被试一开始就形成总体假设,那么后来用于指导选择和考验假设的策略就与一开始形成部分假设不同。可以说,形成假设和考验假设是一个有机的整体,它们成为概念形成的策略的内容。Bruner 等人确定了 4 种通用的假设考验的策略或概念形成的策略,即同时性扫描(Simultaneous Scanning)、继时性扫描(Successive Scanning)、保守性聚焦(Conservative Focusing)、博弈性聚焦(Focus Gambling)。

(1) 同时性扫描:前面提到,被试可以根据第一个肯定实例的部分属性来形成多个部分假设。他可以记住这几个假设,在依照其中一个假设选取卡片以后,将主试给予的反馈与这几个假设进行对照,看究竟哪一个假设是正确的,以获得有用的信息。这种策略称为同时性扫描,它会给记忆和信息加工带来很大负担。

(2) 继时性扫描:这个策略也应用于部分假设。它与同时性扫描的区别在于一次只考验一个假设。如果被试现在运用的假设被证实为正确的,就可以继续使用,否则就采用另一个假设,再对它进行考验。由于一次只考验一个假设,而且是连续地进行,因而称它为继时性扫描。这个策略给记忆带来的压力较小,但形成概念的整个过程需要较长时间,并且以前被排除的假设很可能被再次应用,显得很不经济。

(3) 保守性聚焦:这个策略运用于总体假设的考验。我们已经知道,总体假设是将主试呈现的第一个肯定实例卡片包含的全部属性都设想为未知概念的有关属性。所谓保守性聚焦就是以这第一个肯定实例的全部属性作为焦点,被试在相继选取卡片时都对准这个焦点。其做法是每次选取一张与焦点只有一个属性不同的卡片。这样一来,如果改变了焦点的一个属性的卡片被证实为肯定实例,那么所改变的这一个属性就不是未知概念的有关属性;相反,如果改变焦点的一个属性而被判定为否定实例,那么所改变的这一个属性必是未知概念的有关属性。图 8-3 是应用保守性聚焦来选择卡片的具体例子。在这个例子中,作为焦点的卡片是带有一条边框和一个红色圆形的卡片。被试第一次选取的肯定实例是带有一条边框和两个红色圆形的卡片,主试说选得对(以+表示),这时被试就知道图形数目不是概念的有关属性,因为他所选取的卡片只在图形数目上与焦点卡片不同。被试第二次选取的是带有一条边框和一个绿色圆形的卡片,这张卡片与焦点卡片只是颜色不同,但主试说选错了(以-表示),被试就会知道红色一定是未知概念的一部分。被试第三次选取带有一条边框和两个红色+字的卡片,这次他又选错了,现在他将知道圆形是概念的有关属性,因为先前他已考验过图形数目和颜色这两方面的属性,剩下与焦点卡片不同的就是边框了。被试第四次选取带有两条边框和两个红色圆形的卡片,主试说选对了,被试就知道边框数目不是概念的一部分,因为其他的维量或属性都已考验过了。至此,被试就知道所要发现的概念是红色圆形。事实确实如此,在这个例子中,要求被试掌握的人工概念就是红色圆形。

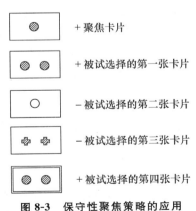

图 8-3 保守性聚焦策略的应用

保守性聚焦优于前面提过的两种扫描策略。第一,保守性聚焦大大减轻记忆负担,被试不需要记住他选择的所有卡片及其性质,他只需记住当前的假设就行了,因为当前的假设本身仍然包含全部可能的有关属性。此外,在应用保守性聚焦策略时,也没有许多部分假设需要记住。第二,在应用保守性聚焦策略去选择卡片时,由于只改变焦点的一个属性,所以主试给予反馈之后,被试可以从中获得非常确定的信息。而在应用两种扫描策略时,被试从主试的反馈中得到的信息是不确定的,因为一个肯定实例既含有有关属性,也含有无关属性,一个被主试判定为正确的反应很可能来自某个不适当的假设。第三,保守性聚焦可以减少概念形成作业的复杂性和抽象性。在应用这个策略时,被试的每一次选择都有一个明确的目的,并且每次都可得到确定的信息,从而使整个作业过程变得简捷而又具体。相对而言,保守性聚焦是一个更有系统性和更有效的策略。

(4) 博弈性聚焦:这个策略也应用于总体假设的考验。它和保守性聚焦非常相似,所不同的是它一次改变焦点卡片的一个以上的属性,如2个或3个属性,仍以图8-3为例。假定在这个例子中的概念仍为红色圆形,焦点卡片也保持不变,被试选取的第一张卡片是带有两条边框和两个圆形的卡片,他选取的这张卡片与焦点卡片在边框数目和图形数目两个属性上不同,将这张卡片作为肯定实例是冒风险的。如果主试说选对了,那么被试可以立即将边框数目和图形数目排除出去,他还可以像博弈那样即刻认定所要发现的概念是红色圆形,因为这是他选取的卡片与焦点卡片的共同属性。这样他就碰巧取得成功。假定被试的第一次选择是错的,那他就会知道边框数目和图形数目是有关属性并作出相应的结论。被试的这种做法就像博弈一样,是冒着风险的,他的冒险可能碰巧成功了,但也可能失败。如果这个例子中的人工概念不是红色圆形,而是红色,那他的冒险就失败了。博弈性聚焦的弱点就在于此,它的长处是被试可能很快地只作一次选择就可以成功地把握概念,在时间紧迫、实例呈现较少的情况下可见采用。

Bruner等人发现,在他们的被试(研究生)中,多数人采用总体假设,少数人应用部分假设;在采用总体假设的被试中,又以应用保守性聚焦策略者居多;而在采用部分假设的被试中,继时性扫描策略得到较多的应用,同时性扫描和博弈性聚焦均很少被采用。但是,被试在实验过程中,也会偏离某个策略,表现为所做的选择不符合某个策略,也可能发生策略的改变,被试转而采用别的相近的策略。不管怎样,概念形成总是需要应用一定策略的。

后来,上述的实验被看作是经典性的,它为假设考验说奠定了实验基础,开拓了一个新的认知心理学的研究方向。现在许多心理学家都同意,无论人工概念还是自然概念,概念形成总是一个运用策略进行假设考验的过程。假设考验说也成为目前最有影响的概念形成理论。需要指出,假设考验说的理论内容及其实验主要是以成人为对象的,儿童的概念形成有不同于成人的特点。后来的研究表明,一定年龄阶段的儿童在概念形成过程中也会应用一定的策略来考验假设的,只是所用的策略与加工水平不同于成人而已。所以假设考验说也可用来说明某些儿童的概念形成,我们在后面将再涉及这个问题。

4. 概念形成过程的特点

（1）学习的方式：Bruner，Goodnow 和 Austin(1956)提出了假设考验说以后，一些心理学家沿着这个方向继续进行研究，并且发现了概念形成过程的一些特点。Bower 和 Trabasso(1964)曾经进行了很有意义的实验研究。他们在实验中要被试掌握以 5 字母串为材料的概念。在这种 5 字母串中，在每一个字母位置上，都可能出现两个字母中的一个。这样刺激材料就有 5 个维量，每个维量有两个值。被试要掌握的概念只有一个有关维量（值），如 5 字母串中第三个位置的 R。事先告诉被试，他只需要找到某一个维量的一个值。实验时主试每次给被试看一个刺激（5 字母串），被试则要指出这个刺激是否属于肯定实例，主试再给予反馈，指明其反应的正误。这样的试验重复进行，直到被试掌握所要求的概念。Bower 和 Trabasso 在这个实验中所研究的一个主要问题是被试的概念掌握以什么方式实现的，是渐进的方式还是全或无的方式？

早期的许多概念形成的实验结果给人以印象，似乎概念掌握是渐进的。这些实验结果通常是以一个实验组的全部被试的平均实验成绩来表示的。假如以这种平均结果作图，那么正确反应的百分数将随着实验的进行或试验次数增加而提高，得到一个正函数曲线或正向学习曲线，见图 8-4。这个曲线提示被试是逐渐掌握概念的，或者说逐渐累积形成概念所必需的信息。但是从假设考验说看来，这种渐进性可能是个假象。被试在采用正确假设以前，他的行为应处于机遇水平，即作出正确反应的概率为 0.5；一旦在某次试验中采用了正确假设，即可掌握概念，作出正确反应的概率一下跃升为 1，表现出全或无的学习方式。Bower 和 Trabasso 认为，那种概念掌握的渐进性的印象可能是将所有被试的实验成绩加以平均造成的。他们设想，这些被试是在不同的时间采用正确假设和掌握概念的，如一个被试可在第 6 次试验掌握概念，另一个被试在第 10 次，第三个被试在第 15 次等等。将这样的实验结果加以平均就会得到正确反应的百分数逐渐增高的趋势，这种平均成绩的提高可能只反映那些已经掌握概念的被试人数增多了。为了检验这个设想，Bower 和 Trabasso 应用一种新的方法来分析实验结果。他们先确定每一个被试究竟在哪一次试验中作出了最后一个错误反应，再从这次试验倒退回去来重新编排试验顺序和计算正确反应的百分数。例如，假定某个被试在第 10 次试验时，作出了最后一个错误反应，那么原来的第 9 次试验就被重新编为第 1 次试验，而原来的第 8 次试验则变为第 2 次试验，其余类推。而对另一个被试来说，如果他作出的最后一个错误反应是在第 15 次试验，那么原来的第 14 次试验现在成为第 1

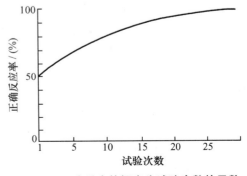

图 8-4　正确反应的概率为试验次数的函数

次试验,原来的第 13 次试验则变为第 2 次试验,如此等等。然后依照重新编排的试验顺序来计算每次试验的被试的平均正确反应率。这时的每次试验都是以作出最后一个错误反应的那次试验为起点的。如果将这样整理的实验结果作图,就可得到一个逆向学习曲线(Backwords Learning Curve)。

Bower 和 Trabasso 将他们得到的实验结果绘制了这种逆向学习曲线,见图 8-5。从图中可以看到,被试的平均正确反应百分数在作出最后一个错误反应之前始终在 50% 上下,处于机遇水平。这说明被试是按照全或无的方式来掌握概念的。这个结果给人以重要的启示,一个通常的渐进的学习曲线(图 8-4)可能隐含着全或无的学习,用逆向学习曲线的方法可将它揭示出来。应当指出,这种实验结果是在比较简单的作业中得到的,在比较复杂的概念形成作业中,也可能出现不同的情况。

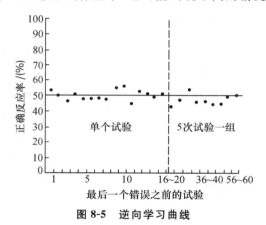

图 8-5　逆向学习曲线

(2) 记忆的作用:Bower 和 Trabasso(1963)还发现,当被试作出错误的反应而需要形成或采用新的假设时,他们并不应用对以前的实例的记忆,也即表现出对过去的事件没有记忆。在他们的一个实验中,被试要掌握的概念实例只有一个有关属性(如红色)和其他的无关属性。在实验中,主试对一些被试的前 10 次试验给予不适宜的反馈,即不是按照所要掌握的概念(如红色)给予反馈,而是依照与之对立的无关属性(如绿色)或其他维量(如形状)给予反馈,说明其反应的正误;对另一些被试则依照所要掌握的概念给予适宜的反馈;但在 10 次试验之后,对所有的被试均依据该概念给予适宜的反馈。Bower 和 Trabasso 感兴趣的是那些在第 10 次试验之后仍继续作出错误反应的被试,即那些直到第 10 次试验还未能采用正确假设的被试。结果发现,在这样的被试中,不管以前得到的是适宜的反馈还是不适宜的反馈,他们为了掌握概念而需要的额外的试验次数是相近的。这个结果表明,被试对过去的事件没有记忆,对前 10 次试验的不适宜的反馈并没有妨害后来的反应。这也说明,以前曾经采用而被否定的假设与至今尚未被采用的假设一样,仍有可能被再次应用。这称作替代取样(Sampling with Replacement)。Bower 和 Trabasso 确定的假设考验过程中的这种无记忆现象与 Bruner,

Goodnow 和 Austin(1956)的观点有所不同,后者虽也提到被试有时难以回忆以前的实例,但承认被试可利用对以前的实例的记忆来选择假设。Levine(1966,1975)也发现过去事件的记忆在假设考验过程中是有作用的。然而,Bower 和 Trabasso 得到的无记忆的结论和他们主张的全或无的学习方式是一致的,两者之间有紧密的联系。虽然它们都有一定的实验依据,但毕竟是在有限的实验中确定的,因此不应将它们绝对化,在不同的作业和条件下也可出现其他情况。

二、假设考验说的发展

1. 空白试验法

Levine(1966,1975)对概念形成过程作过大量研究,并进一步发展了假设考验说。他首先对实验方法作了改进。在前面介绍的概念形成实验中,很难直接判定被试每次是否应用假设或应用什么假设。Levine(1966)为了直接度量被试的假设和假设考验的行为,提出了所谓的空白试验法(Blank Trial Procedure)。这个方法的基本思想是让被试在主试不给予反馈的条件下,对一系列的刺激作出反应,如果被试能对这些刺激作出系统的反应,那么就可能确定这种反应的基础即假设。应用空白试验法的一个典型实验是这样的:给被试成对地呈现两个刺激,例如字母 X 和 T,这两个字母还在大小、颜色(黑白)、位置(左右)上有区别。这样就有 4 个维量,每个维量有两个值。在一对刺激中,两者都在 4 个维量上有区别,但每次实验只安排一个属性为有关属性。也就是说,在一对刺激中,一个刺激为肯定实例,另一个则为否定实例,只一个属性将两者区分开来,并把这一点先告诉被试。这样安排的成对刺激见图 8-6。主试将这些成对的刺激一次给被试看一对,要求被试指出其中哪一个是肯定实例。

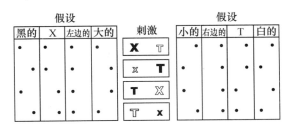

图 8-6 Levine 的空白试验的刺激及对应 8 种假设的反应模式

在这样的刺激安排中,共有 8 个可能正确的假设,肯定实例可以是大的,小的,黑的,白的,左边的,右边的,X 或 T。可以设想,在任何一次试验中,这 8 个假设中的一个将引导被试作出选择。假定被试在图 8-6 的第一对刺激中选取左边的一个刺激为肯定实例,那么引导被试作出选择的将是下列 4 个假设中的一个:左边的,大的,黑的,X。但这时并不清楚,究竟是哪一个假设实际引导被试作出选择的。Levine 的实验的特点在于下一步。他将 4 对刺激即 4 次试验作为一组(如图 8-6),对被试进行多组试验。在这些实验中,主试对被试的反应不给予反馈,由此而称为空白试验。Levine 设想,如果被试得不到反馈,他就没有根据来改变他对这些试验采用的假设。图 8-6 的 4 对刺激组成一个空白试验系列。在这个空白试验系列中,上述 8 个可能正确的假设都会引出彼此不同的 8 个反应的模式。在图 8-6 中,对应于每一个假设的反应模式以黑点在每栏中的位置(左或右)表示出来。例如,当某个被试对第一对刺激选左边的,对第二对刺激选右边的,对第三对刺激选右边的,对第四对刺激选左边的,这样无须被试自己说,我们就知道他的假设是"大的",其余类推。但是,除上述对应于 8 个可能正确的假设的反应以外,还可能出现不对应于任何一个假设的反应模式,如对前三对刺激都选左边的,对第四对刺激选右边的。这种非假设的反应模式总共也有 8 个。我们可以很容易地将可能的假设的反应模式与非假设的区分开来:所有的假设的反应模式或者有 2—2 结构,即两个在左和两个在右,或者有 4—0 结构,即 4 个都在左或 4 个都在右;非假设的反应模式则有 3—1 结构,即 3 个在左和 1 个在右,或者相反。

  Levine 设计出包含空白试验的 16 次试验的程序,见图 8-7。在这 16 次试验中,仅在第 1,6,11 和 16 次试验给被试以反馈(＋表明反馈试验中的肯定实例),在两次反馈试验之间嵌进 4 次空白试验。这样做的目的是让被试能够获得足够的信息来掌握概念,同时又可以直接度量被试的假设考验的行为。如果被试能对反馈提供的全部信息进行最优加工,那么他在得到第一次反馈之后,就能从 8 个可能的假设中排除 4 个,剩下 4 个假设有待考验;第二次反馈又将从剩下的 4 个假设中排除 2 个;第三次反馈给被

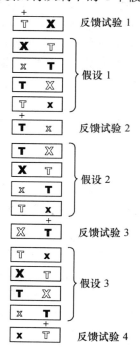

图 8-7　空白试验的 16 次试验程序

试留下一个正确的假设,而第四次反馈则对这个假设进行验证。两次反馈之间的空白试验可对一个假设进行考验。应用这样的 16 次试验程序,不管被试是否能进行最优的信息加工,都可揭示被试的假设考验行为或概念形成的过程。后来对这种程序作了改变,用口头报告来代替空白试验,即在每一次有反馈的试验之前,要被试口头报告他那时的假设。事实证明口头报告和空白试验的作用是一样的,而且可以节省实验的时间。

2. 假设库大小

利用空白试验法进行的一系列的实验表明,成年被试在空白试验中的反应模式有 92.4% 是符合某个假设的反应模式的。这表明被试确实在空白试验中应用了假设,换句话说,空白试验确可客观地揭示被试的假设。被试在实验中考验假设的一个典型的做法就是"成功-继续,失败-更换",当被试在一组空白试验中,应用的假设被紧接着的反馈试验所证实,这个假设在绝大多数情况下(95%)会被用于下一组空白试验;如果这个假设被紧接着的反馈试验所否定,在 98% 的场合下,被试改用其他的假设。在这些实验中,一个被否定的假设再次得到应用的概率是很低的。从前面说过的替代取样来看,这种实验总共有 8 个可能正确的假设,一个被否定的假设在下一组空白试验中得到重新使用的概率为 1/8 或 0.125。但是,根据实验结果确定的这个概率只为 0.02。这说明被试并没有采用替代取样,他们在实验中能够记住一些假设,而且能在记忆中将"已知的不正确的假设"与"潜在的正确的假设"区分开来。这也说明对过去事件的记忆是起作用的。这个结果明显地与 Bower 和 Trabasso(1963)的结果不一致。

一个被否定的假设在以后实验中得到再次应用的概率很低,这意味着随着实验的进行,被试的假设库也将变小,即他可应用的假设的数目将愈来愈少。前面已经谈过,在 16 次试验程序中,如果被试能对主试给予的反馈信息进行最优加工,那么他的假设库将在每次反馈试验之后,系统地减少一半。这种最优的加工称作总体聚焦(Global Focusing)。但是,如果被试表现出替代取样的话,那么被试的假设库的大小将不会发生变化。Levine(1966)确定,成年被试的实际行为是处于上述两者间,但更接近总体聚焦,见图 8-8。

Levine(1966)得到的反应时的实验结果也表明被试在实验中的假设库在减小。他要求被试一旦在某次试验中,认为自己找到正确的假设或概念就立即摇铃。这个成功地解决问题的试验可称为成功试验。它通常是接着作出最后一个错误反应的试验之后出现的。Levine 分别统计了被试在成功试验之前和之后的各次试验的平均反应时,见图 8-9。从图中可以看到,平均反应时在成功试验之前是减少的,而在成功试验之后则无甚变化。这个结果的出现是由于被试要考虑的假设随着实验进行而愈来愈少,最后只剩下一个正确的假设。

根据以上关于假设库的实验结果,可以说被试的假设库随实验进行而减小是概念掌握过程的一个特点,至少对 Levine 采用的那种概念作业是如此。我们从前面可以看到,在 Levine 的实验中,不论被试作出正确选择或错误选择,他们都可利用主试的反馈

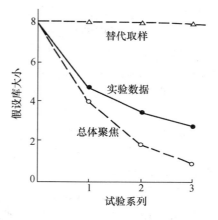

图 8-8 一次错误反应后的假设库的大小

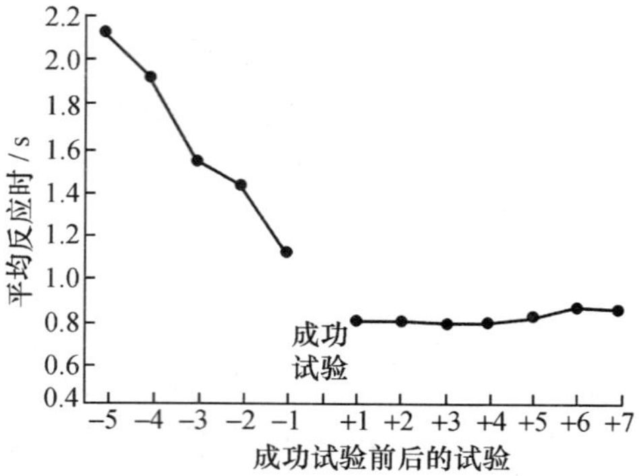

图 8-9 成功试验前后的反应时
（-为成功试验前，+为成功试验后）

提供的信息来排除一定的假设。其实，在 Bruner 等人(1956)的实验中，如果被试采用聚焦策略(如保守性聚焦)，情况也会是这样的。而当采用扫描策略时，确可出现替代取样，假设将不会减少。前面说过，Bower 和 Trabasso(1964)提出的全或无的学习方式是与替代取样相联系的。他们所作的逆向学习曲线的分析给人以深刻印象。但是，从 Levine 的假设库减小的实验结果来看，即使被试在掌握概念前的正确反应处于机遇水平，不适宜的假设的排除，意味着对正确的假设或概念的逼近，在这个过程中，被试可以积累有用的信息，可以学到一些东西。这自然与被试应用的策略有密切的联系，同时也依赖于任务的性质。所以，应该谨慎看待全或无的学习方式。

3. 策略类型

Levine(1966，1975)，Gholson，Levine 和 Philliph(1972)通过对成人和儿童的概念形成过程的研究，确定 3 个假设考验的策略：(1) 假设检验(Hypothesis Checking)，这个策略极似 Bruner 的继时性扫描，即被试一次只考虑一个假设，将一个假设与主试的反馈加以对照来进行检验；(2) 维量检验(Dimension Checking)，被试一次检验一个维量，即一次考验两个假设(一个维量的两个值)；(3) 总体聚焦，即前面已提过的最优加工，被试可以同时检验所有的假设，将被否定的假设与潜在的正确假设区分开来。这 3 个策略的复杂性和有效性依次增高，总体聚焦是最有效的策略。大多数成年被试在实验中采用这个策略，这个情况可能也与被试有大量练习有关。实验结果表明，成人和儿童应用策略的情况是不同的，而且随着儿童的成长，他们应用的策略也会发生变化。

Gholson 等人(1972)发现，幼儿特别是幼儿园的孩子在前述实验中，往往不能形成任务所需要的那种类型的假设，他们常常表现出 3 种做法或策略：(1) 位置固执，他们总是选择左边的(或右边的)刺激，不管那是什么刺激；(2) 位置交替，即这次选这边的刺激，下次选那边的，然后再选这边的，再下一次又选那边的，如此等等；(3) 刺激偏好,例如他们总是选择大的刺激,置主试的反馈于不顾。除掉偶然的机遇以外,这些儿童不能掌握所要求的概念。但是二年级小学生的情况与此不同,他们明显地能够采用某种策略来考验一些可能的假设。图 8-10 是幼儿园儿童和二年级小学生实验结果中的各种策略的频率分布情况。从中可以看到,在二年级小学生中,多数场合是采用维量检验和假设检验两种策略,总体聚焦一次也未出现,而位置固执等几种不适宜的作法几乎接近消失。Gholson 等人(1972)在另一个实验里对二年级、四年级和六年级小学生及成人进行了比较研究,得到了各种策略在不同年龄被试中的频率分布情况,见图 8-11。这些结

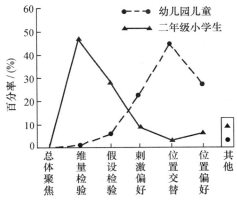

图 8-10 幼儿园儿童和二年级小学生的各种策略的频率分布

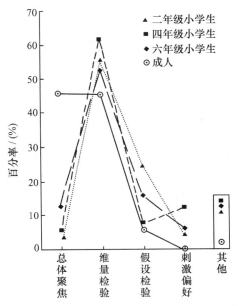

图 8-11 成人和小学生的各种策略的频率分布

果表明,小学生包括六年级在内都还有刺激偏好,但策略的应用已占主导地位,甚至在各年级小学生中都出现了总体聚焦,有意思的是总体聚焦有随着儿童年龄而增加的趋势;在成年被试中,最典型的策略是总体聚焦。这也是成人和儿童的重要区别。总起来看,随着儿童的成长,他们可以形成问题所要求的那种类型的假设,而且逐渐采取更有效的策略来考验假设。这说明一定年龄的儿童在概念形成过程中也要考验假设,也需要应用一定的策略。从假设考验说来看,儿童概念的发展表现于假设考验的行为,可以说,采用有效性愈来愈高的策略是儿童思维发展的一个重要的标志。这种看法在众多的儿童思维研究中,是颇具特色的。但沿着这个方向进行的研究目前还很少,其实是应当予以重视的。

以上介绍的假设考验说强调了假设和策略在概念形成过程中的作用,并由此说明人在掌握概念中的主动性和智慧。这无疑是它的优点,而且也是符合认知心理学的基本原则的。但是,假设考验说的实验依据大多来自人工概念的研究,而人工概念与自然概念有很大的距离,因而它也引起一些心理学家的批评。这也涉及概念结构的问题。在当前的认知心理学中,从概念形成的研究中分化出概念结构问题,它对概念形成的研究产生重大的影响。

第二节 概 念 结 构

长期以来,心理学有关概念的研究几乎完全限于概念形成的范围内,而概念结构的问题,即概念的表征是由哪些因素构成的以及这些因素的相互关系,则没有得到直接的研究。但是,概念形成的研究不可避免地要涉及概念的结构。例如,前面提到的共同因素说,实际上认为概念是由一类个体所具有的共同因素构成的。假设考验说对概念形成的看法与共同因素说不同,但它也是从共同的有关维量和属性来说明概念的。一般说来,任何一种人工概念形成的研究都体现出对概念结构的某种看法。可以说,以前的概念形成的研究为概念结构问题的研究积累了资料,提供了有益的线索。另一方面,认知心理学高度重视信息表征或知识表征的研究。从前面有关模式识别和语义记忆的各章可以看到,自20世纪60年代以来,知觉中的范畴问题特别是词或概念在记忆中的表征问题都直接涉及概念的结构,给概念结构的研究以新的推动。当前,概念结构问题愈来愈引起心理学家的重视,并在实验研究的基础上,提出了几个有关概念结构的理论。其中彼此对立的特征表说(Feature List Theory)和原型说(Prototype Theory)是两个重要的理论。

一、特征表说

1. 基本观点

这个学说主张从一类个体具有的共同的重要特征来说明概念(Bourne, Dominowski & Loftus, 1979)。这种看法与共同因素说的联系是明显的，但特征表说吸收了许多语义记忆和人工概念的研究成果，因而得以超出共同因素说。从前面我们知道，几个有影响的语义记忆模型，如层次网络模型(Collins & Quillian, 1969)、集理论模型(Meyer, 1970)和特征比较模型(Smith, Shoben & Rips, 1974)等，都认为词或概念是由一些语义特征来表征的。特征比较模型进一步将这些语义特征分作两类，一类是可以界说概念的重要特征，称作定义性特征；另一类为次要的特征，它们也有一定的描述功能，即所谓的特异性特征。这些语义记忆模型强调的特征或定义性特征与假设考验说的共同的有关属性，实际上是一回事。

在这些研究的影响下，特征表说认为概念或概念的表征是由两个因素构成的：(1) 概念的定义性特征，即一类个体具有的共同的有关属性；(2) 诸定义性特征之间的关系，即整合这些特征的规则。这两个因素有机地结合在一起，组成一个特征表。Bourne等（1971,1979）用下述方程来表示这种概念结构：

$$C = R(X, Y, \cdots)$$

其中，C 为概念(Concept)；$X, Y, \cdots$ 为一类个体具有的共同的定义性特征；R 为整合这些特征的规则(Rule)。这些规则又称作概念规则(Conceptual Rule)，它们确定诸定义性特征的关系。例如，一个"红色圆形"的人工概念的定义性特征为"红色"、"圆形"，两者之间的关系为"和"，任何一个实例必须同时具备这两个特征才能成为此概念的肯定实例，也即整合这两个特征的规则为合取。依照上述方程，可将"红色圆形"这个人工概念以及"鸟"这个自然概念表示如下：

$$C_{红色圆形} = 合取(红色, 圆形)$$
$$C_{鸟} = 合取(羽毛, 动物)$$

除合取以外，还有其他的概念规则，如肯定、否定、析取、条件等等。由于有不同的概念规则，因而可以构成各种不同性质的概念。表 8-1 是以红色(R)和方块(S)两个特征为例的区分肯定实例和否定实例的一些概念规则。

表 8-1　着眼于两个特征的刺激总体分组的概念规则

名称	符号表达	语言描述
肯定	R	所有红色的图形均为肯定实例
合取	$R \cap S$	所有红色的方块均为肯定实例
包含性析取	$R \cup S$	所有红色的图形或方块或既是红色又是方块的均为肯定实例
条件	$R \rightarrow S$ $[\overline{R} \cup \overline{S}]$	如果图形是红色的，则它必须是方块，才能成为肯定实例
双重条件	$R \rightleftharpoons S$ $[(R \cap S) \cup (\overline{R} \cap \overline{S})]$	红色的图形能为肯定实例，如果而且仅仅如果它是方块
否定	$\overline{R}$	所有不是红色的图形均为肯定实例

(续表)

名称	符号表达	语言描述
选择性限定	R|S $[\overline{R} \cup \overline{S}]$	凡不是红色的或不是方块的图形均为肯定实例
联合性限定	R↓S $[\overline{R} \cap \overline{S}]$	凡既不是红色的又不是方块的图形均为肯定实例
排除	$R \cap \overline{S}$	凡是红色的但不是方块的图形均为肯定实例
排除性析取	$\overline{R \cup S}$ $[(R \cap \overline{S}) \cup (\overline{R} \cap S)]$	所有红色的图形或方块但非既是红色的又是方块的均为肯定实例

方括号内的符号是 Neisser 和 Weene(1962)所采用的不同于 Bourne 等的符号表达。(引自 Bourne, et al, 1979)

从特征表说来看,概念规则在概念结构中是非常重要的因素,以前却没有得到足够的重视。一个概念只有定义性特征是不够的,还必须有整合这些特征的规则,这与命题是一样的,单是论据还不足以界说命题,要有联系这些论据的谓语才行。并且,从表 8-1 可以看到,即使在两个场合下的定义性特征相同,如"红色"及"方块",假如一个场合的概念规则为合取($R \cap S$),而另一个场合的概念规则是包含性析取($R \cup S$),那么这将是两个性质完全不同的概念。要完整地表征一个概念,即构成一个特征表,就应当将定义性特征和概念规则有机地结合起来,缺少任何一个因素都不行。这对掌握概念来说也一样。

2. 特征学习和规则学习的区分

Bourne 等(1979)认为,概念规则和定义性特征在抽象程度上不同,概念规则的抽象程度高于定义性特征。这一点在人工概念中,表现得特别明显。在人工概念里,作为定义性特征的有关属性是可以知觉到的,而概念规则是知觉不到的。现实概念的情况基本上也如此。所以,概念规则的掌握是更高水平的抽象过程。特征表说区分概念结构的这两个因素,对概念形成的研究有重要意义。过去,在研究概念形成时,大多将概念作为一个单一的整体来看待的,实际上是着眼于共同的有关属性的掌握,常常忽略概念规则的研究,以致往往只用有关属性的掌握来说明整个概念形成过程。现在,特征表说认为,概念形成过程应当包括两个既互相区别又互相联系的过程,即特征学习(Feature Learning)和规则学习(Rule Learning)。为了深入了解概念形成过程,需要进一步分别研究特征学习和规则学习。这可应用由 Haygood 和 Bourne(1965)提出来的实验程序:在研究特征学习时,实验者事先将有关的概念规则告诉被试,并可进行预试,使被试掌握这些规则,这样,被试在实验中的任务只是掌握有关的特征;在研究规则学习时,实验者事先将有关特征告诉被试,这就使被试的任务只限于发现诸有关特征之间的关系,即掌握概念规则。当然,研究一个完整的概念形成过程,需要将特征学习和规则学习两者综合起来。

3. 规则学习的研究

概念规则和规则学习的研究现在还处于开始阶段。已有的为数极少的研究主要涉及逻辑概念和取自命题演算的一些概念规则（见表8-1）。Neisser 和 Weene(1962)将否定、合取和析取看作成人所应用的基本逻辑操作，并且进一步认为，一个人对逻辑概念诸特征间的关系的理解，必须要减缩到这些基本操作的某种结合，而任何一个特定概念的难易程度取决于该概念的掌握需要多少基本的逻辑操作。据此，他们将表8-1所列的诸概念规则按其难易程度分为3个水平：第一个水平，也即比较容易的概念规则为肯定和否定；第三个水平，也即最难的概念规则为排除性析取和双重条件，其余均属中间的第二个水平。但早在 Neisser 和 Weene 之前，Bruner，Goodnow 和 Austin(1956)就已发现包含性析取类型的概念比合取类型的概念更难于掌握，并且设想这种差别是两种不同类型的概念要求不同的策略所造成的。Hunt 和 Hovland(1960)也发现同样的差别，并认为这可能是由于析取概念的实例比合取概念的实例包含更多的信息。Conant 和 Trabasso(1964)设想，人们有着重视肯定实例的倾向，而否定实例在析取概念中又常包含较多的信息，因此析取概念显得较难。这些实验结果和解释都与 Neisser 和 Weene 不同，根据他们的结果，合取和包含性析取是处于同一水平的。

Haygood 和 Bourne(1965)同意 Neisser 和 Weene(1962)的一个看法，即涉及一个有关属性是否存在的概念规则（肯定和否定）比涉及两个特征的其他概念规则要容易。在肯定和否定以外，他们发现，对于没有经验的被试来说，合取、析取、条件和双重条件4个基本规则的困难程度是依次增加的。然而这种困难程度是可以随着练习而变化的。Bourne(1970)在规则学习的实验中确定，如果给被试以足够的练习，那么上述几个概念规则起初在困难程度上的差别就将消失。在这种实验中，让被试解决一系列的问题，这些问题都基于同样的概念规则，只是两个可能成为有关属性的刺激特征不同。不同组的被试分别与某一个概念规则打交道。得到的实验结果见图8-12。我们可以看到，上述4个概念规则起初在困难程度上的差别得到证实，但是约在解决第6个问题以后，被试就掌握相应的规则，不再作出错误反应，几个组的被试都是这样。这意味着那些概念规则在困难程度上的差别消失了。Bourne 认为概念规则的难易程度取决于人的起初的反应倾向在当前的条件下是否适宜，以及需要作出多少改变。他还指出，掌握一个系统中的某个规则，如上述取自命题演算的规则，与掌握这些规则的整个系统是分不开的，而且需要应用一定的策略。

在以上所述的规则学习的实验结果中，一个突出的问题是关于合取概念和析取概念的难易程度。Neisser 和 Weene(1962)认为这两者处于同一水平，而其他一些心理学家则发现合取概念比析取概念易于掌握。但是，Reznick 和 Richman(1976)发现析取概念比合取概念更易掌握，而且 Dominowski 和 Wetherick(1976)也得到同样的结果。这些矛盾的结果极有可能与研究者的实验条件不同有关。这也提示规则学习是一个复杂的过程，受到一些因素的制约。

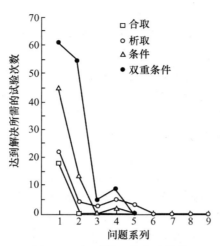

图 8-12 规则学习的实验结果

特征表说的观点显得简单明了。它的优点是可以很好解释人工概念的研究,并且与当前的一些语义记忆模型相一致。这是可以理解的,因为特征表说就是在这两方面的影响下提出来的。但是,特征表说的弱点也是明显的。目前它只涉及一些逻辑概念和取自命题演算的概念规则,还难以解释各种类型的自然概念或现实概念。特征表说寄希望于深入研究规则学习的规律,进而发现更适合于解释现实概念的更有效的概念规则系统。

二、原型说

这个学说在某些方面与特征表说是对立的。特征表说以及与它密切联系的假设考验说受到一些心理学家的批评。他们认为这些学说主要利用人工概念,着眼于单个的有关维量或属性和简单的逻辑操作,没有考虑自然概念或现实概念的结构,而人工概念与自然概念相去甚远。Rosch(1973)指出,人工概念是由一些独立的刺激维量构成的,凡是具有所规定的全部有关属性的刺激就是概念实例,而且任何一个肯定实例都可以在同样程度上,来表征该概念;但自然概念未必能以独立的刺激维量来解释,自然概念的维量可能既不是独立的、又不是单一的,一个维量可能由几个更基本的维量结合而成的,所以常常难于确认,而且不是所有的个体都能在同样程度上表征一个自然概念。Markman 和 Seibert(1976)注意到集合概念的特点。集合概念不同于普遍概念,一个集合体的特征不必是它的组成部分所具有的,因此特征表说难以解释集合概念。这样就逐渐形成了与特征表说不同的原型说,它企图从整体的角度来解释概念,而不是应用各个独立的概念特征及其联系。

1. 基本观点

原型说的主要代表 Rosch(1975)认为,概念主要是以原型(Prototype)即它的最佳实例表征出来的,我们主要是从能最好地说明一个概念的实例来理解该概念的。例如,当我们在思维活动中涉及鸟的概念时,我们常会想到鸽子,而不大会想到企鹅或鸵鸟。这说明鸽子和企鹅等不能在同等程度上表征鸟的概念。但是企鹅无疑也属于鸟类。所以,人对一个概念的理解不仅包含着原型,而且也包含维量。Rosch 将这个维量称作范畴成员代表性的程度(Degree of Category Membership),它表明同类个体的容许的变异性,也即其他个体偏离原型的容许距离。Rosch 认为概念就是由这两个因素构成的:(1)原型或最佳实例;(2)范畴成员代表性的程度。这两个因素紧密地结合在一起,而原型起着核心的作用。照 Rosch 看来,这种概念结构可以解释全部自然概念,包括我们日常应用的最简单、最基本的概念。

为了证实自然概念中存在原型和范畴成员代表性的程度,Rosch(1975)给被试呈现属于不同语义概念的许多语词实例,让他们就其代表相应概念的程度,由高到低予以等级评定,以 1 为最高,部分结果见表 8-2。

表 8-2　4 个语义范畴的实例的优良程度评定的常模

家具	等级	水果	等级	机动车	等级	武器	等级
椅子	1.5	橙子	1	汽车	1	枪	1
沙发	1.5	苹果	2	旅行汽车	2	手枪	2
睡椅	3.5	香蕉	3	卡车	3	左轮手枪	3
桌子	3.5	桃子	4	小汽车	4	机关枪	4
安乐椅	5	梨	5	公共汽车	5.5	步枪	5
梳妆台	6.5	杏	6.5	出租汽车	5.5	弹簧刀	6
转椅	6.5	柑橘	6.5	吉普车	7	刀	7
咖啡桌	8	梅子	8	急救车	8	匕首	8
摇椅	9	葡萄	9	摩托车	9	猎枪	9
双人椅	10	油桃	10	街车	10	剑	10
柜橱	11	草莓	11	大篷货车	11	炸弹	11.5
写字台	12	葡萄柚	12	Honda 牌汽车	12	手榴弹	11.5
床	13	浆果	13	缆车	13	原子弹	13.5
						刺刀	13.5

(引自 Rosch,1975)

从表 8-2 可以看到,在每个概念的范围内,诸多实例在其代表相应概念的程度上,有不同的等级评定。例如,在家具概念内,椅子和沙发有最高的等级评定,它们可以最好地代表家具这一概念,而桌子、柜橱等则有较低的等级评定;在水果概念内,橙子有最高的等级评定,梨、葡萄等有较低的等级评定;其余机动车概念和武器概念也有类似情况。在每个概念内,有这种最高等级评定的实例即为该概念的原型或最佳实例,其他实例则有不同的范畴成员代表性。这些实验结果证实了自然概念确有原型和范畴成员代表性的程度。应当指出,在具体确定一个概念的原型时,不同地区、民族、时期乃至文化背景和群体构成等方面的特点会造成一定的差别,但一个概念总会有它的原型的。Rosch 所做的反应时实验也得到了与上述评定实验相一致的结果,例如,被试对命题"鸽子是鸟"判定为"真"所需的时间少于判定命题"企鹅是鸟"所需的时间。反应时的差别反映出各实例的不同的范畴成员代表性程度。

2. 原型的实质和编码

Rosch 认为,原型之所以能最好地表征概念,是因为它有更多的特征与该概念的其他成员相同,然而这不是特征表说所主张的一个概念的全部成员都具有的共同特征。Rosch 和 Mervis(1975)在这里应用了 Wittgenstein(1953)提出来的家族相似性(Family Resemblance)。所谓的家族相似性是指一个家族成员的容貌都有一些相似,但彼此相似的情况又不一样。例如,儿子的一些容貌特征像父亲,另一些特征又像祖父;女儿的一些容貌特征像父亲,另一些特征像姑姑,如此等等;一家人的容貌不一样,但他们彼此总有些相似,终究都有一些家族相似性。这种家族相似性极像特征的集合,没有一个家族成员有全部这些特征,也不会有两个成员有一样的特征(同卵双生子似应除外),但所有的家族成员都会有某些家族征,一些人多些,一些人少些。与此相当,一个概念的成员是由互相重叠的特征的网络联系在一起的,并没有全部成员都有的共同特征,只是一些成员可有某些共同特征。依照 Rosch 和 Mervis 所采取的这种看法,概念的原型是概念的这样一种实例,与同一概念的其他成员相比,它与更多的成员有共同的特征,或者说它有更多的特征与其他成员是共同的;也可以反过来说,一个概念的原型具有最少的与别的概念相同的特征。概念容许其实例在一定范围内发生变化,但原型是核心,它为这些各具特点的众多实例组成一个整体提供基础。这样的概念结构也体现出自然概念的边界是不清楚的。

现在还需要证实概念确由原型而不是由互相联系的诸定义性特征即特征表来表征的,并且需要揭示这种原型的编码。为了这个目的,Rosch(1975)进行了匹配实验。在这种匹配实验里,例如,给被试同时呈现一对名称,要求被试尽快地说出这对名称是相同或是不同,记录所需的时间。相同有两种情况,一种是两个名称完全相同即都是同一名称,如"知更鸟-知更鸟",另一种是两个名称都属于同一范畴,如"知更鸟-麻雀";不同则是两个名称属于两个不同的范畴,如"知更鸟-苹果"。Rosch 认为,如果在呈现这些成对的名称以前,将所涉及的范畴(如鸟)告诉被试,即应用启动技术(Priming),我们就能弄清概念是怎样表征的,其编码又如何。如果先呈现的范畴所引起的表征类似特征表,那么对一对名称作出"相同"的反应,不管这对名称的范畴成员代表性的程度如何,都将因此而得到易化,即反应加快,因为所有的同类个体都具有共同的特征。另一方面,如果先呈现的范畴所引起的表征类似范畴的原型,那么更接近原型的那些名称将有更大的易化效应,即反应将更快。Rosch 从 9 个范畴中选择了分别代表高、中、低 3 种范畴成员代表性的程度的项目,如在水果的范畴里,苹果为高等,葡萄柚为中等,西瓜为低等;在鸟的范畴里,知更鸟为高等,猫头鹰为中等,企鹅为低等。在一个实验里,

Rosch 除应用这样的字词材料外,还应用了同样的图画材料,并且分别进行了有启动的和无启动的实验,得到的结果见图 8-13。

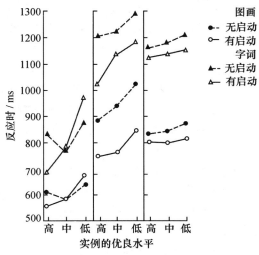

图 8-13　不同范畴成员代表性的项目的反应时

在图 8-13 中可以看到,在同一项目内,不论是字词还是图画,启动加快了对范畴成员代表性高的项目的反应,产生了易化效应;启动对范畴成员代表性中等的项目没有什么影响,但它却延缓了对范畴成员代表性低的项目的反应,使反应时增加了。在同一范畴内,启动对高中低 3 种范畴成员代表性的项目(图画或字词)都有易化作用,没有表现出显著的差异;但分别就图画和字词的平均实验结果来看(包括有启动的和无启动的两类实验),高中低 3 种范畴成员代表性的项目的反应时有显著差别,范畴成员代表性高的项目的反应时较小,反之则较大。不同范畴的实验结果有着与同一范畴相似的趋势。这些实验结果以及其他一系列的类似的结果表明,易化效应在具有较高的范畴成员代表性的项目中,显得比较突出。这说明当人们听到一个范畴名称时,在他们的头脑里出现的不是该范畴所有成员都具有的特征表,而是该范畴的原型。由于在两类刺激材料中,以图画材料的反应时较小,Rosch 设想原型可能是以图画即表象来编码的。

在某些基本的维量如颜色中,Rosch(1973)认为原型甚至可能是受基本的神经生理过程所决定的。例如,我们常将某种波长的光看作最佳的红色,它最容易被人看出来,但其他邻近的波长也可知觉为红色。前者构成一个核心,其他邻近的波长以它为基础而组织在一起,都统称红色。Rosch 设想,最佳的红色之所以最佳,是由于人类视觉系统对它最敏感,而不是由于文化的影响。Rosch 曾在新几内亚对土著居民进行了颜色识记实验。那里的土著居民没有西方的颜色分类名称,但他们识记西方的各颜色范畴的原型比识记其他的边缘颜色要快得多,而且效果也较好,无论短时记忆或长时记忆都是如此。在图形范畴如正方形、三角形的识记实验中,也得到同样的结果。这些结果也许能为 Rosch 的上述设想提供一些资料,但重要的似乎还在于,这些结果证实原型说是能够说明像颜色等这些最简单、最基本的概念的。

以 Rosch 为代表的原型说与模式识别中关于范畴的研究(Posner et al.,1967;Reed,1972)有紧密的联系。我们在知觉一章中谈过模式识别的原型匹配模型,其中的原型也是有关概念表征的,它与 Rosch 等人所研究的原型是一回事。然而 Reed(1972)将原型看作范畴的平均特征或集中趋势,把它当作范畴的概括的表象。而 Rosch 则把原型看作与同一概念的成员有更多的共同特征的实例,它是一个特定的具体的表象。这两种理解是有差别的。这可能与研究者的不同角度有关。Reed 着眼于单个个体与范畴的匹配,Rosch 则专注于概念的结构。从概念结构的角度来看,一个范畴或概念的原型是它的最佳实例,是一个特定的个体,从而使诸概念能够区分开来;但在一个概念内部,原型与更多的其他成员有共同的特征,与其他成员相比,未尝不可以说原型也可能带有概念成员的平均特征的色彩。这个问题需要进一步研究。无论怎样,关于概念结构的原型说可以从模式识别的有关研究中得到支持和补充。

3. 原型与转换

从概念结构的角度来看,Franks 和 Bransford(1971)提出的原型加转换(Transformation)的理论值得特别注意。在一个实验里,他们设计了一个基本的刺激模式即原型(参看图 8-14),它是由有一定位置的 4 个图形构成的。然后确定一些转换规则,并依照这些规则将基本的刺激模式加以变形。这些转换规则是:(1)将右侧的一对图形与左侧的一对图形调换位置;(2)将一对图形中的上下图形对调;(3)减少一个图形;(4)用一个新的图形来代替一个原有的图形,如用六边形来代替正方形。这些转换被设想为依次距原型愈来愈远。所制作的变形的模式既有一个转换规则的,也有将 2 个或 3 个转换规则结合起来的。实验开始时,先给被试看这些变形的模式,各种变形模式的呈现次数相等,但不给被试看原型。然后进行再认试验,给被试呈现一系列变形的模式和原型,让他们判定哪个是在前一部分实验时看过的,并按五级量表对所作出的判定予以信心等级评定。结果见图 8-15,其中突出的是以前未看过的原型以最大的概率被再认,而且得到最高的信心等级评定,接着是依次距离原型的那些变形,而在上述转换规则之外的变形得到否定的(未被再认的)评定。Franks 和 Bransford 据此认为,被试从属于一个范畴的诸刺激的变形中抽象出一个最佳实例或原型,而范畴是以图式表达出来的,它由两个因素所构成:一个因素是最佳实例或最中间的实例,另一个因素是一套规则,可用来对最佳实例进行操作而仍留在该范畴之内。将一定的操作规则看成与原型紧密结合的一个范畴因素,这对以

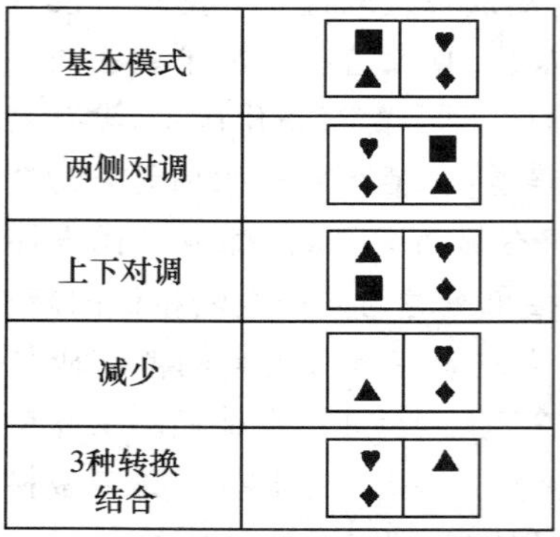

图 8-14 基本模式及其转换的实例

Rosch 为代表的原型说是一个重要的补充。它所涉及的方面与 Rosch 的范畴成员代表性的程度是一样的,即同类个体的变异性,但是从动态的角度来阐述的。

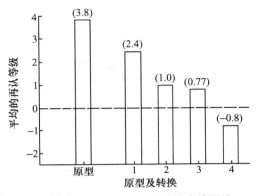

图 8-15 原型及各种变形的模式的再认

以上扼要地介绍了特征表说和原型说。它们之间的差别是明显的。特征表说着重概念的诸定义性特征,带有分析性色彩,原型说强调最佳实例或原型,带有整体性或综合性色彩。前者认为特征是由语义表达的,后者设想原型是以一般表象来编码的。特征表说与逻辑对概念的解释及下定义的方法有直接联系,原型说则可追溯到古典哲学认识论对概念的理解,如德国古典哲学家康德就将概念看作含有一套规则的图式。但特征表说与原型说仍然有共同之处,彼此是可以沟通的。例如,两者皆有静态的一面(特征和原型),又都有动态的一面(概念规则和转换规则)。特征表说并不排除概念的诸特征在实例中的整合,原型说所强调的原型则是具有更多的同类个体共同的属性的实例。也许正像 Lindsay 和 Norman (1977) 所说的,概念可由属、种的特点和实例三者共同来表达。这实际上是将特征表说和原型说结合起来了。从目前的情况来看,特征表说比较符合一般对概念实质的理解,因而易被接受。原型说将概念与感性形象相联系,这有合理的成分,但表象的概括程度是有限的,抽象概念与表象没有直接联系,难以解释所有的概念。

概念的结构问题还刚开始研究,与概念形成问题的研究相比,不仅所积累的材料很少,而且研究课题和方法也较少。但是可以看出,概念结构是与概念形成一样重要的领域,它应当成为心理学研究概念的一条新的途径。现在已有的研究大多涉及概念的一般结构,很少谈到不同类型或不同性质概念的结构。这些问题的研究将对概念形成的研究发生巨大影响。

问题解决

人在生活和工作中总要面对许多问题。问题解决是一种重要的思维活动,它在人们的实际生活中占有特殊的地位。与概念形成、推理等思维活动相比,问题解决显得更加宽阔,甚至可以将它看作思维活动的一个最普遍的形式,因为概念形成和推理等都直接或间接地具有问题解决的形式,并且它又突出地表明人的心理活动的智慧性和创造性,而与人的智力有密切关系。

问题解决早就得到心理学的重视和研究,曾经提出过不同的学说,其中影响较大的有联想理论和格式塔理论。联想理论将问题解决过程看作一种联想学习过程,带有渐近的性质。在这种学习过程中,适宜的联系得以建立并通过强化而巩固,反之,不适宜的联系则逐渐消退。这种学习可具有尝试-错误的方式。格式塔心理学提出与之不同的观点。它强调问题情境的结构的重要性,认为问题解决是形成问题情境的新的结构,即把握问题情境中诸事物的关系,并且是以突然的方式实现的,表现为"顿悟"。这两个传统的理论曾经推动问题解决的研究,它们的一些看法也得到研究结果的支持。但是,它们都未能成功地解释整个问题解决过程。

问题解决的研究在 20 世纪 50 年代认知心理学兴起以后,出现新的转折。认知心理学从信息加工观点出发,将人看作主动的信息加工者,将问题解决看作是对问题空间的搜索,并用计算机来模拟人的问题解决过程,以此来检验和进一步发展对人的问题解决的研究。这些新的观点是 Newell, Shaw 和 Simon(1956,1959)首先提出的,为问题解决的研究开拓了新的方向,并取得了引人注目的成就。在当前心理学对问题解决的研究中,信息加工观点占据主导的地位。

第一节 问题与问题解决

一、问题的心理学描述

在直觉的水平上,每个人都知道什么是问题。我们大家都经常需要解决问题。例如:医生要诊断出患者的疾病;建筑工程师要设计出一座水坝;作家要写出一部好的剧本;小学生要解答一道应用题;棋手要选择一步好棋,等等。在现实生活中,问题是多种多样的,内容和形式都千差万别。但是,一般来说,当人们面临一项任务而又没有直接手段去完成时,于是就有了问题。一旦找到了完成任务的手段或方法,问题就可以得到解决。尽管问题是多种多样的,心理学家们对"问题"的表述也不尽相同,但是多数心理学家都认为,所有的问题都含有3个基本的成分:

(1) 给定:一组已知的关于问题条件的描述,即问题的起始状态。

(2) 目标:关于构成问题结论的描述,即问题要求的答案或目标状态。

(3) 障碍:正确的解决方法不是直接显而易见的,必须间接通过一定的思维活动才能找到答案,达到目标状态。

任何一个真正的"问题"都是由这3个成分组成的,它们有机地结合在一起。问题的条件和目标之间有着内在的联系,但是把握这种联系,由起始状态达到目标状态都不是简单地通过知觉或回忆而能实现的,其间存在着障碍,需要进行思维活动。在复杂的问题中,在达到正确的结论之前,可能出现错误和曲折,要有许多中介的步骤,达到目标常常需要时间,至少几秒钟,经常是几分钟、几小时,甚至几年。

现实生活中的问题是各式各样的。Greeno(1978)区分出3种重要的问题类型:

1. 归纳结构问题

给予几个成分,而问题解决者必须发现隐含在这些成分中的结构形式。属于这类问题的有类推问题,像A对B犹如C对?还有系列延续问题,如12834656?等等。

2. 转换问题

给予一个最初的状态,而问题解决者必须发现一系列达到目标状态的操作。属于这一类的有著名的Hanoi塔问题(图9-1):在一块板上有3根柱子1,2,3,在1柱上有自上而下大小渐增的3个圆盘A、B、C(数目可视研究需要而增加),构成塔状。要求将1柱上的全部圆盘移到3柱上去,仍需保持原来放置的大小顺序,每次只能移动一个圆盘,且大盘不能放到小盘上去,在移动时可利用2柱。完成上述3盘Hanoi塔作业的最少移动次数为7次。不管圆盘的数目多少,完成Hanoi塔作业的最少移动次数可按2^n-1的公式来计算,其中n为圆盘数目。若圆盘数为3,则$2^3-1=7$。若圆盘数为4,则$2^4-1=15$。除上述Hanoi塔问题以外,其他如传教士与野人过河问题,水罐问题等常见于研究的问题也属于此类。

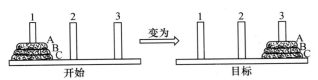

图9-1 Hanoi塔问题

3. 排列问题

给予所需的成分,而问题解决者必须以一定的方式排列它们,以达到规定的目标状态。像著名的密码算题就属此类。例如,所列加法算式中,有 10 个不同的字母,每个字母分别代表从 0 到 9 的一个数码,现知 D＝5,要求找出每个字母所代表的一个数码,在用数码代替字母后,运用通常的加法规则进行计算,应使该算式得以成立。

$$\begin{array}{r} DONALD \\ +GERALD \\ \hline ROBERT \end{array}$$

这些问题类型的区分可以揭示出一些问题的结构。然而,正如 Greeno 所指出的,并不是所有的问题都能简单地归入这 3 类中的某一类。还有许多问题不包括在这些类别之中,有些问题则是这 3 类问题的混合,如下棋既包含转换,也包含排列。

Reitman(1964)从另外一个角度,即根据问题是怎样被规定的,而将问题分为两大类:一类是清楚规定的问题,此类问题对给定的条件和目标均有清楚的说明。例如:"从杭州乘火车到重庆,最好的路线怎么走?""中国象棋的开局,对方放当头炮,你走哪一步?"这类问题的一个典型的例子是代数问题。例如:解方程 $ax-b=0$,给定的信息对任何学过代数的学生来说是清楚的,操作的规则和目标也都是清楚的。另一类是含糊规定的问题,此类问题对给定的条件或目标没有清楚的说明,或对两者都没有明确的说明,这些问题具有更大的不确定性,亦称之为不确定性问题。例如,"要修好这部汽车",这个问题的目标是清楚的,但其起始状态即汽车发生什么故障未加清楚说明,又如"在市中心盖一座漂亮的建筑",这个问题的给定条件是清楚的,但是目标缺乏明确的规定;而"创造一个有永恒价值的艺术品",这个问题的给定条件和目标均未清楚地规定。在我们的日常生活和工作中,经常碰到这类不确定性问题,而在实验研究中则多采用清楚规定的问题。一般来说,含糊规定的问题要难于清楚规定的问题,因为含糊规定的问题无法划出有关信息的范围,缺少据以采取有效的步骤和评价是否达到目标的标准。总之,含糊规定的问题较难表征或理解,难于构成问题空间。而在含糊规定的问题中,由于情况不同,问题的困难和工作重点也不一样。如果问题的给定条件不清楚,那么主要的困难在于分析这些条件,如找出汽车出了哪个故障,如果目标不清楚,重点就转为具体说明目标的确切的性质,如确定何为"漂亮的建筑"。

从前所述,我们可以看出,Reitman(1964)根据问题表述的确定程度而区分出两类问题。Greeno(1980)则从问题的结构来划分 3 种问题类型。他们的着眼点虽然不同,但这些看法对揭示不同问题的解决过程的特点是有帮助的。

二、问题解决的特征

现实生活中的问题是多种多样的,并且问题解决的过程也不尽相同,但是,所有问题的解决都有共同的基本特征。Anderson(1980)提出关于问题解决的 3 个基本特征:

1. 目的指向性

问题解决具有明确的目的性,问题解决活动必须是目的指向的活动,它总要达到某个特定的终结状态。冥想由于缺乏明确的目标,所以就不被认为是问题解决。

2. 操作序列

问题解决必须包括心理过程的序列。有的活动虽然也具有明确目的性,如回忆朋友的电话号码,但是这种活动只需要简单的记忆提取,因此不被认为是问题解决。

3. 认知操作

问题解决的活动必须由认知操作来进行。有些活动,如打领结、分扑克牌,虽然也含有目的和一系列操作,但这些活动基本上没有重要的认知操作的参与,因而也不属于问题解决之列。

总之,照 Anderson 看来,问题解决是目的指向性的认知操作序列。一项活动必须全部符合这 3 条标准才可称为问题解决。对问题解决的这种看法目前在认知心理学中被广泛引用,产生一定的影响。但是 Anderson 提出的这 3 项标准并不是同样确定的,其中第二项,尤其是第三项应用起来是会有困难的。不过,总起来看,这个看法含有合理的成分,它强调问题解决是一种有目的的复杂的思维活动,包括一系列的认知操作阶段。这与具体的研究是比较吻合的。

问题解决有两种类型:创造性问题解决和常规问题解决。要求发展新方法的问题解决称为创造性问题解决,使用现成方法的问题解决称为常规问题解决。但是,创造性问题解决和常规性问题解决的差别是相对的。可以把这两类问题解决设想为一个连续体的两端,其间则有常规性或创造性的连续变化。

第二节 问题解决过程

一、问题空间与问题解决

在本章的开始部分,我们即已指出,与传统的联想理论和格式塔理论不同,认知心理学从信息加工观点出发,将问题解决过程看作是对问题空间(Problem Space)的搜索过程。这种看法是 Newell, Shaw 和 Simon(1958)最早提出的,并成为认知心理学关于问题解决的主导看法。其中,问题空间是问题解决的一个基本范畴。所谓问题空间是问题解决者对一个问题所达到的全部认识状态。前面说过,任何一个问题总要包含给定条件和目标,即提出一定的任务领域或范围(Task Domain)。人要解决问题必须先要理解这个问题,对它进行表征,也即构成问题空间。以上述那则密码算题为例,这则算题的字母算式是问题的起始状态(Initial State),将数字代入后得出的符合要求的数字算式是目标状态(Goal State)。这则算题还包含一些操作和限定,如加法规则等。这些操作称为算子(Operator)。人在解题过程中,要利用各种算子来改变问题的起始状态,经过各种中间状态,逐步达到目标状态,从而解决问题。人在问题解决过程中,所达到的全部这些状态(包括算子在内)称为问题空间或状态空间(State Space),将任务领域转化为人的问题空间就实现了对问题的表征和理解,而问题解决就是应用各种算子来改变问题的起始状态,使之转变为目标状态,换句话说,就是对问题空间的搜索,以找到一条从问题的起始状态达到目标状态的通路。问题的类型和内容可有不同,但其解决过程总是这样的。

1. 问题行为图

问题空间和问题解决过程可用问题行为图表示出来,本书第一章已叙述过出声思考、口语记录和问题行为图。现在我们来看一个被试解上述"DONALD＋GERALD"的口语记录片断(Newell,1967):

每个字母只有一个数值。

(这是对实验者提出的问题,他回答"一个值")

这里有10个不同的字母,并且其中每个字母有一个数值。

所以,我来看两个D,一个D是5,因此T是零。所以,我想我从写下这里的问题来开始。我将写5,5是零。

现在,我还有另外的T吗?没有。但我有另一个D,这意味着我在另一侧还有一个5。

现在,我有两个A和两个L,它们各在某个地方,而这个R则有3个,两个L等于一个R,当然,我要进1,这意味着R必将是个奇数,因为两个L或任何两个数相加必然得出偶数。而1是奇数,所以R可能是1,3,但不是5,7或9。

(此处出现长的停顿,实验者问:"你现在想什么?")

现在看G,由于R可能是奇数,而D是5,G必将是偶数。

我现在来看问题的左侧,那里说D＋G、哦,还可能加上另一个数,要是我从E＋O必须进1的话,我想我会暂时忘记这一点的。

也许解这道题的最好方法是尝试各种可能的解法。我不知道是否有最容易的办法。

从这个口语记录片断可以看出,被试最初的陈述只是确认他对作业规则的理解。当他考虑到D是5,因而T是零时,才出现第一个实际的推理。这时,他显然是在加工D＋D＝T这一列的信息。我们将这列算题的字母算式各列自右至左编号,从而可将这个操作称为"加工第一列",这个操作使被试从其最初的认识状态(知道D是5)进入一个新的认识状态(知道T是零)。这是第二个认识状态。然后他尝试去取一个新列,但他未找到再带T的新列,而找到带D的新列,并用5代入。这是第三个认识状态。对其他的陈述进行类似的分析可得到其余的认识状态和操作,现在以第一章所叙述的方法,可给出与这个口语记录片断相对应的问题行为图片断(图9-2)。

对图9-2需要说明一点,零写作ϕ,以与字母O相区别。另外,第六个状态L＋L＝R重复第四个状态,所以按规定,倒退到原先的该认识状态,再由此往下画一箭头,另起一行。

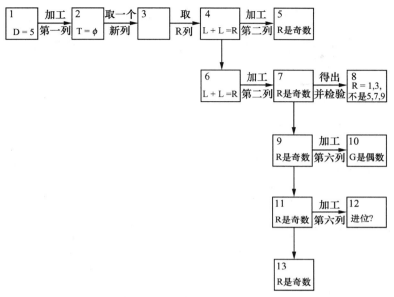

图 9-2　一个被试解 DONALD＋GERALD 的问题行为图片断

前面引述的是一个被试解密码算题的口语记录片断与相应的问题行为图片断。图 9-3 则是根据一个被试花 20 min 解同样算题的全部口语记录绘制的一个完整的问题行为图,但用简化的方式、方框由黑点来代替,略去各种操作的说明(Newell & Simon, 1972)。

上述问题行为图表明,问题解决过程不是直线式的,而是经历了种种曲折。问题解决者要尝试运用各种假设,再评价其结果,由此逐渐积累信息。他常常进入死胡同,再退出来,尝试其他路子。随着信息的积累,他可以进行更有效的推理。在每一特定时刻,问题解决者有关问题的全部知识构成他此时的认识状态。他应用算子来改变此一认识状态,达到另一个新的认识状态,即对问题空间进行搜索,最后达到问题的目标状态。这个问题解决过程将总的问题分解为一些较简单的子问题或小的子目标,逐一解决这些子问题,体现出解决问题的一定计划、方案或策略。问题行为图将问题解决过程分解为许多操作和认识状态,清楚地揭示问题空间和搜索过程。

问题解决受人的知识经验和各种心理过程的制约。从图 9-3 可见,人解决密码算题的过程是错综复杂的,交织着成功和失败。凡是不熟悉密码算题的人,在解决这道题时都会表现出类似的情况。实际上,DONALD＋GERALD 这道题有极其简便而有效的解法,现录于后,可将一个人的实际解题过程与之对照,查明人偏离这个简便解法的具体情况,加深对问题解决过程的理解。

DONALD＋GERALD＝ROBERT 的简便解法(算式各列编号见图 9-3 右上角):
(1) 因为 D＝5,所以 T 必然是 ϕ(即零),并向第 2 列进 1。

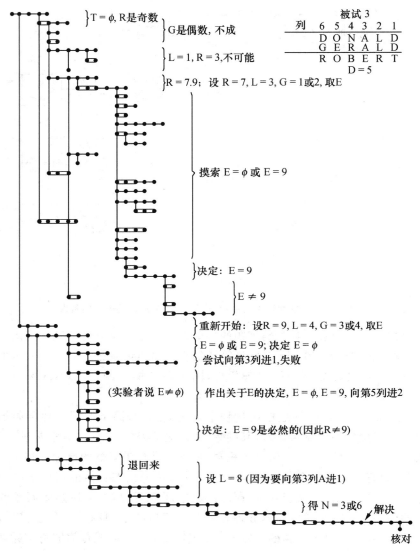

图 9-3 一个被试解 DONALD＋GERALD 的问题行为图

(2) 看第 5 列,O＋E＝O,只有当 O 与 ϕ 或 1ϕ 相加时,才会出现这种情况,因此 E 必定是 9(加上进 1)或 ϕ,但已知 T 是 ϕ,所以 E 必为 9。

(3) 在第 3 列里,如果 E 是 9,那么 A 必是 4 或 9(都需加上进 1)。但由于 E 已是 9,所以 A 必是 4。

(4) 在第 2 列里,L＋L＋1(进位)＝R 再加向第 3 列进 1,所以 R 必为奇数。现在奇数只剩下 1,3 和 7。从第 6 列中知道,5＋G＝R,所以 R 必大于 5,因此 R 必为 7,而

L=8,G=1。

(5) 在第4列里,N+7=B+1(进位),所以N是大于或等于3。现在剩下的数码只有2,3和6,所以N是3或6。但N若是3,则B应是ϕ,故N必为6,并使B=3。

(6) 现在只剩下字母O和数码2,故O=2。

这样,就可得到正确的数字算式：

$$
\begin{array}{r}
526485 \\
+197485 \\
\hline
72397\phi
\end{array}
$$

2. 树形图

从另一个角度来看,问题空间及其搜索也可用树形图来表示。树形图又称搜索树。可举打开组合锁的例子加以说明。设有一个双色三转盘组合锁,每个转盘可显现红色和绿色,打开这把组合锁的三转盘的颜色组合(红绿绿)是保密的,现在锁的设置是红红红,要求打开这把锁。为了找到正确的颜色组合,可以系统地进行尝试,逐一搜索各种可能的组合。从原来设置的红红红组合开始搜索,可有3种操作,即转动一号盘,产生绿红红；或转动二号盘,产生红绿红；或转动三号盘,产生红红绿。对于上述任何一种操作所产生的颜色组合还可以进行不同操作,再产生其他的颜色组合。如对绿红红,可有两种操作,产生绿绿红和绿红绿两种组合。对这后两种颜色组合各进行一次操作均可得到相同的绿绿绿组合。对一开始转动二号盘或三号盘所产生的颜色组合,同样可进行一切可能的操作,并均得到绿绿绿组合。将上述各种操作所产生的组合锁的状态即颜色组合当作节点,按照层次和顺序连结起来,就可得到这个组合锁状态的树形图(图9-4)。它像一棵倒置的树,从作为树干的起始状态引出一些分枝。这样画出的树形图指明在所有可能的方向上进行搜索所产生的各种中间状态,直至目标状态,故又称搜索树。

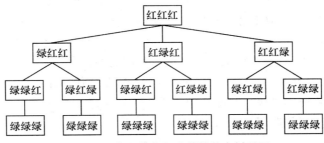

图 9-4 双色三转盘组合锁的状态树形图

从图9-4可以看出,同一状态可由不同的途径产生出来,达到目标状态(红绿绿)的途径也可不止一条。一般来说,树形图包含一切可能的操作及所产生的全部状态,因而它包含正确的和错误的搜索途径,简捷的和复杂的搜索途径。树形图既表明问题空间,又表明对问题空间的搜索过程。但是,树形图和问题行为图有重大的差别。问题行为图表明人对某个问题实际形成的问题空间和实际进行的搜索过程。树形图则表明全部可能的问题空间和搜索路径。也许不应完全排除形成树形图式的问题空间的可能性,然而,人通常对某一个问题形成的问题空间,事实上只是树形图的一部分。可以说,问题行为图所表明的人的问题空间是从人解决问题的实际行为得到的,它是心理空间。树形图所表示的问题空间是基于对问题解决的逻辑分析或算法而得到的,它是一种逻辑空间或算法空间。这两种空间互相紧密联系着,逻辑空间可转化为心理空间。对两者进行比较分析,可以更好地了解问题解决过程。

二、问题解决的阶段

从前面可以看到,问题解决过程包含许多相继的步骤,从大的范围来说,问题解决过程可分成4个阶段:

1. 问题表征

在这个起始阶段,问题解决者将任务领域转化为问题空间,实现对问题的表征和理解。问题空间也就是人对问题的内部表征。应当强调指出,问题空间不是作为现成的东西随着问题而提供给人的,问题解决者要利用问题所包含的信息和已贮存的信息主动地来构成它。人的知识经验影响问题空间的构成。对同一问题,不同的人可形成不同的问题空间。对同一个人来说,在问题得到以前,问题空间也在变化着。而人面对不同的问题则形成不同的问题空间。相对而言,对清楚规定的问题、简单的问题比对含糊规定的问题、复杂的问题较易形成适宜的问题空间。问题空间是否适宜,对问题解决有直接影响。

2. 选择算子

在这个阶段,问题解决者选择用来改变问题起始状态的算子。有些算子与问题空间的构成联系着,因而易于得到,有些算子则需要进行选择。当问题空间较小时,如3个盘的河内塔,就较易选择到正确的算子;而问题空间较大时,如象棋或围棋,则难于选择正确的算子。但是,问题解决需应用一系列的操作或算子,究竟选择哪些算子,将它们组成什么样的序列,这些都依赖于人采取哪种问题解决的方案或计划。问题解决的方案、计划或办法都称作问题解决的策略。它决定着问题解决的具体步骤,选择算子与确定问题解决策略密不可分。问题解决总是由一定策略来引导搜索的,可以将选择算子阶段同时看作确定问题解决策略阶段。

3. 应用算子

实际运用所选定的算子来改变问题的起始状态或当前的状态,使之逐渐接近并达到目标状态。这个阶段也即执行策略阶段。在某些情况下,如在简单问题的解决过程中,选定的算子和策略可顺利地实施,但在比较复杂的情况下,会出现困难,不能顺利地实施,甚至无法实施。

4. 评价当前状态

这里包括对算子和策略是否适宜、当前状态是否接近目标、问题是否已得到解决等作出评估。在问题获得解决以前，对算子和策略的有效性的评估起着重要作用。在一些情况下，经过评估，可以更换算子和改变策略。有时甚至需要对问题的起始状态和目标状态重新进行表征，使问题空间发生剧烈的变化。

问题解决的这些阶段在大的范围内保持上述顺序。但是，在进行过程中，却不必严格遵守这个顺序，可以而且需要从后一阶段再返回到前一阶段。这种现象在局部范围内是常见的，在应用一个算子之后，往往需要对它所导致的状态进行评价，然后再运用下一个算子。

三、问题表征对问题解决的影响

对问题作出什么样的表征，这种表征是否适宜，对问题解决有重大的直接影响。不同的表征形式也有不同的效果。现在来看这样的问题：在长桌前坐着 4 个人，从左至右依次是甲、乙、丙、丁；根据下述信息，指出谁拥有小轿车。

(1) 甲穿蓝衬衫。
(2) 穿红衬衫的人拥有自行车。
(3) 丁拥有摩托车。
(4) 丙靠着穿绿衬衫的人。
(5) 乙靠着拥有小轿车的人。
(6) 穿白衬衫的人靠着拥有摩托车的人。
(7) 拥有三轮车的人距拥有摩托车的人最远。

如果要求人在听完上述问题之后写出他们对此问题的表征，则可发现不同的表征方式。图 9-5 表明在听完问题之后，第一句至第三句的信息表征可有的 3 种形式：列表式、网络式、矩阵式。其中列表式是最简单的表征形式，网络式可将全部项目包括进去，并可用连线表明项目之间的联系，矩阵式则将项目间的可能的与不可能的联系都表征出来。例如，既然甲穿蓝衬衫，那么他就不可能穿别的颜色衬衫，任何其他别人也不可能穿蓝衬衫。在听完第四句到第六句后，矩阵式就可排除若干项目间的联系，如丙——绿衬衫，乙——小轿车，白衬衫——摩托车。这个问题的正确答案是穿白衬衫的丙拥有小轿车。实验结果表明(Schwartz,1971)，应用矩阵式表征对解决这种问题显得最有效。

如果问题得不到适宜的表征，那么问题就难于解决或无法解决。一个著名的例子是所谓残缺棋盘问题：一个棋盘有 8×8 共 64 个黑白相间的方格，另有 32 个长方块，每个长方块可盖住棋盘上的两个方格，用这 32 个长方块正好可将棋盘盖满；现从棋盘的对角切掉两个黑方格(见图 9-6)，剩下 62 个方格，问能否用 31 个长方块恰好盖住棋盘上剩下的全部 62 个方格？研究结果表明，很少人能解决这个问题。这个问题的答案是否定的，不能用 31 个长方块恰好盖住全部剩下的 62 个方格。因为棋盘的方格是黑白

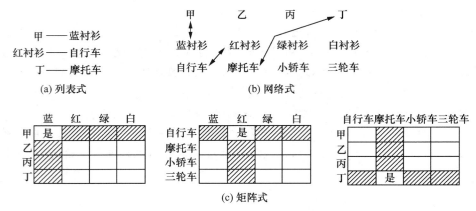

图 9-5　一个问题的 3 种不同表征形式

相间的，一个长方块规定盖住两个方格，其中必有一黑一白。要用 31 个长方块恰好盖住 62 个方格，必须要有黑白方格各 31 个。如今切掉两个黑方格，只有 30 个黑方格对 32 个白方格，因而用 31 个长方块就不能恰好盖住余下的 62 个方格。许多人之所以不能解决这个问题，显然是由于他们对问题作出不适宜的表征，只将长方块表征为盖住两个方格，而忽略棋盘上方格是黑白相间的。如果能够表征一个长方块盖住一个黑方格和一个白方格，那么就会促使人去计算切除后剩余的黑白方格数目，从而解决问题。对一个问题作出的表征不是固定不变的，在问题解决过程中，随着信息积累，可以从不适宜的表征过渡到适宜的表征。

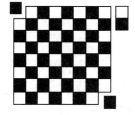

图 9-6　残缺棋盘的问题

问题的表征依赖于人的知识经验，也受到注意、记忆和思维等心理过程的制约。上述残缺棋盘问题的表征与注意机制有关，是否注意到棋盘方格的颜色结构，制约着能否作出适宜的表征。而"谁有小轿车"的问题的矩阵式表征之所以有效，与它可减轻短时记忆负担、有利于进行推理是分不开的。人们已贮存的知识经验可帮助选择有关的信息，引导人们提取有关的算子，形成问题解决的策略等。需要指出，问题本身的提法对人作出的表征也有影响。在上述残缺棋盘问题中，如改问"在剩下的 62 格棋盘上，还能使 31 个长方块中的每块都盖住一个白的方格和一个黑的方格吗？"情况就将会完全改观。问题本身的提法现在也被称为问题的表征。但这种表征对一个问题解决者来说是一种外部的或客观的表征，不同于问题解决者对此问题所形成的表征，它是内部的、主观的表征，或称心理表征。问题的外部表征形式对人形成什么样的内部表征无疑有重要的作用。心理学中的著名蜡烛问题即是一个很好的例子。当要求人用火柴、盒子和图钉将蜡烛附在墙上，如果将一个空盒子呈现给被试，其结果就优于呈现盛着东西如图钉的盒子，因为在两种情况下的问题表征不同。

第三节 问题解决的策略

我们已经知道,问题解决是对问题空间进行搜索,以找到一条从问题的起始状态到达目标状态的通路,也就是要找到一定的算子序列,而搜索或选择算子要靠策略的引导。以解决 DONALD+GERALD 的密码算题来说,凡不熟悉这种算题的人在开始时,常应用尝试-错误的策略,即假设某一个字母代表某一个数码,尝试将不同的数码代入不同的字母,然后测试结果是否符合问题的要求,如果不符合要求,再假设这些字母各代表其他数码,然后再进行评价。如此继续进行下去。这种策略在开始时易于使用,但其效率是很低的,因为有 10 个字母,每个字母代表 1 个数码,可能作出的尝试的数量是很大的,在已知 D=5 的情况下,各种可能尝试可达 $3×10^5$,即 30 万次。但是,在这个过程中逐渐积累一些信息以后,人可以改变策略,从尝试-错误的策略转向某个更有效的策略,如指向性分析策略,这时人利用现在获得的和已贮存的信息来进行有明确方向的推理,以逐个确定每个字母所代表的数码。例如,已知 D=5,D+D=T,则 T 为零,要向左列进1;第 2 列 L+L=R,由于进1,R 必为奇数,且大于 5,因 D+G=R,G 大于零;第 5 列 O+E=O,只有当 O 与零或 1ϕ 相加方可,但 T 已是零,因此 E 必定为 9,再加上进 1 才能满足条件,所以 E=9,由此可知 R 必为 7。前面列出的 DONALD+GERALD 的简捷解法是这种指向性分析策略的例证。这种策略可以缩小搜索范围,具有明确的分析方向,能更有效地利用各种信息,从而提高搜索效率。任何一个问题要得到解决,总要应用某个策略,策略是否适宜常决定问题解决的成败,所谓创造性问题解决和常规问题解决的分野也常在于策略的区别。人在解决问题时,常常从长时记忆中提取以前解类似问题所用的策略,或者形成一个新的策略,并常出现策略的转换。

一、算法和启发法

问题解决的策略多种多样。一个问题可用不同的策略来解决,应用哪种策略既依赖于问题的性质和内容,也依赖于人的知识和经验。总的说来,人所应用的问题解决策略可分两类,即算法(Algorithm)和启发法(Heuristics)。算法是解题的一套规则,它精确地指明解题的步骤。如果一个问题有算法,那么只要按照其规则进行操作,就能获得问题的解。例如:银行储蓄的月利率为 R,现储蓄 P 元,为期 T 个月,问共得利息(I)若干? 此题按公式 $I=P×R×T$ 即可解决。这个公式就是解题的算法。许多学科中的公式也都是算法。但算法不一定都有公式的形式。例如,河内塔问题也有算法:在奇数序号(第 1、3 步等)步子移动最小的圆盘,在偶数序号(第 2、4 步等)步子移动所轮到的次小的圆盘;如果圆盘的总数是奇数,则最小的圆盘先从原柱移到靶子柱,再移到其他柱;如果圆盘的总数是偶数,则最小的圆盘先移到其他柱,再移到靶子柱,如此反复进行(Simon,1975)。不管圆盘数目多少,按以上规则来移动盘子,只要记住步子的序号和最小圆盘移动的方向,都可顺利解决任何河内塔问题。但是有些问题的算法并不像前面所说的那样简便易行,而要系统地进行所有可能的尝试。例如,在解前面所说的那道密码算题时,按照算法来解,就需系统地将每个不同的数码(除 D=5 以外)分别代入每个不同的字母,逐一进行尝试和评估,以获得答案。这种算法体现在前面提到的搜索树中。搜索树实际上就是应用算法进行的搜索。严格说来,搜索树所表明的问题空间是算法空间。不同的问题有不同的算法,但是无论是简便的公式还是穷尽一切可能的尝试,算法总能保证问题一定得到解决,这是算法的根本特点。

启发法是凭借经验的解题方法,也可称为经验规则。例如,弈中国象棋常用的"控制河口"、"制造双将"、"抽吃棋子"等都属于启发法。前面谈到的解 DONALD+GERALD 的指向性分析策略(参见上节简便解法)也属于启发法。它的主要规则有 3 项(Simon,1986):

(1)把每个字母都配上一个数码。

(2)每选一列进行运算时,要树立一个目标,利用过去掌握的算术原理得出结论。

(3)把已知的数字代进字母,并找到限制性最大的那一列进行运算。如果这一步解决了,再找另一个限制性最大的进行运算。

应用第一条规则,可将迄今已知的各个数字代入相应字母,如已知 D=5 和 T 为零,将 5 和 ϕ 分别取代所有的 D 和 T。关于第二条规则,可应用已有的算术知识进行推理获得新的信息,把解题推进一步,如 2L 是偶数,2L+1 是奇数,因此,R 必为奇数。第三项规则最富有启发法的特色,寻找限制性最大的列也即从最容易的地方入手,一个列的限制性最大,就意味着该列有最多的推理依据。较易进行准确推理,如第 5 列的 O+E=O,要使该列成立,一种可能是 E=ϕ,但第 2 列的 T 已经为零,这种可能性应被排除,另一种可能性是 E=9,从后一列进 1 以与 9(E)相加方可使该列成立,由此可以判断 E 必为 9。利用这种启发法可以有效地解决密码算题以及其他问题。启发法与算法不同,它不能保证问题一定得到解决,但却常常有效地解决问题。

算法与启发法是两类性质不同的问题解决策略。虽然算法保证问题一定得到解决,但它不能取代启发法。这有几个方面的原因。首先,现在不能肯定所有问题都有自己的算法,有些问题也许没有算法,或者尚未发现其算法,如心理学中著名的"绳子问题"(Maier,1940)。其次,一些问题虽有算法,但应用启发法可以更迅速地解决问题。例如,若要打开保险箱的密码转锁,设有 10 个转盘,每个转盘又有 10 个数码。如果不知道密码,而要应用算法来系统地对每种数字组合进行尝试,那就要尝试 10^{10} 次即 100 亿次。这是一个天文数字。然而,一个有经验的人可将寻找数字组合的尝试集中于某个似乎最有希望的范围内,也许可以较快地发现密码,特别是当老式保险箱的某个转盘转到合适位置时会发出咔嗒声响,富有经验的人利用这种声音信息可以大大减少尝试的次数。这种情况在许多其他领域中也都存在。再则,许多问题的算法过于繁杂,往往需时过多,实际上无法加以应用。仍以弈棋为例,如果应用算法,在一开始走步时就考虑所有可能的棋步以及对方可能的回步、己方的下一步等，据此选择能导致获胜的一步棋，那么从理论上来看，这种下法可以保证获胜，但在实际上是无法来运用的。据估计，用这种方法来下跳棋，涉及可能的棋步总数将高达 10^{40}，若每毫秒考虑 3 步棋，将需 10^{21} 个世纪时间，而国际象棋将涉及 10^{120} 可能的棋步。中国围棋涉及的可能棋步的总数则更多。可见，应用算法来下棋就无异于取消棋类活动。人是运用启发法来下棋的。现在计算机与人对弈就是根据人下棋的启发法来编制程序的，即模拟人的启发式策略，并能战胜国际象棋大师。现在，一个极有影响的看法认为，人类解决问题，特别是解决复杂问题，主要是应用启发法。

二、几种重要的启发式策略

启发法也有多种。不同的问题可用不同的启发法，一个问题也可用几种不同的启发法。有些启发法只适用于某种特定类别问题，应用的范围有限。另一些启发法则有一定的普遍性，可运用于一些不同类别的问题，如前面提到过的尝试-错误法，指向性分析法等等。目前，已经确定几种比较有效的应用范围较广的启发法，如手段-目的分析(Means-end Analysis)、逆向工作(Backward Working)、计划(Planning)等。

1. 手段-目的分析

这个启发法最早得到 Newell 和 Simon(1972) 的研究。它的核心是要发现问题的当前状态与目标状态的差别，并应用算子来缩小这种差别，这样做还要先满足某些条件，即消除应用算子与当前状态的差别，如此进行下去，以逐步接近和达到目标状态。换句话说，就是将需要达到的问题的目标状态或总目标分成若干子目标，通过实现一系列的子目标最终达到总目标，即解决问题。Newell 和 Simon(1972) 曾经举例加以说明，例如，我要送我的孩子去幼儿园。我现在的状况和我所要求的状况之间差别是什么呢？主要是两者之间的距离。用什么来改变距离呢？我的汽车。我的汽车不能开动了。要什么才能使它开动呢？蓄电池，什么地方有新的蓄电池呢？汽车修理铺。我要修理铺给我换蓄电池，但修理铺不知道。这里的困难是什么？通知他们。用什么才能通知它们呢？电话……从这个例子可以看到，为了解决送孩子去幼儿园的问题即达到问题的目标状态，需要发现当前状态与目标状态的差别(距离)，由此采取某种适当的步骤或手段(汽车)来消除距离这个差别(子目标)，应用汽车这个手段需要一定条件(如蓄电池)，但蓄电池坏了，无法开动汽车，又出现差别，消除这个差别又成为子目标(通知修车铺)，如此继续进行，直到修车铺送来新的蓄电池再开车送孩子。因此，手段-目的分析是一种有明确方向、通过设置子目标来逐步缩小起始状态和目标状态之间的差别的策略。

从前面所述可见，手段-目的分析有两种分析方式。一种方式是把当前状态转化为目标状态；另一种方式是寻找消除差别的算子。这两种方式可用信息流程图(图9-7)表示。

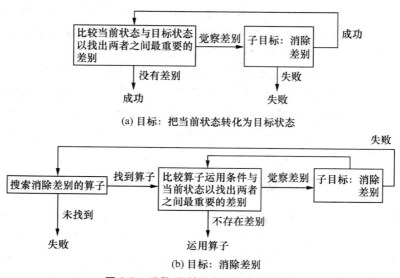

图 9-7 手段-目的分析的信息流程图

手段-目的分析可应用于多种问题,包括河内塔问题。设有 3 个圆盘的 Hanoi 塔问题(见本章第一节),它的总目标是要把 3 个圆盘从 1 柱移到 3 柱。这个目标把我们引到第一个流程图,从而发现起始状态与目标状态的一个最重要的差异是圆盘 C 不在 3 柱上。于是建立消除这个差异的一个子目标。这样就把我们引到第二个流程图。要消除上述差异,选择的算子是把圆盘 C 移到 3 柱。但根据规定,只有当圆盘 C 上没有其他圆盘时才可移动,现在圆盘 C 上有圆盘 B(和圆盘 A)。因此算子(圆盘 C 移动)条件与目前状态之间有差异,所以又出现一个新的子目标,需要回到第二个流程图的起点。消除这个差异需要移动圆盘 B,但它之上有圆盘 A,要先将圆盘 A 移开才行,这又是一个子目标,现在,移动圆盘 A 的条件可得到满足,于是将圆盘 A 移到 3 柱,然后即可将圆盘 B 移到 2 柱,再将圆盘 A 移到 2 柱圆盘 B 上面,这样就可将圆盘 C 移到 3 柱。这时我们又回到第一个流程图,发现当前状态与目标状态的一个最重要差异是圆盘 B 不在 3 柱上,而要消除这个差异是另一个子目标,则依照第二个流程图,需先将圆盘 A 移到 1 柱,然后方可将圆盘 B 移到 3 柱圆盘 C 上。剩下的只需将圆盘 A 移到 3 柱,至此,完全达到了问题的目标状态或总目标,按规定将 3 个圆盘都移到 3 柱上。

值得注意的是,在当前状态和目标状态之间可能存在多种差异。前面谈到送孩子去幼儿园的例子,在家庭(当前所在)与幼儿园(目的地)之间有多方面的差异,然而,对当前的问题解决来说,与问题有关的最重要的差异在于距离,因此,在手段-目的分析中,必须发现两者之间的最重要的差异。此外,在手段-目的分析中,在实现一个子目标时,又会产生其他一些子目标,在记忆中保持这些子目标及其联系,对顺利进行分析是非常重要的。在上述 3 个圆盘的河内塔问题中,当移动圆盘 C 之前而要移动圆盘 B 和圆盘 A 时,如果把握这些子目标的联系,就能正确地将圆盘 A 放在 3 柱,否则有可能错误地放在 2 柱,而导致多余的操作。由于短时记忆的容量有限,随着子目标的数量增加,有时会发生丢失子目标和子目标的联系,从而导致失败。

　　手段-目的分析是一种不断减少当前状态与目标状态之间的差别而逐步前进的解题策略。但是有时某些差异很难消除,这时,应不惜引入困难较小的新差异或暂时扩大某种差异,以有利于消除较困难的差异(Newell & Simon,1972)现可举著名的"传教士和野人过河"问题(又称"悭吝人和花花公子过河"问题)为例(Greeno,1974;Jeffries,1972),设有 3 个传教士和 3 个野人同在河的左岸,他们都要到对岸去;河里只有一条渡船,他们都会划船,但每次渡船至多只能乘两人;如果在任何一边河岸上,野人的数量超过传教士,野人就要吃掉传教士,问怎样才能用船将 3 个传教士和 3 个野人从左岸都渡到右岸,又不会发生传教士被吃的事件呢?解决这道题的方法可分为如下几步(见图 9-8)。

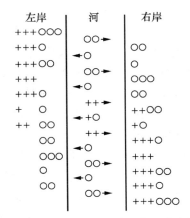

图 9-8　传教士与野人过河的正确步骤
("＋"代表传教士,"○"代表野人)

(1) 两个野人先划船过河;
(2) 一个野人划船返回左岸;
(3) 再有两个野人划船到右岸;
(4) 一个野人又划船返回左岸;
(5) 两个传教士划船到右岸;
(6) 一个传教士和一个野人划船返回左岸。这是关键的一步,只有想到这一步,以后各步就能顺利进行。

　　实验研究表明,在解这道题时,困难往往发生在第六步,多数人在这里出错。事情在于,应用手段-目的分析会导致人采取使更多人到达对岸以及使最少的人再返回原岸的步骤。因而,人们难以想到要使两个人(传教士和野人各一人)再返回左岸。实际上,此时所要的恰好是暂时扩大当前状态与目标状态的差异。否则,就会增加许多额外操作,甚至导致失败。这个例子也说明,手段-目的分析的运用需要一定的灵活性。传教士和野人过河问题虽与河内塔问题同为转换问题,但传教士和野人问题没有明确规定的子目标,而只有笼统的子目标,即使如此,手段-目的分析也是有效的。

2. 逆向工作

前面所述的手段-目的分析是从问题的起始状态或当前状态出发,逐步接近并达到目标状态,这可以说是一种正向工作法。但是在解决某些问题时,也可以从问题的目标状态往回走,倒退到起始状态,而且显得很有效。例如,在下象棋时,棋手常常事先设想要达到的某个有利的棋势,然后由此在思想上移动棋子逐步退回到当前的棋势,即设置一个目标状态,由此出发,想出相应步骤退回到当前状态,但在实际走步时的推论却反过来,从当前状态出发,按照正向的方式来进行。人们查看地图来确定到达目的地的交通路线也常应用逆向工作方法,查找一条从目的地退回到出发点的路线。在工程设计、制订各种计划时也都经常是从目的出发来工作的。逆向工作方法可明显有效地运用于数学证明,如解几何题。例如,已知矩形 ABDC,求证:$\overline{AD} \cong \overline{CB}$,参见图9-9。在解题时,学生会问自己:"什么才能证明$\overline{AD}$和$\overline{CB}$相等呢?若我能证明△ACD≌△BDC,我就能证明$\overline{AD} \cong \overline{CB}$"。这样,学生就会从证明线全等的目标推想到证明三角形全等。他进一步还会推想,如果能够证明两条边和夹角相等,那么,就能证明△ACD≌△BDC,于是,学生就从一个目标逆推出另一个目标。

图9-9 一个几何作业

由于要求学生写出几何题证明是从正的方向推理的,所以并不是所有的学生都能明显地意识到使用逆向工作方法的。这道题从正的方向是这样证明的:

$\overline{AC} \cong \overline{BD}$	矩形的定义
$\overline{CD} \cong \overline{CD}$	恒等式
∠ACD,∠BDC 是直角	矩形定义
∠ACD≌∠BDC	直角全等
△ACD≌△BDC	边、角、边
$\overline{AD} \cong \overline{CB}$	全等三角形的对应部分相等

逆向工作和手段-目的分析一样,也要考虑目标和实现目标需要哪些算子,但手段-目的分析必须考虑目标和当前状态的差异,而逆向工作却不要考虑这种差异,所以,手段-目的分析是一种更受约束的搜索问题空间的方法。它要考虑的假的途径较少,因而能更快地导致问题解决。如果从起始状态出发,达到目标的途径有多种,一般用手段-目的分析能较好地解决问题,然而,如果从起始状态到达目标状态只有少数途径,那么这类问题宜用逆向工作。解几何题用逆向方法是有效的。

3. 计划

在解决问题中,人们常可先抛开某些方面或部分,而抓住一些主要结构,把问题抽象成较简单的形式,先解决这个简单的问题,然后利用这个解答来帮助或指导更复杂的整个问题的解决,这种启发法称作计划或简化计划(Planning by Simplification)。Hayes(1978)提供了一个应用简化计划的例子。

假定我们已知下面 5 个方程,要求找出 X 和 Y 的函数关系:
$$R=Z^2, \quad X=R+3, \quad 2M=3L+6, \quad Y=M+1, \quad R=3L$$
解决这个问题,可以先对这 5 个方程进行简化,这有助于看出变量之间的关系:
$$R\text{——}Z, \quad X\text{——}R, \quad M\text{——}L, \quad Y\text{——}M, \quad R\text{——}L$$
在这个抽象的表述里,找出 $X\text{——}Y$ 的函数关系便简化为找到一条联结 X 和 Y 的途径。这条途径是:
$$X\text{——}R\text{——}L\text{——}M\text{——}Y$$
这个抽象的联结途径现在就可用来指导原来问题的解决。只要把上面的方程代进去,问题就可得到解决:
$$X=R+3=3L+3=2M-6+3=2(Y-1)-6+3=2Y-5$$
人们在现实生活中,常应用这种策略来解决各式各样的问题。例如,下棋时可先撇开对方可能的回步来考虑本方的步子;在前述"谁拥有小汽车"的问题中,可先不考虑各人与车子的联系,而寻找各人与衬衫颜色的联系,等等。

第四节 问题解决的计算机模拟

在本书第一章中已指出,认知心理学的基本原则是将人脑与计算机进行类比,将人的心理活动也看作信息加工过程,主张对心理活动进行计算机模拟,以此来检验和发展心理学理论。这种观点在问题解决研究中表现最为突出。问题解决的计算机模拟就是依据一定的心理学理论编写计算机程序来模拟人解决问题的行为和内部认知过程,使计算机以类似于人的方式来解决问题并达到类似的结果。这样就可以证实这个理论,否则,就会发现其不足或错误。目前,在这个领域中已经取得令人瞩目的成就。

一、《逻辑理论家》和《通用问题解决者》

早在 1956 年,Newell,Shaw 和 Simon 就成功地编写了历史上第一个模拟人解决问题的计算机程序。这个程序称作"逻辑理论家"(Logic Theorist),简称 LT。它模拟人证明符号逻辑定理的思维活动,最初就对 N. A. Whitehead 所著数学名著《数学原理》第二章的 52 条定理中的 32 条成功地作出了证明,后来经过修改,又证明了全部 52 条定理。这个成就在学术界引起巨大反响。《逻辑理论家》不仅是世界上第一个成功的人工智能系统,而且是世界上第一个启发式计算机程序,它依据人解决问题的启发法,主要是逆向工作策略来编写的。这些都具有特别重要意义。《逻辑理论家》的成功有力地支持了信息加工观点及其在心理学中的贯彻,难怪 Simon(1979)把这个成就看作标志认知心理学兴起的一个重要事件(见本书第一章)。同时可以说,《逻辑理论家》也在实际上开辟了人工智能这一新的科学领域,并为认知心理学开创了新的独特的研究方法。

稍后,Newell,Shaw 和 Simon(1958,1959)又研制出模拟人解决问题的另一计算机程序,称作《通用问题解决者》(General Problem Solver),简称 GPS。该程序可成功地用于从定理证明到河内塔以及传教士和野人过河等多种不同性质的问题,因而得名,也因此更受重视。《通用问题解决者》也是启发式程序,但它与《逻辑理论家》不同,《通用问题解决者》主要是依据手段-目的分析策略而编写的。GPS 系统包含一个长时记忆即知识库,贮存各种有关的知识和使用这些知识的算子,以及一个短时记忆或工作记忆,以串行方式对信息进行各种操作。特别值得提出,《通用问题解决者》的内部知识是以产生式(Production)来表征的。一个产生式由条件(Condition)和行动(Action)两部分组成。条件即当前的状态或情境。产生式的基本规则是"若条件为 X,则实施行动 Y",即当一个产生式中的条件得到满足,则执行该产生式规定的某个行动。因此,产生式规则也称条件-行动规则。例如,"若见红灯,则停车","若停车,则掣动刹车",等等。一个产生式的完成会改变信息状态,并重又引发另一个产生式。解决一个问题或完成一个作业需要许多产生式,它们按一定层次联结成系统。严格地说,《通用问题解决者》所包含的大量知识是由产生式系统来表征的,一个完整的产生式系统与一个问题解决的程序是对应的。《通用问题解决者》通过对问题空间的搜索来工作,利用手段-目的分析策略来减少当前状态与目标状态的差别,并最终达到目标状态。前面所述的《逻辑理论家》除所模拟的问题解决的策略有区别外,其结构在原则上与此相同。

除上述著名的《逻辑理论家》和《通用问题解决者》以外,还有一些其他模拟人解决问题的计算机程序,如《理解》(Understand)等等。

二、计算机模拟的贡献与存在的问题

计算机模拟获得的成就不仅对人工智能的发展有直接的重要价值,而且证实了一些心理学理论,促进心理学对人的问题解决的研究,提高了对某些环节的认识。计算机模拟发现,计算机对问题的理解和建构一个问题空间的起始过程,主要依赖于将当前的问题与以前碰到的问题作类比,把它看作过去解决过的类似问题的同构物。实际上,各种转换问题如河内塔及传教士和野人过河等问题都是彼此同构的,可采用相同模式的步骤。而人却极少能看到这种相似性。计算机模拟推动了对知识库和策略的研究。现在确定,知识库的有关知识较多,则问题解决各阶段的信息加工也较容易。因为知识较多,就可以迅速地形成更多和更大的组块来输入长时记忆,以及有效地抵抗干扰。对于各种问题解决的策略的启发法现在知道得也更多了,并发现短时记忆的有限容量对策略的选择和应用有极大影响。当一个策略在实际操作时的有关信息总和超过短时记忆容量,该策略将失去效用。计算机模拟的一个突出贡献是引出产生式概念。产生式或产生式系统将问题解决中的一些认知活动加以形式化。它所具有的"条件-行动"的一般形式或"若……则……"的抽象形式适用于不同的内容和不同性质的问题,成为在问题解决中,对选择算子进行控制的一般机制。因此在对问题解决中,正确识别条件起着重要的作用,也是正确应用算子的前提。从这个角度看,问题解决过程也就成为获得与应用一定的产生式系统的过程。产生式概念为问题解决研究,也为整个思维、学习的研究提出新的思路。

虽然问题解决的计算机模拟取得了巨大的成就,但这些成就还是初步的,还存在一些问题,并引起争议。其中一个最重要的问题是如何评价计算机完成任务的方式与人的方式是相似的。应该看到,已有的这些问题解决的计算机程序主要模拟了人解决问题所应用的策略及其实施的阶段,即在宏观上模拟人的问题解决过程。而两者在问题解决过程中所采取的具体步骤和操作规则未必如此相似。事情在于,一方面,目前的计算机模拟几乎都是以心理实验的口语记录为依据的。然而,口语记录即使是出声思考的即时性记录也只涉及反映在人的意识中的那些操作和步骤,但人在问题解决中所进行的操作是否局限于这些步骤是有疑问的。另一方面,实际上即使依据一个明确的心理学理论来编写计算机程序,也会发生程序不能运行,必须加以修改的情况。待增删或改动一些步骤后,程序才得以运行,但有时却不清楚为什么经过修改后程序可以运行,其工作过程是怎样的。这给评价模拟带来困难。再则,计算机的操作是以严格的串行方式进行的,人的口语记录也反映出此点,但人的实际思维活动也许并不如此。这是涉及整个心理学的一大争议问题。同时,人具有大量的背景知识,使问题解决有很高的灵活性,而这是计算机所没有的。此外,人在问题解决过程中,总是有某种动机的,而且伴有一定的情感情绪,人的情感情绪、动机等对问题解决有重要影响,可对认知过程起着引导、选择或控制的作用。而现在问题解决的计算机模拟是撇开这些因素的。这样似乎就难说计算机与人完成任务的方式是相似的了。前面所谈的问题确实在问题解决的计算机模拟中存在,而且可以说在整个计算机模拟或人工智能领域中也都程度不同地存在着。对这些问题有不同的看法,有些人完全否定计算机模拟的可能性,但是这种观点是没有充分根据的。已有的问题解决的模拟研究成果说明了这一点。认知心理学的进一步发展将能克服目前存在的一些问题或困难。然而,其中有些问题涉及整个认知心理学的基本原则,如串行加工和平行加工,认知与动机、情绪的关系等。这些问题的解决需要时间,而且需要积累更多理论的和实验的研究成果,既要有心理学的,也需要有计算机科学的。

作为认知心理学的一个特殊的研究方法,计算机模拟有其特别重要的意义。以问题解决来说,计算机模拟把问题解决过程中一些因素或单元综合起来,重建这个过程。这就克服了过去实验心理学以分析为主的做法,而为整体上了解问题解决的认知过程开辟了一条道路。尽管存在一些问题,但是计算机程序具有严密的逻辑性和确定性,它对揭示问题解决的内部机制的作用是其他手段不可取代的。任何忽视计算机模拟的看法对认知心理学的发展都会产生不利的影响。

10 推　理

推理是从已知的或假设的事实中引出结论。它可以作为一个相对独立的思维活动出现,也经常参与许多其他的认知活动,如知觉、学习记忆等。由于思维活动以问题解决为最一般的形式,推理也带有问题解决的特点,它也可以是目的引导的,包含一系列认知操作的过程,因而存在着将推理和问题解决合并起来的可能性。但是,推理作业具有一个突出的特点,即它总是一个逻辑问题,或者是以明显的逻辑形式出现的,如三段论推理等。逻辑将推理看作一个重要的思维形式,它为正确地进行推理提供一系列的原则或规则。但是,人实际进行的推理往往偏离逻辑规范,表现为不合逻辑。因此心理学的研究常将人的推理的实际过程与逻辑规范进行比较,以查明推理是否偏离逻辑规范及其原因,从而深入地了解人的推理过程。当前认知心理学从信息表征和内部操作的角度来进行研究,对此是特别有利的,也更能体现心理学对推理研究的特色。

推理有多种形式,可分演绎推理、归纳推理、概率推理以及类比推理等。近年来,心理学还对线性三段论或三项系列问题及命题检验给予较多的注意。我们在《概念》一章中所述的内容,实际上涉及归纳推理。在本章中,我们将分别叙述关于演绎推理(三段论与线性三段论)、命题检验和概率推理的心理学研究。

第一节　三段论推理

一、气氛效应理论

三段论(Syllogism)是演绎推理的一个重要形式。它通常由两个前提和一个结论组成,例如:

前提1:所有 A 是 B
前提2:所有 B 是 C
结　论:所有 A 是 C

评价一个三段论就是在假设两个前提为真的情况下,来判定该结论是否必然来自前提。三段论推理也即从前提中引出必然的结论。一个真实的或正确的三段论是指前提和结论在逻辑上是一致的。前面所举的那个三段论是真实的。

关于人们如何来进行三段论推理的,已经提出几个十分不同的理论。其中较早提出的是 Woodworth 和 Sells(1935)的"气氛效应"(Atmosphere Effect)理论。依照这个理论,前提的性质所造成的气氛引导人们得出一定的结论。具体地说,就是两个肯定前提使人得出肯定结论,两个否定前提使人得出否定结论,而一个肯定前提和一个否定前提则使人倾向于作出否定结论;此外,在全称表述(即"所有 A 是 B")和特称表述(即"一些 A 是 B")方面也有类似情况,即两个全称前提使人得出全称结论,两个特称前提使人得出特称结论,而一个全称前提和一个特称前提则使人倾向于得出特称结论。依据这些看法,可以对人们评价三段论所犯的错误作出具体的预测。Begg 和 Denny(1969),Evans(1982)以及其他人的实验结果证实了这些预测。例如,给被试提供下列三段论,要求他们评价每个结论的正误:

(1) 所有 A 是 B
    所有 C 是 B
    因此所有 A 是 C

(2) 一些 A 是 B
    一些 B 是 C
    因此一些 A 是 C

(3) 没有 A 是 B
    没有 B 是 C
    因此没有 A 是 C

(4) 所有 A 是 B
    一些 B 是 C
    因此一些 A 是 C

许多被试常常将这些结论看作正确的,认为它们必然来自各自的前提。然而事实上,这些结论都是错误的。这种实验结果无疑是支持"气氛效应"理论的。但是"气氛效应"的心理实质至今未得到明确说明。所谓气氛是指前提所引起的总体印象,"气氛效应"也许与定势有一定关系。但从信息加工观点来说,似乎可将"气氛效应"看作一种启发式策略的作用,人追随两个前提的共同性质或其中一个前提的突出的性质,据此而作出结论。这种追随启发法在一些三段论推理中,可起有益的作用,而在另一些场合,则可导致错误的结论,表现为负迁移。这个问题需要进一步研究。无论怎样,"气氛效应"理论是从心理学的角度来说明人如何进行演绎推理的,它提示普通人的推理与逻辑似没有什么关系,人一般不对三段论进行逻辑分析。

"气氛效应"理论无疑含有合理的成分,但它也受到批评。一个简单的事实是人毕竟可以区分正确的和错误的三段论,不完全受前提造成的气氛所摆布。Johnson-Laird 和 Steedman(1978)也获得不支持"气氛效应"理论的证据。例如,要求被试来评价下述两个三段论:

(1) 一些 A 是 B
    一些 B 是 C
    因此一些 A 是 C

(2) 一些 B 是 A
    一些 C 是 B
    因此一些 A 是 C

这两个三段论都是不正确的,其结论均非必然引自前提。依照"气氛效应"理论,这两个三段论的前提和结论都是特称的,应同样可能为被试所接受。但事实是被试更多地接受第一个三段论。这与"气氛效应"理论不相一致。

二、换位理论

对"气氛效应"理论的更激烈的批评来自 Chapman 和 Chapman(1959)、Ceraso 和 Provitera(1971)等人。他们认为,人在三段论推理中所犯的错误不是"气氛效应"造成的,而是由于错误地解释了前提。他们的看法称作换位(Conversion)理论。依照这个理论,人在三段论推理中,往往将一个全称肯定前提解释为逆转亦真,即认为"所有 A 是 B"意味着"所有 B 是 A"。对一个特称否定前提也是这样,将"一些 A 不是 B"的意义理解为也包含"一些 B 不是 A"。这样就会发生推理错误。例如,给被试呈现下述两个前提和 5 个备选的结论,要求他们从中选择一个正确的结论:

所有罪犯都是精神病患者
一些精神病患者是酗酒者
因此(1) 所有酗酒者都是罪犯
　　(2) 没有一个酗酒者是罪犯
　　(3) 一些酗酒者是罪犯
　　(4) 一些酗酒者不是罪犯
　　(5) 上述结论均不正确

被试通常选择结论(3)而不是(5),其实只有结论(5)才是正确的。为什么被试会作出这种错误的选择呢?显然,这是由于被试错误地解释了所呈现的全称肯定前提,将"所有罪犯"与"所有精神病患者"等同起来,认为逆转亦真。因为在对该前提作了这种(错误的)解释后,结论(3)是正确的。所以它被选中是合乎逻辑的。这似乎不是推理本身的过错,而是由于错误地解释了前提。Ceraso 和 Provitera(1971)还得到进一步的证据。他们将前提叙述得更清楚,防止被试进行逆转或换位。例如,他们将"所有 A 是 B"这样的前提改为"所有 A 是 B,但一些 B 不是 A",这种改变可极大地减少被试的错误,提高推理的成绩。Revlis(1973)也发现,应用一些可以阻止换位的具体前提,推理可得到改善。阻止换位的前提可导致更符合逻辑的推理,这与换位理论相一致,但不符合"气氛效应"理论。

换位理论说明三段论推理包含逆转或换位分析。它常使人不能正确地把握前提的意义或不能把握前提的多重意义。在三段论中,一个前提可有多重意义,或者说,前提是含糊的。例如,一个全称肯定前提"所有 A 是 B"可有两种含义:一种含义是指 A 集和 B 集完全等同或完全重叠,如"所有电灯都是电照明工具";另一种含义是指 A 集是 B 集的一部分,包容在 B 集之中,如"所有鸟都是动物"。特称前提则更加含糊,它可有几种不同的含义。只是"没有一个 A 是 B"这种前提是明确的,它仅有一种含义,即 A 集与 B 集无关,两者没有任何重叠。逻辑要求考虑每个前提的全部可能的含义,只有当一个结论适用于所有含义时才能被认可。由此可见,换位理论所说的错误地解释了前提,如将"所有 A 是 B"也理解为"所有 B 是 A",实际上是只抓住这种全称肯定前提的一个意义(等同),而忽略了另一个意义(包容)。但是换位分析并不总是导致错误结论的。例如,有这样的三段论:

前提1:所有 A 是 B
前提2:没有一个 B 是 C
结　论:没有一个 A 是 C

这是一个正确的三段论,即使对前提 1 作了错误的解释,也是可以得出正确结论的。Revlis(1973)曾经发现,当前提换位导致与逻辑分析相同的结论时,推理的进行要优于前提换位导致不合理的结论。这个结果也与"气氛效应"理论不相一致。总之,换位理论认为,人在三段论推理中可错误地解释前提,但推理还是合乎逻辑的。这里所谈的问题在其他的推理形式如命题检验中同样存在,我们在后面仍将涉及。需要指出,换位理论也存在需进一步研究的问题,如促使人作换位分析的原因是什么,为什么人会偏向前提的某个特定意义等等。

三、心理模型理论

"气氛效应"理论和换位理论虽然都对三段论推理提出了自己的解释,但它们对推理的内部心理过程都涉及不多。与这两个理论相比,近来 Johnson-Laird(1983)提出的心理模型(Mental Model)理论则更多地阐述了推理的内部过程。依照这个理论,三段论推理的第一步是构成一个将两个前提中的信息结合起来的心理模型。这种心理模型相当于前提中所述事件的知觉或表象。在这些前提的基础上建构起来的心理模型通常提示某个结论。然后通过搜索与该结论不相容的其他替代的心理模型来评价该结论的真实性。如果搜索不到,即没有足以破坏该结论的对前提的其他解释,那么这个结论就是真实的。由此可见,一个真实的结论不是在逻辑原则的基础上作出的,而是基于语义原则。所有上述推理的过程均依赖于工作记忆的加工资源,并且受制于工作记忆的有限容量。因此,建构心理模型是一个费时的工作。并且有些前提的形式不允许对其信息立即作出整合,因而建构心理模型需进行一系列有赖于工作记忆的加工。总之,在心理模型理论中,建构一个什么样的心理模型是三段论推理的关键。Johnson-Laird(1983)曾经举过一个例子。如现有下列两个前提:

所有养蜂人都是艺术家
没有化学家是养蜂人

从这些前提可以得出什么结论呢?照 Johnson-Laird(1983)看来,从上述前提中可能产生 3 种心理模型。一个比较明显的心理模型是：

                化学家
                化学家
                ·············
                养蜂人＝艺术家
                养蜂人＝艺术家
                （艺术家）
                （艺术家）

在这种模型中，点线表明化学家和养蜂人是不同范畴的人；等号表明每个养蜂人也是艺术家；括号表示可有某些其他非养蜂人艺术家。这个模型提示的结论是"没有一个化学家是艺术家"。这是一个不正确的结论。在 Johnson-Laird(1983) 的一个实验中，60% 被试得出了这个结论。如果建构起第二个心理模型，就可以看出这个结论的错误。第二个心理模型是：

                化学家
                化学家＝艺术家
                ·············
                养蜂人＝艺术家
                养蜂人＝艺术家
                （艺术家）

这个心理模型提出的结论是"一些化学家不是艺术家"。这也是一个错误的结论，有 10% 被试得出了这个结论。同样，建构了第三个心理模型，就可以看出这个结论的错误。第三个模型是：

                化学家＝艺术家
                化学家＝艺术家
                ·············
                养蜂人＝艺术家
                养蜂人＝艺术家

那些连续建构了这 3 个心理模型的被试也许感到，不可能从前提中得出任何正确的结论。确有 20% 被试是这样想的。但是，从这些前提中是可以得出一个正确结论的："一些艺术家不是化学家"。这个结论所表达的逻辑项的关系都存在于上述 3 个模型之中，但只有在建构了所有这 3 种模型之后才易被发现。然而在这项实验中，没有一个被试（大学生）得出了这个正确的结论。这无疑与本例的三段论的类型有关。这 3 种心理模型的更迭也可看作是搜索替代的模型。假如被试最初形成了第三个心理模型并发现结论,那么,即使后来又搜索到其余两个模型,由于它们都与第三个心理模型提供的结论相容,因此可认为该结论是正确的。当然,不管最初形成的是哪一个心理模型,情况在原则上是一样的。这个例子清楚地说明,心理模型理论认为三段论推理可以顺利进行而不需应用任何逻辑规则。

前面介绍了有关三段论推理的几个心理学理论。无论从实验事实或理论解释都可见到,人的三段论推理或演绎推理的实际进程往往偏离逻辑规范。虽然换位理论正确地说明,人在三段论推理中所犯的一些错误可能来自错误地解释了前提,而不是逻辑上的错误,但它不能解释所有的错误。"气氛效应"理论和心理模型理论都表明,三段论推理基本上不是逻辑性质的或无须逻辑规则的应用。这个问题涉及逻辑和心理学这两门学科的关系,已长期存在争论。但从信息表征和操作的角度来研究推理已证明是有效的方向。

第二节 线性三段论

线性三段论又称关系推理,现又称三项系列问题(Three-Term Series Problem)。在这种推理或问题中,所给予的两个前提说明了3个逻辑项之间的可传递的关系,如"A 比 B 大,B 比 C 大",要求作出结论,说哪个最大或哪个最小。由于3个逻辑项的关系是 A>B>C,具有线性特点,故称线性三段论或三项系列问题。然而前提中各项的关系可有不同的表达方式,如"A 比 B 大"或"B 比 A 小",因而3个逻辑项的顺序也可有不同,如"A 比 B 大,B 比 C 大"或"A 比 B 大,C 比 B 小"。要正确地得出结论,就必须对前提中的信息进行适当的表征。在实验研究中,通常给被试呈现两个前提和一个相应的问题,要求他们尽快地作出回答,记录其反应时和正误。据此来探讨信息的表征和推理的过程。这方面的研究近来受到重视,提出了几个不同的模型。

一、操作模型和空间表象模型

Hunter(1957)提出一个操作模型。它认为两个前提中的信息形成一个统一的内部表征,其中3个逻辑项是依一种"自然的"顺序来排列的;如以"A 大于 B,B 大于 C"的例子来说,那么 ABC 三项是按其大小来排列的。由于在两个前提中都是同样的"大于"关系,即为 A>B>C,所以在这种表征中,即使中项(B)省略,其余两项的关系仍可正确地保持下来,即 A>C。这样,被试若要回答哪个最大或最小,就可从表征中直接读出。这个模型可以预见前提的不同表达方式在加工的难易程度上的差别。如果两个前提是"A 大于 B,C 小于 B",那么与上述"A 大于 B,B 大于 C"相比,它较难形成内部表征。因为它的第二个前提中的逻辑项的关系和顺序均与"B 大于 C"不同,所以要形成一个统一的表征,就需要事先将这个关系进行转换并调整各项的顺序,也就是说要将"C 小于 B"转换为"B 大于 C",这需要额外的时间。因此,从"A 大于 B,C 小于 B"得出结论需时较多。这个预见为实验结果所证实。这个操作模型提出较早,也显得比较简单,但它的基本思想后来为其他模型所吸收。

以 Huttenlocher(1968)为代表的空间表象模型吸收了操作模型的基本思想,即两个前提的信息形成统一的表征以及其中各逻辑项按一定顺序排列,但它认为这种表征是形成空间表象。空间表象模型可看作操作模型的扩充或延伸。依照空间表象模型,被试对两个前提中的各项形成一个空间序列表象。仍以"A 大于 B,B 大于 C"的例子来说,被试可运用表象按各项的大小在垂直方向上,自上而下地或在水平方向上从左到右地依次排列,即形成一个空间序列 $\begin{matrix} A \\ B \\ C \end{matrix}$ 或 ABC。这样,3 个逻辑项之间的关系就可从它们在这个空间序列中的相对位置来判定。被试若要回答哪个最大或最小,即可从这种空间序列中读出。Huttenlocher(1968)还进一步假定,任何一个特定的三项系列问题的难度依赖于两个因素,即每个前提中的逻辑项的顺序和前提的顺序。由此看来,一个最容易的问题是其首项为终端项(如最大的或最小的),而其余各项又可以自上而下或从左到右地连续进入表象出的空间序列。因此,"A 大于 B,B 大于 C"应比"B 大于 C,B 小于 A"更易于加工。这个看法得到反应时和正确率的实验结果的支持。总的来看,空间表象模型是有一些依据的。被试报告在解决三项系列问题时,有表象伴随(Huttenlocher,1968)。能激活表象的材料有助于推理,而运用表象也可提高被试的成绩(Shaver et al.,1975)。令人感兴趣的是,被试在真实空间的实际操作也会遇到空间表象模型所预见的那种困难:实验作业是将散置的彩砖码成一摞,当要求码放绿砖时,如果指示语是"将绿砖码在红砖下面",就比给另一个指示语"红砖应在绿砖上面"较易加以操作。由于这个作业包含视知觉,而且其结果也与三项系列问题相似,因而曾设想三项系列问题的心理表征应是视觉表象。应当说,这个设想没有坚实的依据,因为所观察到的实际操作的结果同样与信息的语义形式或概念形式的再组织也是吻合的。在"表象"一章中,我们已经指出,对于表象能否看作一种实际的信息表征存在着原则性的争论。这无疑要涉及空间表象模型,并影响对它的评价。

二、语言模型

Clark(1969)提出了一个语言模型。这个模型与操作模型和空间表象模型都是对立的。它认为三项系列问题的表征既不是统一的,也不是表象性质的,而是由命题构成的。语言模型包含 3 个基本原则。依照第一个原则,一个前提的两个逻辑项分别由命题来表征,如前提"汤姆比迪克高"即可转换为两个内部表征:"汤姆是高的"和"迪克是高的";但是这样一来,两个逻辑项(汤姆和迪克)之间的比较关系就被消除了,所以必须假定它们有不同的权重,以便后来通过比较权重就可以将逻辑项之间原有的关系提取出来;换句话说,"汤姆是高的"这个表征比"迪克是高的"有较大的权重,由此可知其高度差别。第二个原则说明,前提与问题的一致性影响问题的解决。当前提与问题一致时,问题可更快地解决,否则要慢。例如,当前提为"汤姆比迪克高,哈里比汤姆高",与之一致的问题"谁最高"要比不一致的问题"谁最矮"回答起来更快。依照第三个原则,一个无标记的比较级形容词(Unmarked Comparative Adjective)比一个有标记的比较级形容词(Marked Comparative Adjective)更易于加工。所谓无标记的形容词是指像"好"、"高"、"长"、"深"这类形容词,它们是中性的,只传达在量表上的相对位置。有标记的形容词如"坏"、"矮"、"短"、"浅"等则同时含有绝对信息。如说"迪克有多矮",这句话含有迪克身矮的意思;而说"迪克有多高",则不管其实际高度如何,这样讲都适宜。无标记的形容词常是一个维量的名称,如高度、长度等。从前面所述可见,语言模型就问题的难度提出了不同的预见。

将语言模型与空间表象模型加以比较,现有的证据多有利于语言模型。前面说过,语言模型认为前提与问题的一致性影响问题解决的速度。这个预见已为实验所证实(Potts 和 Scholz,1975)。从语言模型来看,当前提是"A 比 B 高,B 比 C 高",若问"谁最高",回答起来就比问"谁最矮"要快,因为前提是以命题来表征的,即"A 是高的","B 是高的",问题"谁最高"与前提表征一致,回答起来要快些,而问题"谁最矮"与前提的表征不一致,需要进行转换,增加额外的时间,故回答要慢。但空间表象模型却无法解释这种一致性的作用。依照空间表象模型,一旦就上述前提形成一个自上而下的或从左到右的表象序列 $\begin{smallmatrix}A\\B\\C\end{smallmatrix}$ 或 ABC,那么不管是问"谁最高"或"谁最矮"都是一样的。在这个问题上,语言模型显得更符合实际。Potte 和 Scholz(1975)还发现,当问题紧接着前提提出时,才出现一致性效应,若有延迟将不出现。他们并指出,语言模型认为每个前提都是分别表征的,不构成一个统一的序列,这样就不能解释前提呈现的顺序对问题难度的影响。这个评论是有道理的,应予重视。在这一点上,空间表象模型恰可予以解释。语言模型和空间表象模型还在否定式前提上有不同的预见。在"B 不像 A 那样好"和"A 不像 B 那样坏"这两个前提中,从空间表象模型来看,前者的加工时间要长于后者,因为前者的表象要在从右到左或自下而上这种不适宜的方向上构成,而后者则否;但是,语言模型的预见与之相反,认为后者的加工时间要长于前者,因为后者所包含的是一个有标记的形容词。实验结果通常支持语言模型。尽管如此,现在也无法否定空间表象模型,更不能认为线性三段论推理只包含语言加工而不包含表象加工。也许这两种对立的模型反映着在不同情况下采用的不同策略。Wood(1969)提出,随着练习的进行,被试倾向于从表象策略转向语言策略,而 Shaver 等(1975)发现,经过较多训练的被试更常应用表象。这个矛盾的结果可能有多方面的原因,其中被试的个别差异应是一个重要的因素。Griggs(1978)认为,可以在三项系列问题实验中,区分两种类型的被试。一种是构成线性顺序的内部表征,如操作模型或空间表象模型所说明的。另一种是贮存相邻的成对的命题表,如语言模型所说明的。照他看来,这些不同的表征形式的主要差别在于操作模型和空间表象模型所主张的表征是预存的(Prestored),而语言模型主张的表征是计算的(Computational)。在预存的表征中,关系可直接读出,但对计算的表征,关系则要计算,这个看法较准确地说明了两种对立的模型的本质差别。

三、语言-表象混合模型

在空间表象模型和语言模型相对立的情况下,Sternberg(1980)提出了一个语言-表象混合模型。这个模型认为,线性三段论推理既包含语言过程,也包含表象过程。具体地说,被试首先对前提中的语言信息进行语言加工,然后将前提信息再编码为一个空间序列即空间表象,接着在阅读问题和准备回答时再进一步进行语言加工。Sternberg(1980)曾经做了一系列的实验,来支持他提出的混合模型。为了确定发生了什么样的加工过程,他着眼于求得三项系列问题的各种因素的操作速度与语言能力和空间能力的相关。结果发现,语言能力和空间能力的相关系数仅为+0.20,但两者都与问题解决的速度有较高的负相关。语言能力和空间能力与问题解决速度的相关系数分别为—0.35和—0.49。这个结果说明,三项系列问题的解决既有语言加工又有表象加工的参与。此外还发现,空间能力和语言能力相比,前者与编码时间的相关(—0.51)高过后者(—0.25),这似乎支持信息以表象来编码的假设。但是,这两种能力与阅读和回答问题的时间的相关情况则倒过来了,空间能力与这个反应时的相关系数仅为—0.09,而语言能力的相应的系数则为—0.30,这符合混合模型关于阅读和回答问题包含语言加工的设想。Sternberg(1980)还将混合模型的预测准确性与空间表象模型、语言模型进行比较,发现混合模型的预测准备性高于其他两个模型。Sternberg和Weil(1980)进行了一项很有意思的研究。他们根据上述3个模型中,哪一个能最好地预测每个特定被试的行为,将被试分为语言组、空间组和混合组。结果发现,语言组被试的问题解决的速度与语言能力有关,而与空间能力无关;空间组被试的问题解决的速度只与空间能力有关;混合组被试的问题解决速度与语言能力和空间能力都有关。这个结果提示,被试在解决三项系列问题中可应用不同的策略,语言过程和表象过程在其中的作用也不一样。从策略的角度来看待各种模型是一个可能的方向,若考虑到Wood(1969)、Shaver等(1975)提到的策略转换现象,那么混合模型可以说是一个策略转换模型。Sternberg所说的两端为语言加工而中间为表象加工的过程,也许只是一种常见的模式,似不应排除其他转换模式的可能性。他所进行的相关研究并不是区分诸加工阶段的有力的证据。

我们在前面介绍了线性三段论推理的几个模型,其中重要的是互相对立的空间表象模型和语言模型。它们之间的根本区别在于信息表征的形式不同。目前虽然有较多的证据支持语言模型,但也没有充分理由来否定空间表象模型。这个情况与总的信息表征问题的现状相一致,恐非短期内可发生根本变化。迄今对线性三段论的研究常采用一些比较抽象的、缺少上下文的问题,若采用比较具体的、接近日常生活的问题,并且联系推理策略及其个别差异,这对进一步研究的开展无疑是有益的。

第三节 命题检验

命题检验也是一种重要的推理形式。它与演绎推理或三段论推理有所不同。如果说演绎推理是从前提中得出结论,它的核心问题是前提和结论的内部一致性;那么命题检验是将证据和命题的真伪联系起来,它关心的是哪些证据能够说明命题的真伪,即可进行证真或证伪,以及怎样收集这些证据。在前面"概念"一章中,我们曾谈到假设考验及其各种策略。这种假设考验就是一种命题检验。例如,在应用保守性聚焦策略时,就会出现这样的推理:"既然两个红色圆形是肯定实例,如果两个绿色圆形是否定实例,那么颜色是否是有关属性呢?"这样的推理即为命题检验。在应用其他策略时也都有类似的情况。在命题检验中,一个引人注目的现象是人表现出强烈的证真倾向,即极力去证实命题是真,而很少尝试证实命题为伪。这个问题成为当前命题检验的研究重点,获得一些有意义的结果。

一、证真和证伪

这方面的研究以 Wason(1966,1968)以及 Wason 和 Johnson-Laird(1972)所进行的选择作业或四卡片问题的实验最为著名。这种实验的一个典型的程序如下:给成年被试看 4 张卡片,其中两张的正面各有一个字母,一张卡片有元音字母(E),另一张卡片为辅音字母(K);另两张的卡片正面各有一个数字,一张卡片为偶数(4),另一张卡片为奇数(7),见图 10-1。同时告诉被试,每张卡片都有一个字母在一面,有一个数字在另一面,并提出一个规则:"若卡片的一面为元音字母,则另一面为偶数"。要求被试说出为了证实这个规则的真伪而必须翻看哪些卡片。结果表明,只有约 10% 被试作了正确的选择,即认为需翻看卡片"E"和"7";将近 50% 被试说要翻看卡片"E"和"4",约 35% 被试认为只须翻看卡片"E",其余的为各种不同的选择。最引人深思的结果是极少被试认为须翻看卡片"7",不管它是与哪张卡片一块翻看的(Johnson-Laird 和 Wason,1970)。很明显,被试在这种选择作业中,极力去搜索可以证实规则为真的卡片,而较少尝试寻找可以证实规则为伪的卡片。

要了解上述作业中的正确选择与全部实验结果,就必须考虑所检验的规则的意义及各种可能性的真值。上述规则可简缩为"若是元音,则为偶数"。这个规则实际

| E | K | 4 | 7 |

图 10-1 选择作业的刺激卡片

上是以符号表示的一般的条件命题"若 p,则 q"的一个特例。这种条件命题的真值表见表 10-1,其真值是以命题逻辑为依据的。表中字母上的"-"意为"非"。

表 10-1　条件命题"若 p,则 q"的真值表

一般形式	特例	真值
p q	元音,偶数	真
p q̄	元音,非偶数(元音,奇数)	伪
p̄ q	非元音,偶数(辅音,偶数)	真
p̄ q̄	非元音,非偶数(辅音,奇数)	真

（表头上方："可能的形式"）

从上表可见,只有 p q̄ 这一种形式是伪的,在本例中即元音带奇数的卡片是不应有的。需要注意,前面提出的规则"若卡片的一面为元音字母,则另一面为偶数",只说明元音字母的卡片必须有偶数,它并没有说偶数的卡片必须有元音字母,也更未涉及辅音的卡片。从逻辑的角度来看,要检验这个规则,在上述 4 张卡片中,有元音字母 E 的卡片是要翻看的。如果在该卡片的背面是奇数,就可以否定这个规则。但没有必要翻看有辅音字母 K 的卡片,因为它背面是偶数还是奇数都没关系。同样,有偶数数字 4 的卡片也不必翻看,因为即使它背面是元音字母,从而证实这个规则为真,但若背面是辅音字母,这个规则仍然可以成立。而有奇数 7 的卡片是必须翻看的,因为它的背面若为元音字母,则将否定这个规则。一般说来,翻转对应于 p̄ 或 q 的卡片并不能提供有用的信息,而对应于 p 或 q̄ 的卡片则必须翻看,因为只要发现有 p q̄ 的例子,规则即可否定。

以上说明,不管一个规则或命题得到多少次肯定,它都不能被普遍地认为是真的,但仅仅一个矛盾的例子就可以将它否定。然而,实验结果表明,人们在命题检验中常偏离逻辑的要求,表现出强烈的寻求肯定的倾向,很少作出否定的尝试。Wason(1966)指出,被试在完成四卡片作业中发生困难的实质即在于此。Wason(1968)还进一步发现,即使在指示语中,明确要求被试选择卡片以证实规则为伪,这也不能有效地改善他们的行动;甚至引进一种"治疗程序"来强调 q̄ 即卡片"7"在否定规则中的潜力,相对地说收效也不大。一些被试确实选择了 q̄,但也保留了 q,总的来说,被试选择了 p,q 和 q̄。Johnson-Laird 和 Wason(1970)根据这些实验结果提出了一个模型。他们认为,可以区分 3 种顿悟(Insight)水平,即无顿悟、部分顿悟和完全顿悟。处于"无顿悟水平"时,被试企图证实规则为真,而不试图证实规则为伪,他们的操作是选择 p,或选择 p 和 q。处于"部分顿悟水平"时,被试企图证实规则为真或为伪,其操作是选择 p,q 和 q̄。而处于"完全顿悟水平"时,被试企图证实规则为伪,即选择 p 和 q̄。显然,要达到完全顿悟水平,就必须克服那种追求肯定的倾向。

二、选择作业困难的理论解释

对成年被试在选择作业中表现出的困难,除上述 Wason 提出的解释以外,也还存在其他的解释。其中的一种认为,这些困难与实验作业的抽象的、非现实的性质有关,所采用的字母和数字的卡片问题不具体,没有什么意义,远离人们的生活和经验。这种

解释有一定道理，得到一些实验结果的支持。Wason 和 Shapiro(1971)曾经做过另一种四卡片问题的实验。他们应用的卡片在一面写着交通工具，在另一面写着目的地；给被试看的 4 张卡片的正面分别写着"曼彻斯特"(Manchester)、"利兹"(Leeds)、"小汽车"、"火车"，前两张写的是英国的城市名，后两张为交通工具名称。告诉被试的规则是"我每次去曼彻斯特都是乘火车"，要求他们决定为判断该规则的真伪，必须翻看哪些卡片。结果表明，62%被试给出正确的回答，说要翻看"曼彻斯特"和"小汽车"，即选择 p 和 $\bar{q}$。前面提到，正确解决抽象的四卡片问题（字母和数字）的被试仅约占 10%。两者的差别是很大的。这个结果说明，具体的和有意义的材料使推理易于进行。但是后来的研究揭示，关键并不在于材料的具体性本身，而在于它与人的经验的联系。Griggs 和 Cox(1982)在佛罗里达州的美国大学生中重复做了上述的实验，但未能得到与 Wason 和 Shapiro 相一致的结果，这很可能是由于许多美国大学生没有关于曼彻斯特和利兹的直接经验，并不是因为材料不具体。Griggs 和 Cox(1982)的另一个四卡片问题的实验结果却与 Wason 和 Shapiro 相一致。这个实验应用的 4 张卡片的正面分别写着"喝啤酒"、"喝可乐"、"16 岁"、"22 岁"，背面也作相应安排；告诉被试的规则是："若有人喝啤酒，则该人年龄必超过 19 岁"，要求进行检验，结果有高达 73%的被试作出正确的选择，即要翻看 p 和 $\bar{q}$。应当指出，上述有待检验的规则是符合佛罗里达州的饮酒法的。显然，人们的有关经验有助于正确的推理。此外，关于材料的抽象性和具体性所引起的差别，Gilhooly 和 Falconer(1974)也发现，这种差别并不突出，9%被试对抽象材料作了正确回答，21%被试对具体材料作了正确回答，仍有多数被试对具体材料作了错误回答。可见材料性质本身并不是影响推理的一个重要因素。然而应当设想，人的经验的作用似乎也与材料的性质有关，因为记忆中贮存的信息主要是关于事物的意义的。

  对人们在解决四卡片问题中发生的错误，还可以提出其他的解释。有一种看法认为，人们之所以犯错误，是因为他们错误地解释了命题或规则的意义，类似在三段论推理中发生的换位。具体地说，就是将一个单向的条件命题错误地看作双向的、双重的条件命题了。人们将"若 p，则 q"同时理解为"若 q，则 p"，即认为"若卡片的一面为元音字母，则另一面为偶数"也意味着"若卡片的一面为偶数，则另一面为元音字母"。前面已经说过，在四卡片问题实验中的规则实际上是单向的，不是双向的。许多被试在 EK74 例子中决定翻看"E"和"4"两张卡片，显然是将单向的条件命题当作双向的了。在人们的日常生活中，"若 p，则 q"这种条件命题所表达的事物之间的联系既可是单向的，也可是双向的。例如，"犯法就要受到法律制裁"这个命题是双向的，因为倒过来说"受到法律制裁的必系犯法"也是正确的；而"工作过多就会疲劳"这个命题则是单向的，固然工作过多可以引起疲劳，但疲劳不一定是工作过多引起的，人们社会生活中的一些规则本质上是一种约定，它们在一般情况下往往是双向的，如车辆在交叉路口遇红灯停驶，成绩及格准予毕业，三分线以外投篮命中得三分等。在 EK74 这类抽象形式的问题中，其规则听起来与之类似，因而容易被理解为双向的。但是，具体的有意义的材料可以激活人的有关经验,避免错误的理解:如果我去曼彻斯特是乘火车,但我乘火车未必就是去曼彻斯特。从对命题或规则的错误理解来解释人在四卡片问题上的错误,确实是有一定道理的。但是,被试在实验中对卡片的选择或其操作的模式却并不完全支持这种假设。假定被试真的将"若 p,则 q"这个单向的条件命题错误地理解为双向的了,那么这种双向的意义说明只应有 pq 和 p̄q̄ 的例子,而不应有 pq̄ 和 p̄q 的例子。这时对命题的正确检验就需要被试翻看所有 4 张卡片,以发现是否有 pq̄ 或 p̄q 的例子。然而,事实是只有极个别的被试这样做了,绝大多数被试并未这样做,他们的选择也是"不合逻辑的"。造成这种情况的一个可能的原因在于指示语。主试在实验时告诉被试只翻看那些必需的卡片,限制了被试选择卡片的数目。

前面提到,在 Wason 等人的实验中,有相当数量的被试(有时高达 35% 左右)对 EK74 卡片只选择一张"E"卡片。对此,Staudenmayer 和 Borne(1978)设想这些被试是从个别成分的角度,而不是从类别的角度来解释规则的。具体说来,他们将"若卡片的一面为元音字母,则另一面为偶数"转译为"若卡片的一面是 E,则另一面是 4"。从这样的解释来看,许多被试只选择"E"卡片就是合理的了。上述设想对理解推理过程是有帮助的。所有这些看法归到一起,促使人们再一次地注意到,命题检验和三段论推理一样,也依赖问题表征,发生错误的根源可能不在逻辑操作,而在不正确的问题表征。

Evans(1972),Evans 和 Lynch(1973)对被试完成选择作业提出自己的解释。他们认为,被试在解决四卡片问题时有一种"匹配偏向"(Matching Bias),即倾向于选择在规则中提到的项目,将选择的项目与之匹配。这个看法得到实验的支持。Evans(1972)在实验中给被试提供一系列卡片,每张卡片的一面是一个字母,另一面是一个数字;要求被试说出能够否定规则的那张卡片上的字母和数字。当规则是"若字母是 T,则数字不是 4"时,许多被试作了正确的回答,说是"T 和 4"。但当规则改为"若字母不是 T,则数字是 4"时,许多被试仍然给出同样的回答。这种回答是完全错误的,正确的回答应是"不是 T 的字母和不是 4 的数字"。被试的回答显示出匹配偏向。这种匹配偏向其实就是一种定势。它的作用自不应排除,但它未必能说明全部问题。Wason 和 Shapiro(1971)所做的"曼彻斯特"和"火车"的实验是无法用匹配偏向来说明的。

前面介绍了 Wason 的选择作业及有关的研究。这些研究结果揭示了人的推理或思维的某些重要特征。特别突出的是,它们表明智力正常的成人的思维也有一定的弱点。虽然这些弱点也许并非来自逻辑操作本身,而与寻求肯定倾向、知识表征和匹配偏向等非逻辑性质的因素有关。但它们的出现不是偶然的。思维或推理作为一个认知过程,其操作包括逻辑操作是离不开信息的贮存和表征的。即以 Wason 等人提出的寻求肯定倾向来说,它在其他情况下是可能起有益作用的。Wethesick(1970)将寻求肯定倾向看作一个一般有用的策略,认为人在命题检验中的困难反映着这个策略的迁移。这种看法是可以争议的。但若考虑到人是一个能力有限的信息加工器,而否定的命题又难于加工,那么在命题检验中出现寻求肯定倾向也就不足为奇了。

第四节 概率推理

从前面所述可见,在三段论推理和命题检验中,人需要处理具有真伪性质的信息。但是,这种严格区分真伪的信息并不是人们日常生活中所需处理的全部信息。事实上,人们在生活中常碰到许多不确定的信息,即具有概率性质的信息。如天阴未必就会下雨,而面带微笑不都意味着友好,出现某种症状并不必然就是生病。人们需要在这种不确定信息的基础上作出决定,即要进行概率推理,得出适当结论。正如逻辑为三段论推理和命题检验提供了获得结论的规则,概率论和统计学则为处理概率信息提供了形式化模型。人们可以学习并掌握这些模型,但人们在直觉地加工不确定信息时,往往偏离这些形式化系统的要求,也如演绎推理常偏离逻辑规则那样。

一、形式化模型

概率以从 0 到 1 的数字来表示。一个概率为 0 的事件($P=0.00$)意味着该事件是不可能的。而一个概率为 1 的事件($P=1.00$)意味着该事件肯定会出现。概率值在 0 到 1 之间意味着一个事件有或多或少的机会可出现。概率可分为客观概率和主观概率两类。客观概率基于对事件的物理特性的分析。如一个骰子有六面,向上抛掷后,任何一面朝上的概率为 1/6 即 0.166。当一个事件出现的实际机制尚未清楚理解时,该事件的概率可按观察到的该事件在过去长时期内出现的相对频率来确定,如预报某地某日的天气情况。主观概率与客观概率不同。主观概率仅存于人的头脑中,它是人对事件的客观概率的判断。主观概率为 1 意味着人相信某个事件会出现,主观概率为 0 意味着人相信某个事件不会出现,而各个中间值则反映不同的信心水平。但是这种计算不是基于对客观情境的分析,而是常基于人自己的经验或希望。因此,主观概率与客观概率往往不相符合。在进行概率推理时,人需要正确理解概率信息的实质,并正确地将有关的概率信息即客观概率组合起来,才能得到正确的结论。

概率论提供组合概率的规则。现在来看常被引用的一个例子:你坐在桌旁,面对着布幔,在布幔的后面有两个盒子,左面的一个装着 70 个红球和 30 个白球,右面的一个装着 30 个红球和 70 个白球;在布幔的后面,主试者以掷硬币的办法来决定从哪一个盒子取球,并从中取出 4 个白球和 2 个红球;问主试者从左面盒子里取出这些球(样本)的概率有多大?可以看出,在这个样本取出以前,左面盒子被选中的概率为 0.50,因为用抛硬币的办法来选择,两个盒子有同等概率被选中。但是,问题在于样本取出之后这个概率应予调整。如何计算从左面盒子中取出样本的概率呢?这里需应用贝叶斯公式(Bayes' Theorem),它是在这类情境中进行正确推理的模型。贝叶斯公式的内涵是,在事件已经完成之后,某个假设是正确的概率依赖于(1)在事件出现之前,该假设是正确的概率;(2)如该假设是正确的,事件可望出现的概率;(3)如任何其他假设是正确

的,事件可望出现的概率。应用这个公式可以确定概率在观察资料的基础上是如何变化的。贝叶斯公式的一个一般形式是这样的:

$$P(H_1/D) = \frac{P(H_1)P(D/H_1)}{P(H_1)P(D/H_1) + P(H_2)P(D/H_2)}$$

在式中,H_1 和 H_2 代表两个不同的假设;$P(H_1)$ 和 $P(H_2)$ 分别代表事件出现前的 H_1 和 H_2 是正确的概率;D 代表样本或事件;$P(H_1/D)$ 为事件出现后,H_1 是正确的概率;$P(D/H_1)$ 是在 H_1 为正确时,事件可望出现的概率;$P(D/H_2)$ 是在 H_2 为正确时,事件可望出现的概率。现在可将这个公式用于上述例子。在该例中,用抛硬币的办法来选择盒子,左面的和右面的盒子有同等概率被选中,因此 $P(H_1)$ 和 $P(H_2)$ 均为 0.50。从左面盒子取 6 个球为 4 白 2 红的概率即 $P(D/H_1)$ 为 0.0555,而从右面盒子取 6 个球为 4 白 2 红的概率即 $P(D/H_2)$ 为 0.3346。将有关数据代入上述贝叶斯公式则得

$$P(左盒/样本) = \frac{(0.50)(0.0555)}{(0.50)(0.0555) + (0.50)(0.3346)} = \frac{0.02775}{0.19505} = 0.14$$

计算结果表明,从左面盒子中取出 4 个白球 2 个红球的概率是很小的,这个样本有更大的概率是从右面盒子取出的。

令人感兴趣的是那些不掌握或未应用贝叶斯公式的人是如何回答上述问题的,即直觉的概率推理的结果是怎样的。实验表明,被试通常认为从左面盒子取出样本的概率小于 0.50,一般的主观估计约为 0.40。将被试的主观概率与按贝叶斯公式计算的结果加以对照,可以看出,直觉的概率推理与计算结果在肯定或否定的方向上是一致的;但直觉的概率推理略嫌保守,人在调整概率时未达到相应的数值(Slovic & Lichtenstein,1971)。这种结果使人觉得,普通人的概率推理一般类似贝叶斯公式的预测,因此概率论和统计学提供了人作为直觉式统计学家的模型(Peterson & Beach,1967)。而在概率数值上表现出来的保守或错误,则可能由于对概率的判定或诸概率的组合不够精确之故。

二、启发式策略

然而,近年来的一些研究表明,人加工概率信息的方式与上述形式化模型可能极少有或根本没有关系,人们实际的直觉式概率推理完全不同于它应该是怎样的。Kahneman 和 Tversky(1972,1973)的研究表明,人们在进行概率推理时,往往忽视事件的基准率信息,不顾事件的先验概率,而是采用一些启发式策略,如代表性启发法(Representativeness Heuristic)、可得性启发法(Availability Heuristic)和调整启发法(Adjustment Heuristic)等,正是这些启发式策略引导概率判断或推理。依照 Kahneman 和 Tversky 的看法,代表性启发法是指人们倾向于根据样本是否代表(或类似)总体来判断其出现的概率,愈有代表性的,被判断为比较少代表性的愈常出现。例如,当一个客体或一个人具有的显著特征可以代表或极似所想象的某一范畴的特征,则它易被判断

为属于该范畴。这已为一些实验所证实。在 Kahneman 和 Tversky 的一个实验中,给被试简要介绍某个人的特征,并说明这是从 100 人中随机取出的;但告知一组被试,这 100 人中有 70 人是工程师,30 人是律师;对另一组被试则说 70 人是律师,30 人是工程师;要求两组被试都来判定所介绍的那个人是工程师(或律师)的概率有多大。其中一个人的介绍被设计为极像被试的工程师的定型,并与律师的定型相去甚远,如"杰克是 45 岁的男性,已婚并有 4 个孩子;他一般显得保守,谨慎,有事业心;对政治和社会问题不感兴趣,绝大部分业余时间都花在家庭木工、驾帆船和数学游戏上。"对此,两组被试都判定该人为工程师的概率约为 0.90。这个判断明显地反映出代表性启发法的应用:杰克的介绍非常类似一个典型的工程师,而不像典型的律师,因此他很可能是工程师。这个判断没有考虑事件的基准率信息,也即工程师在两组中所占的不同比例。本来,这种概率评估应受制于被介绍的人究竟是从哪一种人员构成中随机取出的,但人们在实际进行判断时,根本未考虑工程师和律师在总体中的百分比。另有一个例子:在一所高中有两套教学计划,男生在第一套教学计划中占多数(65%),在第二套教学计划中属少数(45%);两套教学计划分别包含的班级数目相同;现在你随机地走进一个班级,并且发现该班的 55% 的学生是男生,问这个班是属于第一套还是第二套教学计划?绝大多数被试回答这个班属第一套教学计划。但是,他们作出这种回答是没有正当理由的,因为两套教学计划包含相同数量的班级,而且在第一套教学计划中,男生未必在每个班级都占多数,所以这个班有同等概率属于任何一套教学计划。绝大多数被试之所以认为这个班属于第一套教学计划,显然是由于他们注意到这个班的男生占多数(55%),而这可以代表第一套教学计划(男生多于女生)。换句话说,他们在作出判断时应用了代表性启发法。这里所举的两个例子都说明了代表性启发法及由此产生的错误。但代表性启发法是可以起积极作用的。现在回到前面所举的 6 个球的例子,被试认为从左面盒子(70 个红球 30 个白球)中取出 4 白 2 红的概率小于右面盒子(70 个白球 30 个红球)。这也可以看作代表性启发法的作用:4 白 2 红的样本类似右面盒子中白多红少的构成。这样看来,代表性启发法与贝叶斯公式的预测在某些特定场合可能是一致的,从而造成人的概率推理遵循贝叶斯公式的印象。

应当指出,人们在作出概率评估时是能够应用基准率信息的。仍以前面提到过的工程师和律师的例子来说,如果只对两组被试说,从总体中随机地选取一人,而不对该人的情况作任何介绍,要求判定该人为工程师的概率,则两组被试可根据分别被告知的两种人员的比例,正确地判定该人为工程师的概率分别为 0.70 和 0.30。问题在于,一旦给该人作一些介绍,甚至只提供一些没有什么价值的信息,情况则将不同。如说"迪克是 30 岁的男性,已婚,无子女;该人很能干,有进取心和发展前途,受到同事的尊敬",则两组被试的典型回答是认为该人是工程师和律师的概率相等,均为 0.50,还是忽视了基准率信息,即工程师和律师在总体中的比例。这说明基准率信息的应用依赖于一定条件。对此,Tversky 和 Kahneman(1978)进行了进一步研究。他们在一个实验中告知被试：在一个城市中有两家出租汽车公司，即蓝色公司和绿色公司，现在发生一起出租汽车事故，要求他们判定出事故的出租汽车是蓝色公司的概率；此外，他们告诉一组被试，该城市的出租汽车的 85% 属蓝色公司，15% 属绿色公司，并向被试提供一份不完整的目击者的证词；而对另一组被试则说，该城市的出租汽车由两家公司各占一半，但出租汽车事故中的 85% 属蓝色公司，15% 属绿色公司，也提供同样的证词。结果发现，前一组被试在作出判断时，大多忽视出租汽车的基准率，主要依靠目击者的不完整的证词；后一组被试则主要依靠基准率信息。这个实验结果是很有意思的。在两种情况下，提供给被试的有关的基准率信息是一样的，但只在后一种情况下，即告知事故率时被应用。看来，人们倾向于在因果关系中来考虑基准率信息。事故的百分比直接说明驾驶情况或倾向，后者则影响事故出现的机会大小。这些资料表明，对于在什么条件下可应用基准率信息，在什么情况下将会应用代表性启发法，均需作更深入的研究。

Tversky 和 Kahneman(1973) 所说的可得性启发法是指，人们倾向于根据一个客体或事件在知觉或记忆中的可得性程度来评估其相对频率，容易知觉到的或回想起的被判定为更常出现。例如，要求人们回答：字母 K 在英文字里是常出现在第一个字母位置还是第三个字母位置？绝大多数人认为字母 K 常出现于英文字的开头。对字母 L、N、R 和 V 也有类似的看法。但是实际上，在英文里，第三个字母是 K 的字数是以 K 字母起头的字数的 3 倍。人们之所以认为字母 K 常出现于英文字的开头，显然是由于人们容易回忆出以某个特定字母开头的字，而不容易回忆出有特定的第三个字母的字。这与人的记忆组织是分不开的。由此可见人的推理受记忆结构的制约。可得性启发法在事件的可得性与其客观频率有高度相关时是非常有用的，否则也可以引起错误。

调整策略是指以最初的信息为参照来调整对事件的估计。在判断过程中，人们最初得到的信息会产生"锚定效应"(Anchoring Effect)，制约对事件的估计。例如，对被试提出下列两个问题中的一个：

(1) $8 \times 7 \times 6 \times 5 \times 4 \times 3 \times 2 \times 1 = ?$
(2) $1 \times 2 \times 3 \times 4 \times 5 \times 6 \times 7 \times 8 = ?$

要求被试在 5 s 内估计出其乘积。限定这么短的时间，为的是不让被试做完整的计算。结果发现，被试对第一道题的乘积估计的中数是 2250，对第二道题的乘积估计的中数是 512。两者的差别很大，并都远远少于正确的答案即 40320。引人注目的是两个乘积估计的巨大差别。这两道题仅在乘数数字排列上有不同，第一道题是依次从大到小，第二道题则相反。应当设想，被试在对问题作了最初的几步运算以后，就以获得的初步结果为参照来调节对整个乘积的估计。由于两道题的乘数数字排列不同，第一道题的最初几步的运算结果大于第二道的，因而其整个乘积估计也较大。最初几步运算的结果产生"锚定效应"，以后的调整均不够充分，未达到应有的水平。这说明调整策略也有一定的局限性。

　　以上介绍了 Kahneman 和 Tversky 提出的概率推理的几个启发式策略。可以看出,这些策略的应用和概念形成、问题解决等一样,都是由于需要减少认知负荷而使信息加工得以顺利进行之故。前面已经说过,启发法并不能保证问题一定得到解决,但往往可顺利地解决问题。上述概率推理中的诸启发法也是这样。即使它们引起错误,也常常是因为忽视了一些其他因素,而不是它们不能应用于推理作业。

11

言　语

言语或语言在人们的生活中有极重要的作用。人的言语活动包含复杂的心理过程，另一方面，它也参与诸如知觉、记忆和思维等许多不同的心理活动。但是，直至20世纪50年代，心理学并未能有效地开展言语的研究。一个主要的原因在于当时占统治地位的行为主义的影响。行为主义否定意识和内部心理过程，用刺激-反应公式和强化原则来解释言语活动和儿童言语获得。这种观点阻碍心理学研究言语活动的内部过程。它在50年代受到著名语言学家Chomsky的激烈批评。Chomsky(1956,1957,1959)指出，在现实生活中，要确认对儿童言语学习的强化是极端困难的，甚至是不可能的；儿童可以说出许多他们以前从未听到过的话，这更无法用强化原则来说明；语言是一个生成系统，在任何一个语言中，都可以说出无数的符合一定规则或语法的话。他强调言语是按一定语法规则组织起来的，并提出生成转换语法理论。他认为句子有表层结构和深层结构，前者涉及句子的形式，后者涉及句子的意义，转换语法可使一种结构转换为另一种结构；在深层结构中存在着所有语言都共同的因素，它们反映着人的认知包括言语的学习和生成的天生的组织原则。Chomsky的理论对认知心理学和心理语言学的兴起和发展曾经起过重要的推动作用，对心理学的言语研究有广泛的影响。

第一节　语言的结构

语言是一个复杂的系统，具有层次结构，从简单到复杂依次有语音、字词、句子和意义等不同层次。每种语言的基本语音单元称为音素，音素对应于元音字母和辅音字母以及字母的结合(sh, ch等)。每种语言的音素的数量有限，一般为几十个，但这些音素的结合可以产生大量的各式各样的语音。一些语音按一定方式结合则可构成词素。词素是每个语言的最小的意义单元。在英语中，词素包括字词、前缀(anti, pre, un等)和词尾(ing, ed等)。英文单词learned可看作是由两个词素构成的，learn表明某个特殊行动，ed表明这个行动的时间。英语有46个音素，这些音素的结合可产生10万以上的词素。研究语音结合为词素的规则属于词法范畴。一些词素按一定规则相结合则可产生短语和句子，这些规则称为句法。词法和句法都涉及单元系列的顺序，前者有关音素顺序以构成词素,后者有关词素顺序以构成短语或句子。词法与句法合起来构成语法,它研究诸语言单元的系列的顺序以构成可接受的话语。

从心理学角度来看,对言语的研究,最重要的是句子水平的研究,因为人要交流的思想只有通过句子才能表达出来。一个人要能说出自己的想法或听懂别人的话,他必须掌握相应的语法。关于如何生成符合语法的句子,存在着各种理论或假说。Chomsky(1956,1957)提出一个最有影响的理论,即生成转换语法(Generative-Transformational Grammar)。它包括短语结构语法和转换语法两部分,而以后者最为著名。

一、生成转换语法

1. 短语结构语法

短语结构语法(Phrase Structure Grammar)认为,一个句子是由许多组成成分构成的,其中短语是重要的结构。例如,一个句子"The old woman ate the small pizza"(老妇吃了小的烤馅饼)就包含不同的组成成分:第一个词 the 是冠词(T),第二个词 old 是形容词(A),第三个词 woman 是名词(N),这 3 个词结合为一个名词短语(Noun Phrase, NP);后面的"the small pizza"也是一个名词短语;动词 ate 和第二个名词短语合起来构成一个动词短语(Verb Phrase, VP);第一个名词短语(the old woman)和动词短语(ate the small pizza)结合起来构成一个符合语法的句子(S),这种结构可见图 11-1。这个图具有一个倒立的树状,故称为树状图。

短语结构语法实际上是由一系列重写规则(Rewrite Rules)构成的。这些规则可使一个符号转换为另一个符号,可表示为 X→Y,即 X 转换为 Y,就是说当出现 X,即可用 Y 来替代。从前面的一个简单句子的树状图,可以得出一系列的重写规则:

(1) 句子(S)→名词短语(NP)+动词短语(VP)
(2) 名词短语(NP)→形容词(A)+名词(N)
　　　　　　　　　冠词(T)+名词短语(NP)
(3) 动词短语(VP)→动词(V)+名词短语(NP)
(4) 冠词(T)→the
(5) 名词(N)→妇人(woman),烤馅饼(pizza)
(6) 动词(V)→吃(ate)
(7) 形容词(A)→老(old),小(small)

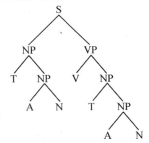

图 11-1　句子的树状图

在以上 7 个重写规则中,前 3 个是基本规则,它们说明一个句子的结构,从最上层的句子到树状图的底层。后 4 个规则使人可以将符号改写为终端成分即一些特定的字词(妇人、烤馅饼、吃、老、小等)。之所以称为终端成分,是因为再没有其他规则可以重写它们。一旦所有的组成成分都是终端成分,那么这时就形成一个完整的句子。经过以上的分析,现在可将各种重写规则的应用及全部终端成分补进前面的树状图(图 11-1),从而得到一个简单的短语结构语法的图解,见图 11-2。

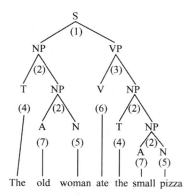

图 11-2 简单的短语结构语法

2. 短语结构的心理真实性

对于句子的短语结构的存在,心理实验提供了若干证据。其中一些实验是利用声音位移方法进行的(Fodor & Bever, 1965; Garrett & Fodor, 1968)。这种方法的基本程序如下:让被试双耳戴上耳机,让他一只耳朵听放送的句子,同时另一只耳朵则听放送的一个咔嗒声,要求被试写下所听到的每个句子并且标出在句子的什么地方出现咔嗒声。这种实验的典型结果是被试将咔嗒声从它实际出现的位置移到句子的短语的边界处。例如,若呈现的句子是"The old woman ate the small pizza",在这个句子其他地方出现的咔嗒声被认为出现在两个短语的边界,即在 woman 和 ate 两个词之间。Garrett 等(1966)还进行过一个更有意思的实验。他们给被试呈现一对句子,其内容有部分重叠,例如:

(1) (As a direct result of their new invention's influence) (the company was given an award).

(2) (The retiring chairman whose methods still greatly influence the company) (was given an award).

在上述两个句子中,括号标出两个短语或主要的组成成分。在第一个句子中,两个短语的边界是 influence 和 the,在第二个句子中则改为 company 和 was。但两个句子有一部分是共同的,即"influence the company was given an award"。Garrett 等发现,尽管两个句子有这个共同的部分,但被试判定咔嗒声出现在两个句子中的位置却不一样,不过定位的朝向是共同的,大多将咔嗒声移向两个短语的边界处。在第一个句子中,如果咔嗒声实际出现在 company 处,结果常被判定为接近 influence;而在第二个句子中,虽然咔嗒声实际也出现在 company 处,但在被试判定中却不向 influence 转移。这些实验结果都提示,短语可以抵制像咔嗒声这样的额外刺激,从而把咔嗒声知觉为在短语之外。也有另一种可能,即当人加工一个短语时听到一个咔嗒声,只有等短语加工完毕才对咔嗒声进行加工。无论采取哪一种解释,这些结果有利于承认短语结构的心理真实性。

这些声音位移实验结果也引起争议。Reber和Anderson（1970）指出，如果在非语言材料中也出现类似句子中的声音位移，那么声音位移现象就与短语结构无关。他们在一个实验中，让一组被试听一个由6个字组成的句子，该句可分为两个短语，如"(Disturbed mental patients)(consult noted doctors)"，同时在句子的某个位置呈现一个咔嗒声，要求被试标出咔嗒声的位置；对另一组被试也应用同样的实验程序，但用6个突发的噪声来代替句子。结果发现，两组被试在判定咔嗒声的位置方面有几乎相同的反应。Reber和Anderson据此认为，声音位移现象与短语结构无关，而是依赖一些非语言的因素，如注意和被试的偏向等。他们在另外一个实验中甚至发现，当给被试呈现一个句子而不呈现咔嗒声时，被试仍倾向于说他们在句子的短语边界处听到咔嗒声。这些实验结果不支持短语结构的心理真实性。应当承认，声音位移现象确有可能与注意等非语言因素有关，但这不是问题的全部，用它们是难以解释前述Garrett等人的实验结果的。

某些记忆研究也有利于承认短语结构的心理真实性。Johnson（1965，1966，1970）曾就句法在短时记忆中的作用进行过一系列的实验。他应用对偶联合法，将一个完整的句子与一个数字联系起来，如"The tall boy saved the dying woman"（高个男孩救了濒死的妇人）—3。实验时先让被试学习这种材料，然后当出现一个数字时，被试要逐字回忆出相应的句子。为了度量在句子内部从一个词到另一个词的回忆效果，Johnson计算了"过渡错误的概率"（Transitional Error Probablity，TEP），即在前面一个词回忆以后，后面一个词错误回忆的概率。前面引述的那个句子的实验结果即过渡错误的概率见图11-3。

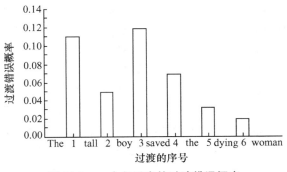

图11-3　一个句子中的过渡错误概率

从图11-3可以看到，除第一个过渡即the和tall两字之间的过渡有较高的错误概率以外，以第三个过渡即boy和saved两字之间的过渡有最高的错误概率，其余的过渡均有较低的错误概率。为了理解这个实验结果，需要知道这个句子的句法结构。现在依照短语结构语法将这个句子的结构图解于下，见图11-4。从图中可见，这个句子是由一个名词短语(the tall boy)和一个动词短语（saved the dying woman)构成的。boy 和 saved 两个词正是两个短语的边界。恰巧在这两个字之间，也就是两个短语之间的过渡错误概率偏高，而两个短语内部的过渡错误概率均较低。这说明被试利用短语结构来对短时记忆中的语言信息进行组织。这个实验结果有利于承认短语结构的存在。

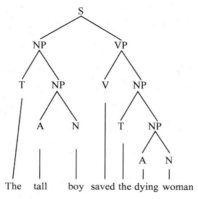

图 11-4　一个句子的组成成分分析

3. 转换语法

Chomsky(1957)认为，短语结构语法仍未能完全确切地解释语言。例如，这样的两个句子："猫追赶老鼠"，"老鼠被猫追赶"，其意思是相同的，只是两者的形式不同，一个是主动句，另一个是被动句。短语结构语法难以说明这两个形式不同的句子的联系。再如这两个句子："我没有时间"，"我一点时间也没有"，也存在类似的情况。Chomsky(1957)进而提出转换语法（Transformation Grammar)。前面已经提到，他区分句子的两种结构：表层结构（Surface Structure)和深层结构（Deep Structure)。表层结构是指实际说出的句子，即字词及其组织，可以对它进行通常的逐层分析，直至短语。也就是说，表层结构涉及句子的形式。深层结构是指对应于句子意义的抽象表征，即贮存于长时记忆的概念和规则。深层结构涉及句子的内容，现在通常简略地称之为句子的意义。表层结构按转换规则从深层结构得来。转换规则不仅将句子的表层结构和深层结构联系起来，而且将不同形式的一些句子联系起来，如上面所举猫与老鼠的句子。转换规则是 Chomsky 的理论的核心。这个理论因而也称为转换语法理论，目前具有广泛影响。

通常，例如在英语中，许多句子只有一种深层结构和一种表层结构。但是，一个句子也可有两种含义，即两种深层结构共有一种表层结构。例如，"They are flying planes"这个句子有两个不同的深层结构或含义。一个含义是说"他们正在驾机飞行"，另一个含义是说"他们是正在飞行的飞机"，出现意义含混或双关。应用短语结构语法规则对这个句子的表层结构进行分析，就可以分出两个深层结构，消除其意义双关性或含义不清，见图 11-5。在图 11-5(a)中，are 是主要动词，它说明前面的代词 they，而 flying 是修饰后面名词 planes 的形容词。因此，这句话的意思是"他们是正在飞行的飞机"。而在图 11-5(b)中,are 是助动词,flying 是主要动词,因此这句话的意思是"他们正在驾机飞行"。然而另有一种句子,它也有两个深层结构和一个共同的表层结构,但却无法用短语结构语法规则进行有效的分析。例如,"Visiting relatives can be a nuisance"这个句子有两个意思,一个是说"出访亲属可能是件麻烦事",另一个意思是说"来访亲属可能是件麻烦事"。这个句子的两种截然不同的含义在句子中有同样的短语结构:名词短语(Visiting Relatives)+动词短语(动词 can be+名词短语 a nuisance)。这是无法再用短语结构语法来分析的。由此可见,短语结构语法有其局限性。要消除这种意义双关性,就需改写整个句子。至此应当指出,前面所举有共同的表层结构的两类例句,是从不同的水平来看其共同性的。对于有关飞机的那个例句,实际上着眼于其语音或字词串,而不是从句子的短语结构来看待的. 这一个例句事实上有着两种不同的短语结构。但是,关于出访(来访)亲属的例句与此不同,是从更高的句法水平着眼的。所以,对表层结构可进行不同水平或层次的分析。这对言语的理解和产出都是十分重要的。

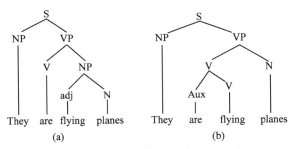

图 11-5　一个双关句的句法分析

另一方面,一个深层结构可有不同的表层结构。前面列举的"猫追赶老鼠"和"老鼠被猫追赶"两个例句就是这样的。它们表达一个共同的意思,但句子的形式不同,一为主动句,一为被动句。依照转换语法理论,被动句可由主动句经过被动转换而来。这只需要将两个名词(猫、老鼠)调换位置,再将动词的主动态改为被动态即可。被动转换只是转换的一种,还有其他种类的转换。若分别应用它们于同一个深层结构,即可生成彼此有联系的各种不同的句子。表 11-1 列出各种不同的句子及所应用的相应的转换规则。表中所列核心串(Kernel String)是指一个简单的、主动的肯定陈述句,如"这机械师修理了我的小汽车"。现在通常假设这种核心串较接近句子的深层结构,因而可对它进行各种转换。若应用被动转换,则可得句子"我的小汽车由这机械师修理"。否定转换使核心串变为"这机械师未曾修理我的小汽车"。疑问转换使核心串变为"这机械师修理了我的小汽车吗?"被动(P)、否定(N)和疑问(Q)3 种转换称作单一转换,因为它们分别将一个单一的句子(核心串)转换为另一个单一的句子。但表 11-1 中的其余句子都应用一个以上的转换,如 P+N,P+Q 等,它们称作复合转换。表 11-1 包含的 8 个句子称作 P，N，Q 句族，因为它们都是对核心串应用 P（被动）、N（否定）、Q（疑问）3 种转换而来的。此外，如果有这样的句子串："这机械师修理了我的小汽车"，"我的小汽车是红色的"，"这个机械师是个青年"，则可以将它们转换为一个句子"这个青年机械师修理了我的红色小汽车"。这种转换称作概括转换。此外还有增加、删除等转换。从以上所述可见，转换规则与短语结构规则一样，也是重写规则，所不同的是转换规则重写整个句子即一整套的符号串，而短语结构规则仅重写一些个别的符号。

表 11-1　P，N，Q 句族

句　子	所用转换
这机械师修理了我的小汽车。	核心串
我的小汽车由这机械师修理。	被动（P）
这机械师未曾修理我的小汽车。	否定（N）
这机械师修理了我的小汽车吗？	疑问（Q）
我的小汽车未由这机械师修理。	P+N
我的小汽车是由这机械师修理了吗？	P+Q
这个机械师未曾修理了我的小汽车吗？	N+Q
我的小汽车未由这机械师修理了吗？	P+N+Q

（引自 Clifton & Odom，1966）

4. 转换规则的心理真实性

　　Chomsky 提出转换语法理论以后，迅即引起心理学家对转换规则的心理真实性开展实验研究。Miller(1962)最先开展关于转换数目与加工时间关系的研究。在他的实验中，每次先给被试呈现一个句子，要求他们对此句子进行一定的转换，并在接着呈现的一系列句子中，指出与其转换相匹配的句子，被试要在保证正确的前提下，尽快地完成。结果发现，被试对句子进行单一的 P 或 N 转换比进行复合的 P+N 转换需时要少。这支持不同转换的存在。Mehler(1963)曾经作过一个短时记忆实验，比较被试对核心串和其他 7 种转换句子（见表 11-1 所列）的记忆效果。实验确定，核心串的记忆效果优于所有其他的转换句子，而且复杂转换的句子常有较多的错误，被试往往甚至忘记了有哪些转换。Mehler 认为，由于短时记忆的容量有限，与其他转换句子相比，核心串的加工最少，因而记忆效果也好；转换句子则不同，它要进行转换并需要额外的关于如何进行转换的信息，从而减弱记忆效果。这种结果也有利于承认转换规则的存在。后来有些心理学家所做的否定句加工的研究也表明，否定句加工所需要的时间多于肯定句加工，提示转换的真实性（Miller & McKean，1964；Clark & Chase，1972）。但是，另一方面，也有一些实验结果不支持转换的心理真实性。Slobin(1966)进行过一个著名的句子-图画匹配实验。他给被试呈现一个句子和一幅与句子内容相关的图画，要求他们尽快地判定该句子是否正确地描述了那幅图画。所用的句子类似下述 3 种：

　　(1) John smelled the cookies.

(2) The cookies were smelled by John.
(3) The cookies were smelled.

在上述 3 种句子中,第二个句子比第一个句子多了一个被动转换。第三个句子称作截短式被动句,它比第二个句子少一个短语 by John,即多进行了一个转换(删除)。从转换的角度来看,第一个句子作业完成需时最少,后两个句子作业完成所需时间应依次增加。然而结果表明,第一个句子和第二个句子作业完成所需时间没有差别,并且都多于完成第三个句子所需的时间。这说明句子加工时间并不随转换的数目增加而增多。这个结果和前述 Miller(1962)的结果相矛盾。另外还有人发现,否定句的加工未必都比肯定句加工需时更多,要视具体内容而定(Greene,1970)。Clark 和 Lucy (1975)发现一个极有意义的现象:当一个句子在字面上或形式上是否定的、但所表达的意思是肯定的,如"Why not open the door?"(为什么不开这扇门呢?),这种句子验证所需的时间与肯定式句子是一致的;而在字面上是肯定的、但暗含否定的句子,如"Must you open the door?"(你定要开这扇门吗?),其加工所需时间更多地与否定句加工相一致。这种现象提示,对确定句子怎样进行加工,语义因素显得比句法形式更为有力。从前面所述可以见到,针对转换规则所进行的心理实验得到互相矛盾的结果。这种情况可能与不同实验的各自条件有关,但这似乎不是主要的原因。更值得重视的是,句子加工是一个极其复杂的过程,它涉及的因素可能不止句法形式一种,并可有多种操作过程。但目前也没有充分根据来否定转换规则的心理真实性。

Chomsky 的转换语法理论起初引起心理学家的极大兴趣,但从 70 年代后期开始,这种兴趣有所减弱,其原因是多方面的。一个重要的原因是 Chomsky 的理论主要涉及人的语言能力,而不是人的实际语言行为,但心理学的语言研究是离不开实际语言行为的。其次,心理学研究已经证实上下文对句子理解有重大作用,这一点已超出转换语法领域。此外,近年来人工智能对计算机的语言理解和生成的研究有愈来愈大的影响。计算理论要求详细而严格地确定言语过程,而转换语法理论则较少涉及言语过程。尽管如此,Chomsky 的理论对心理学关于言语的理解和产出的研究仍有重大影响,起着一种理论框架的作用,目前还没有一个其他理论可以完全取代它。

二、语义的心理学理论

语言是交流思想的工具。言语的意义即语义是语言的重要成分。在心理学中,一个普遍的观点是将语词看作概念的形式,而将概念看作语词的内容或意义,同时将命题看作一个句子的意义的基本单位。命题即相当于 Chomsky 所说的句子的深层结构以及所谓的核心串。在前面有关的章节中已就语义记忆和概念的一些问题作了叙述,可以参阅。这里还需提及其他有关语义的心理学理论。Deese(1965)提出一种联想性质的语义理论。他主张从互相联系的字词网络来考察语词的意义,提出所谓的"联想意义"的观点,即认为一个字词的意义是由它所能引起的其他反应词(联想词)的范围来决定的。例如,字词"蝴蝶"可引出"昆虫"、"翅膀"、"飞"、"蛾"等反应词,这些反应词表明它们与"蝴蝶"的联系,从而确定其意义。因此,若两个字词有相同的反应词的分布,它们就有相同的意义;而两个字词的反应词的分布在什么程度上相重叠,其意义就在什么程度上相似或相近。例如,"医生"和"大夫"两个词有相同的意义,"蝴蝶"和"蛾"两个词的意义在一定程度上相近。这种理论和后来提出的语义记忆的网络模型有些相似。Katz 和 Fodor(1963)则提出语义标记(Semantic Marker)理论。他们认为字词的意义可以分作两个部分。一个部分是由一组语义标记或特征所组成,每个标记说明字词的一部分意义。例如,字词"未婚夫"的标记是"人"、"男性"、"未婚",字词"妻子"也有3个标记:"人"、"女性"、"已婚"。这两个字词的第一个标记是共同的,其余两个相异。除语义标记以外,字词的意义的另一部分称作选择性限制(Selection Restrictions),即对词的可能的组合的限制。例如,这样的短语:"已婚的未婚夫",就违反了"未婚夫"这个词的选择性限制,因而是不能成立的,当在句子中出现一个多义词时,其意义的研究依赖于其符合哪种选择性限制,即依赖于上下文。换句话说,通过词的组合的限制来表明词的意义。如一个语义标记出现于几个不同字词中,那么这些词就会有某种共同的意义,像"未婚夫"和"妻子"都是"人"。Katz 和 Fodor 的这个理论似乎以强调上下文作用见长。Miller 和 Johnson-Laird(1976)也强调上下文对单个字词意义的作用。他们认为,字词的意义不是绝对的,而是相对的,受它的上下文的制约;语义不是由固定的一组特征构成的,也不是由语义网络的某个静态的部位来表征的,字词是从受到任务和上下文影响的语义空间获得意义的。这种看法与前面提到的多种语义记忆模型不同。从这里可以看到语义层次对语言的重要性以及上下文的作用。

第二节　言语的理解和产出

听懂别人说的话或看懂文字材料,即把握言语或文字所表达的思想,都称为言语的理解。而把自己的想法说出来或写出来,即以言语或文字表达自己的思想,则称为言语的产出。言语的理解和产出都是重要的心理活动,包含复杂的心理过程。目前对它们的研究深受 Chomsky 的生成转换语法理论的影响,甚至可以说,是在它的理论框架下进行的。

一、言语的理解

言语的理解虽然包括对话和阅读两种情况,但以对话时的言语理解显得最为突出。从对话来看,言语理解的过程或机制需能满足对话的要求。首先,言语理解机制应能迅速地工作,以便跟上说话的速度。其次,句子的分析大体应能遵照说出来的字词顺序来进行。此外,言语理解机制还应容许丢失某些信息和说话的差错,而不损害理解。这些对话的要求都是研究言语理解机制所应考虑的。

1. 系列模型与相互作用模型

一般来说，言语理解的过程可看作是一个从句子的表层结构到深层结构的过程，经历一系列相继的信息加工阶段。现在业已提出几个言语理解模型。这些模型大体上可分作两类：一类可称为系列模型(Cairns & Cairns,1976；Forster,1979)；另一类可称为相互作用模型(Lindsay & Norman,1977；Marslen-Wilson & Tyler,1980)。系列模型认为，言语理解经历着顺序相对固定的一系列加工阶段(Forster,1979)。如图11-6所示，依照这个模型，言语理解是从语音加工开始的，然后到词汇，再到句法和语义的加工，信息流动朝着一个方向，从较低的水平或阶段进入较高的水平或阶段，相继地得到加工。与这种系列模型相对的，是相互作用模型。它认为各种水平的加工以复杂的方式发生相互作用，信息并不总是朝着一个方向流动，而且一些加工水平也是可以重叠的。这两类模型的根本差别即在于，系列模型是一个自下而上的加工模型，而相互作用模型既包括自下而上加工，又包括自上而下加工，以及这两种方向相反的加工过程的相互作用。言语理解与模式识别或知觉有密切关系，彼此极其相似。从前面"知觉"一章可知，知觉过程包含自下而上和自上而下两种加工。言语理解是对话中的一方把握对方的话语所表达的思想，对话双方应有某种共同的知识结构，一方通过言语将新的知识或信息加到另一方已有的知识结构中去，听者一方已有的知识结构、其当前的期望与上下文等都会对言语理解产生影响，即应有自上而下的加工。系列模型只有自下而上的加工，显然是有不足之处的。

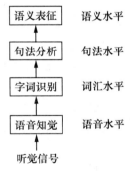

图11-6 言语理解的系列模型

Lindsay和Norman(1977)提出的言语理解模型属于相互作用模型。他们认为，言语理解通过自下而上加工和自上而下加工的相互作用而实现。自下而上加工对进入感觉系统的听觉的或视觉的信息进行分析，抽取特征，识别字母和字词及其联系，最后再予以解释，以达到对一个句子的理解。自上而下加工的方向则相反，它从对话题的一般概念或期望开始，应用有关的知识包括语言知识，来引导对特定的感觉信息、特定的字词及其句法联系等进行加工。这两种方向相反的加工是相互联系而进行的。Lindsay 和 Norman 将这种言语理解过程与模式识别的"鬼城"模型相类比。除"鬼城"模型提到的那些"鬼"以外，他们设想可增加一些有其他特定功能的"鬼"，如字词鬼(公共汽车、马、优秀的、迅速地等)、词类鬼(名词、动词、形容词等)、句子成分鬼(句词短语、动词短语、介词短语等)以及将句子成分加以组合的句子鬼和赋予言语信息以意义的意义鬼等。在所有这些鬼中，一些鬼如特征鬼、字母鬼等可被材料或数据所驱动，说明有哪些特征被实际知觉并提供进一步分析的材料。而另一些鬼如句子鬼、意义鬼等则自上而下地工作，它们对输入的材料提出假设，引导以下各个水平的加工。这样就使言语理解系统的工作更有效和更迅速，并可不顾感觉分析中产生的错误。但是,概念驱动的这些鬼也可能犯错误,导致错误的假设或期望,这时就需要材料驱动的鬼加以校正。这样,言语理解过程内部必然会发生词汇、句法和意义等水平加工的交叉或重叠。

Lindsay 和 Norman 曾经举了一个例子来说明他们的观点。设有下述句子:

Kris rode the horse with caution.

(克丽丝小心地骑马了)

当言语理解机制中的一些鬼听到 Kris(克丽丝)这个词时,它们可以确认它是一个人名。若 Kris 是这个人的朋友,那么一些鬼就会在记忆中找到与之对应的结构。这是正确理解这个句子的重要的第一步。

这句话中的第二个词是 rode(骑、乘)。它的读音与另一个词 road(道路)是一样的,但意义完全不同。我们需要确定这里究竟是哪一个词。这可以通过上下文来解决。我们知道,句子常从一个名词开始,接着就是一个动词。既然这个句子的开端是一个名词,我们就会选择动词 rode,而不会选择另一个名词 road。

对这个句子的起始的两个词 Kris rode 的分析就会引出自上而下的加工,来推测一组可能的组合,例如:

Kris rode a bus.(克丽丝乘公共汽车)

Kris rode to work.(克丽丝乘车去工作)

Kris rode a bicycle.(克丽丝骑辆自行车)

这些期望都是错的。但也可以形成较一般的期望:克丽丝乘一个足以载人的可动客体。

然而事实上出现的第三个词是定冠词 the。这个定冠词是很特殊的,它不仅提示一个名词短语的开始,而且提示听者知道这个短语所要表达的内容。假如在听到"克丽丝小心地骑马了"这个句子之前,还听到过"克丽丝说她要把马牵到操场",那么定冠词 the 不仅意味着紧接着的短语涉及已知的东西,而且上一句话中提到过马,同时动词 ride 说明可以对马作出的行动,这样听者就会认为 the 之后的词是 horse(马)或与之有关的词,如

Kris rode the strange new horse…

(克丽丝骑了外来的新马……)

Kris rode the ownerless horse…

(克丽丝骑了无主的马……)

甚至可有实际的句子"Kris rode the horse with caution"。这个句子是符合期望的。在确定 the horse 以后,介词 with 所引导的短语可进一步增添信息,来说明动作是如何完成的。至此就可以完整地解释所听到的句子了。

这个例子说明了自下而上加工和自上而下加工在句子理解中的相互作用。自下而上加工启动言语理解机制,对输入信息进行各种水平的加工;同时,自上而下加工则以一般知识包括语法知识和上下文来引导言语信息加工,避免语音双关,预见句子的成分

或形式等。这两种方向相反的加工结合起来,就可使言语理解过程进行得更迅速和更有效。这里所举的是一个简单的例子,在一些复杂句子理解中,情况虽可不同,但在原则上是一样的。

无论从上述哪一个模型来看,言语理解过程的最初阶段是知觉分析,即将一些听觉的或视觉的模式加以识别,其实质也就是模式识别。言语理解以正确的言语知觉为基础,再进行更高水平的句法和意义的加工。这是一个主动的建构意义的过程,包括形成期望或假设,进行推理,利用上下文等。这一切都依赖于人已有的知识和经验,包括语法和语义的知识。比较而言,相互作用模型更接近实际的言语理解过程。

2. 言语理解的策略

人的信息加工需要利用一定的策略,表现出人的心理活动的智慧性。言语理解也是如此。人在已有的知识和经验的基础上,常应用各种策略,如语义策略、词序策略和句法策略等,来加工言语信息。例如,人们可以根据语义来确定各种词类:凡指称人、物、地点和其他实体的词为名词;凡说明人或物的行动的词为动词,等等。对词类的识别在把握词的联系中起重要作用。利用语义策略可以帮助理解一个句子。如听到"猴子水果吃"这样的句子,那么人能正确地理解这句话的意思是"猴子吃水果",因为谁都知道猴子是吃水果的,绝不是水果吃猴子。这里实际上存在着一个语义模式,即当句子中谈到吃,谈到一种食物,又谈到一种动物(或人),则这个句子的意思是说"此动物(人)吃该食物"。所以,即使词的顺序颠倒,人们也不会产生误解。由于同样的原因,人们对"笑声充满晚会"和"晚会充满笑声"两句话理解是一样的。不难看出,这种语义模式本质上就是表征知识的一种抽象的形式。

词序策略则是利用词序的模式来加工言语信息。例如,在汉语和英语中,"动词之前的名词为主事者","动词之后的名词为受事者",句子的基本词序为"名词$_1$—动词—名词$_2$"。这个词序模式的内涵就是"第一个名词的特例对第二个名词的特例施加动词所表达的一定行动"。在听到"狗追猫"这句话时,就可以正确理解谁追谁或谁被追了。所以,当听到一个动词时,人们首先就会寻找与之有关的表达主事者和受事者的名词。可以看出,这种词序策略不仅涉及句子的表层结构的分析,实际上也要涉及句子的深层结构或意义。正因为如此,利用词序策略可实现对句子的理解。词序的模式有多种,各种典型的句子和短语等都可充作词序模式。但是,人们的话语是极其复杂和多样的,一个句子往往难以纳入某个个别的词序模式。这时,则需将句子加以分解,找出其组成成分即短语。换句话说,要将一个句子分解为若干子模式,然后再将这些子模式加以组合。对经过分解而得到的组成成分,是可以应用某些词序策略的。然而一个复杂句子的分解则需句法知识,这个过程相当于前面提到的重写规则,可将一个句子化为名词短语+动词短语,等等。所以,在理解一个句子时,尤其需要句法策略。例如,在英语中,当听一个复杂句子时,人们常抓住一些关键词,因为它们常引导一个新的短语或从句,如从一个冠词或数词常开始一个新的名词短语,从介词常开始一个介词短语,而关系代词常引导一个新的从句等。应用这种句法策略来对句子进行分解和组合,构成句法水平加工的重要特色。

上面所举的几种不同的策略是互相联系着的,可以彼此促进和补充。人们在实际理解言语的进程中,常交替应用几种策略。这些策略的交替反映着言语理解的自下而上加工和自上而下加工的相互作用,以及诸加工水平的复杂的关系。一般来说,这些策略是由概念驱动的,即从已有的知识和上下文出发的,表现于形成某种期望或假设,但它们需要得到输入信息的验证和校正,并在一定时刻加以转换。而且较高水平的加工策略,如语义策略或句法策略,对较低水平的词汇加工乃至语音加工都会发生影响。这与模式识别情况极为相似。其实,这些语义策略、词序策略和句法策略都是不同性质的模式策略。它们涉及不同层次的模式。一个句子就是一个模式,它是比字母和字词更为复杂的模式,并常包含一些子模式。这些不同层次模式的识别反映不同的策略。由此可见,前面所述 Lindsay 和 Norman(1977)将言语理解和模式识别加以类比是有道理的。

3. 言语理解中的信息整合

人的已有知识对言语理解的作用不仅表现在策略运用上,而且还表现在信息整合上。当前输入的言语信息要与记忆中贮存的有关信息相整合,才能得到理解。如果缺乏有关的信息,或者未能激活记忆中的有关信息,那么就不能或难于实现言语的理解。现在来看下述一段文字材料:

这个手续实际上是极简单的。首先你要将东西分成不同的组。当然,一堆也够了,就看有多少要做。如果由于缺少设施,你必须到别处去,那是下一步,否则你一切都顺利。重要的是不要干得太多。这就是说,一次干少些比干太多要好。这在短时期内似乎不重要,但容易产生麻烦。一个错误的代价同样是很高的。首先,整个手续会复杂起来。但它很快就会成为生活的又一方面而已。很难预见这种任务的必要性在不远的将来能够终结,而且没有人能这样说。在这个手续完成以后,人要再次将材料分成不同的组。然后它们得以放在适当地方。终究它们要被再次使用,并且整个这个周期必将重复。毕竟这是生活的一个部分。

读完这段文字材料以后,谁都会感到难以准确地理解它,也很难记住。实验表明,这段材料确实难于理解。但是,如果给这段文字材料加上标题"洗衣服",那么情况就会发生急剧变化。它变得易于理解,也易于记住(Bransford & Johnson,1972)。原因在于"洗衣服"这个标题代表着这个极普通活动的全部知识,它激活了记忆中贮存的这些知识,使这段文字所传达的信息与已贮存的有关信息得以实现整合,从而达到理解或能够准确地理解。在言语理解中,附加的有关言语信息如标题等可起有利的作用,相应的图画、示意图等也是这样。它们都表明语境或上下文对言语理解的重要作用。

已有的信息对言语理解显得如此重要,以致可以把建立新的信息与已有的旧的信息的联系看作言语理解的一种策略。Haviland 和 Clark(1975)设想,所有的句子都含有旧的信息和新的信息。人们将这种旧的信息用作通向记忆中的有关部分的地址,再将句子中的新的信息与已知的信息联系起来,以达到理解。这被称作"已知的-新的策略"(Given-New Strategy)。这种已知的信息和新的信息与各种句法结构有密切关系,可见表11-2。

表 11-2　已知的-新的信息

句 子 类 型	已知的-新的信息
(1) 就是这个男孩宠爱猫	已知的:X 宠爱猫 新的:X＝这个男孩
(2) 就是这只猫是这个男孩宠爱的	已知的:这个男孩宠爱 X 新的:X＝这只猫
(3) 宠爱这只猫的就是这个男孩	已知的:X 宠爱这只猫 新的:X＝这个男孩
(4) 这个男孩宠爱的就是这只猫	已知的:这个男孩宠爱 X 新的:X＝这只猫
(5) 这个男孩宠爱这只猫	已知的:X 宠爱这只猫 新的:X＝这个男孩

(引自 Clark & Clark,1977)

表 11-2 列出了 5 种句型及其已知的和新的信息。但是,在每一个句子中,哪些信息是已知的和哪些信息是新的,不是直接表示出来的,而是通过运用各种句法形式表示出来的。因此,需要把握句子的各组成成分并评价其在相互关系中的地位和作用,才能区分新旧信息。但是,通常在句子中,已知的信息先于新的信息出现,这使两类信息的区分较易进行。然后在记忆中搜索与已知的信息相匹配的贮存信息,再将它与新的信息联系起来。

这种情况在句子的上下文中表现得也很明显。在对话和阅读中,前一个句子或一些句子为后一个句子提供有用的信息。它们之间的关系犹如已知的信息对新的信息。如果这种已知的-新的关系遭到损害,句子理解将受到不利的影响。现在来看下述两对句子:

(1) Ed was given an alligator for his birthday.
　　(Ed 因其生日而被赠一鳄鱼)

　　The alligator was his favourite present.
　　(这鳄鱼是他心爱的礼物)

(2) Ed wanted an alligator for his birthday.
　　(Ed 因其生日而要一鳄鱼)

　　The alligator was his favourite present.
　　(这鳄鱼是他心爱的礼物)

在这两对句子中,第一个句子各异,而第二个句子相同。对共同的第二个句子的理解,在第一对中,需时比第二对的要少(Haviland & Clark,1974)。显然,这是因为第一对中的第一个句子提到一特定的鳄鱼,有足够的上下文信息(已知的信息),所以第二个句子(新的信息)理解起来也快;而第二对句子却不是这样,其第二个句子中的定冠词 the 要假设一特定鳄鱼,即要推论出这个 Ed 因其生日而被赠一鳄鱼,才能充分理解,所以需时也较多。这个结果也证实已知的信息和新的信息的联系的重要性。一个孤立的句子往往很难理解,其原因多在于没有建立这种联系或者推论未能符合当前的要求。

4. 推理在言语理解中的作用

人在言语理解过程中,不是被动地接受言语信息,而是在已有知识的基础上主动地来发现或掌握言语的意义,常需要进行推论。通过推论可增加信息,把握事物之间的联系,促进言语的理解。现在来看下述 3 个句子组成的一个场景:

(1) 玛丽听到卖冰淇淋的人来到。
(2) 她想起零用钱。
(3) 她冲进屋里。

在听了或看了这 3 个句子以后,不可避免地会作出一系列的推论:玛丽想买冰淇淋,买冰淇淋要花钱,玛丽有些零钱放在屋里,卖冰淇淋的马上就到,玛丽只有很少时间去取钱,等等。这些推论提供了额外的信息,把这 3 个句子联系起来,使人能充分理解每一个句子。

Bransford 和 Johnson(1973)的实验证实在言语理解中出现推论。他们给被试呈现一个句子,如"地板脏了,所以萨利用了拖把"或"地板脏了,因为萨利用了拖把",然后呈现一个测试句子,如"萨利用了脏拖把",要求被试进行再认。结果发现,当被试听了"地板脏了,所以萨利用了拖把"之后,可以正确地判定该测试句子以前未听过;而当听了"地板脏了,因为萨利用了拖把"之后,被试常会发生错误的再认,即判定"萨利用了脏拖把"是以前听过的。这个错误的再认清楚地显示被试作了推论。从"地板脏了,因为萨利用了拖把"必然会得出"萨利用了脏拖把"的结论。但从"地板脏了,所以萨利用了拖把"则得不出这样的结论。这个实验结果确实说明出现推论,但它没有说明推论是在什么时候进行的,是在理解句子时还是在后来测试(再认)时进行的。

Keenan 和 Kintsch(1974)的实验提示推论是在言语理解当时,而不是后来发生的。他们让被试读一小段文字材料,其长度从 17 个字到 160 个字不等。文字材料设计成两种形式,一种形式是直接地表述一个命题,另一种形式则是含蓄的表述。表 11-3 是这两种形式的实例。其区别即在于"煤气引起爆炸"这个句子实际存在于前者,而后者则否,但可以推论出来。在被试读完任一形式的一个材料后,再呈现一个测试句子,在本例中即为"煤气引起爆炸",要求他们判定这个测试句子是否在刚读过的那段文字材料中出现过,记录其所需的时间。测试句子可在一段文字材料呈现完后立即呈现,也可延缓 20 min 后再呈现。结果发现,当测试句子在一段文字材料之后立即呈现,被试判定测试句子是否属于直接表述形式的材料要快于含蓄表述形式的材料。但是,当测试句子延缓呈现时,这种差别就不复存在了。具体实验结果见图 11-7。

表 11-3 直接的和含蓄的表述形式的实例

直接的表述:第五街一所房子的供热系统出现了煤气泄漏。煤气引起爆炸,摧毁了房子并引起失火,威胁邻近的数座建筑。
含蓄的表述:第五街一所房子的供热系统出现了煤气泄漏。一场爆炸摧毁了房子并引起失火,威胁邻近的数座建筑。

(引自 Keenan & Kintsch,1974)

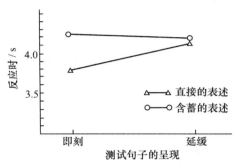

图 11-7 两类表述形式下的句子确认的反应时

这个实验结果是很富有兴味的。看来,由于这个测试句子在直接表述形式的材料中是实际存在的,在记忆中可短暂地保持这个句子的表层结构,因而在立即测试时,有利于作出判定,需时就较少。而在含蓄表述形式的材料中并不存在这个句子,但它可从这段材料中被推论出来。为了理解这段材料,这种推论也是必需的。但在立即测试时,由于以前未识记过该句子,就需较长时间才能作出判定。与此形成对照,当测试句子延缓 20 min 呈现,这种反应时的差异却消失了。由此可以认为,推论是在阅读或理解该段文字材料时作出的,而不是在后来测试时作出的,否则对含蓄表述形式的材料在延缓测试时也应比直接表述形式的材料花费较多的时间。然而事实确不是这样。值得注意的是,对含蓄表述形式的材料在延缓测试时所花的时间,与立即测试时无甚差别,事实上还略少些。这说明两种测试时间并没有对含蓄表述形式的材料产生不同的影响。而在延缓测试时,原先有利于直接表述形式材料的句子表层结构的记忆丧失了,致使所需时间增多,这样就使两种形式材料所需的时间拉平了。对实验结果的这种解释无疑提示推论是在言语理解时进行的。

二、言语的产出

前面叙述了言语理解的两类模型及有关的过程。总的来说,言语理解是从句子的表层结构到深层结构的过程。言语的产出则相反,它是从深层结构到表层结构的过程。对这个过程,不同的心理学家区分出数目不同的阶段。例如,Fromkin(1973)区分出 7 个阶段:选择需要表达的意思,确定句子的句法结构,将内容词插入句法结构,确定词的词法形式,指定表达分句的音素,选择言语运动要求,将分句分出来。但 Garrett(1976)区分出 5 个阶段:决定要表达的思想,确定句法结构,选择相应的内容词,选定词缀和功能词,实际说出话来。Moates(1980)区分出与 Garrett 相似的 4 个阶段。其实,这些阶段的划分在原则上是一致的,只是繁简程度不同而已。Anderson(1980)提出了更为简化的三阶段模型(见图 11-8)。它包含(1) 构造阶段:依照目的来确定要表达的意思;(2) 转换阶段:应用句法规则将思想转换成言语的形式;(3) 执行阶段:将言语形式的消息说出或写出来。这个三阶段模型实际上可以概括那些划分更多阶段的模型。

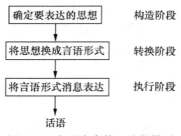

图 11-8 言语产出的三阶段模型

言语产出是人的有目的的活动。人表达自己的思想是为了影响别人,达到一定的目的。言语产出过程首先需要确定哪些信息要表达出来,也即决定说(写)什么,然后再决定这些信息如何表达,也即确定怎么说(写)。确定说什么是一种思维活动,有时是很复杂的思维活动。它受动机、情绪以及当前的任务和情境等主客观因素的制约,还会涉及许多其他非言语的认知过程。在确定说什么和实际说出来之间进行着各种转换过程,即从思想依次转换为句法、词汇和语音等不同层次的语言结构。可以将这些不同的转换过程看成不同的加工阶段,也可统称之为转换阶段。人们在说话中所犯的错误表明这些转换过程的存在。例如,所谓词不达意就是未能精确地把要表达的思想说出来,甚至可出现话语与原意相反的情况。这说明已确定的意思未能恰当地转换为话语。人们说话时也会将正常的一句话的后面的字词不恰当地移到前面说了。在英语中还会出现两个词的起始字母互相混淆或互换位置,如出现这样的句子"You have hissed all my mystery lectures"。这个句子中的"hissed"和"mystery"两个词的起始字母互换了位置,此外,也会出现词素互换位置,如"He has already trunked two packs"。这句话本应是"He has already packed two trunks"(他已装了两箱),可是发生了两个内容词素"trunk"和"pack"互换位置。但是,功能词素"ed"和"s"却留在正确的位置上。这个现象是很有意义的,它说明这个句子的句法结构没有变化。这些结果提示,在思想转换为话语的过程中,先确定句法结构,然后再将字词填进去,但填充字词和确定词法形式时发生了错误。一般来说,在事先有准备的说话中,较少出现语法错误;在没有准备的情况下,如立即回答突然提出的问题,会出现较多的语法错误。这反映着人的加工能力有限。当事先没有准备时,人要把较多的能量放在确定说什么上面,因而将思想转换为言语就得不到足够的能量了。

在言语产出过程中,确定句法结构是思想转换为话语的一个重要环节。它为其后的转换提供一个语法框架,特别是对词汇选择和词法形式的确定给予引导和限定。据对英语的研究,短语结构在言语产出中起重要作用,甚至可以将它看作言语产出的单位。一些观察资料支持这种看法。例如,人在说话中间常常会停顿一下。Boomer(1965)发现,这种停顿经常发生在语法的连接处,而且停顿的时间也比别处的停顿要长。在短语间的平均停顿时间为 1.03 s,在短语内的平均停顿时间为 0.75 s。Maclay 和 Osgood(1959)也发现,在短语间的停顿片刻,人常会发出"um","er"或"ah"的声音,而短语内的停顿多是无声的。他们还观察到,在自发性言语中,说话的人在重复他们所说的话时,常重复整个一个短语,或者更正一个短语。这些资料似乎说明,言语产出是以短语为单位的,一次产出一个短语。短语间的较长停顿为计划下一个短语提供必要的时间。这时,人不自觉地发出"um"或"er"声音似乎表明处于激活状态的言语运动器官等待继续活动的指令。关于短语的作用还需要继续研究。整个言语产出过程也是如此。由于言语产出极难控制,我们对言语产出过程难于进行实验研究,因而知道得也少。

第三节 双 语

一、双语及其类型

每个人都可以说本民族的语言即母语。有些人除母语外还能很好地说另一种语言(或多种语言)。这些人称作双语者,这种现象则称作双语(Bilingualism)。有人将双语者分作两类:合成性双语者(Compound Bilingual)和并列性双语者(Co-ordinate Bilingual)。依照 Lambert 和 Preston(1967)的看法,合成性双语者是那些在相同的环境中,同时学会两种语言的人,对他们来说,两种语言的符号表示同一个意义,有着严格的语义等价;并列性双语者是那些在不同的环境中,学会两种语言的人,两种语言的符号没有严格的语义等价。但是,实际上很难将这两种双语者划分开来。双语儿童的言语发展可能提供一些进行这种划分的有用的线索。如果双语儿童在一个语言上的进步促进在另一个语言上的进步,例如一个新的句法形式在两个语言中紧接着出现,那么就可能有合成性双语者。当儿童的两种语言的发展出现不平衡,则可能有并列性双语者。神经心理学的资料也表明,不同类型的双语者在患外伤性失语症时,情况似也不同。合成性双语者多有两种语言同时受损。并列性双语者常表现出一种语言受损,而且即使两种语言受损,其受损的程度和恢复过程也不一样。这些线索对划分不同类型的双语者是有用的。然而在现实生活中,更可能的是一个双语者接近一种类型,另一个双语者接近另一种类型。

双语引起心理学家的注意,因为它为研究言语信息表征提供一个极好的样本。由于双语者可通过两种语言获得信息,那么来自两个语言通道的信息有统一的意义表征、贮存于一个共同的系统之中,还是有不同的意义表征、分别进行贮存的? 例如,两种语言中的对应的词,如汉语的"公共汽车"和英语的"bus",在汉英双语者身上是否有共同的概念基础或共同的意义表征,是否贮存于一个共同的系统之中? 这个问题有重要的研究价值。近30年来,曾就这个问题进行过许多实验研究,并提出两个对立的假说。Kolers(1963)将这两个对立的假说称作共同存贮说和单独存贮说。

二、共同存贮说

这个学说认为,双语者从两个语言通道获得的言语信息各有其进行信息编码、句法和词汇分析以及信息输出组织的单独系统,两者彼此联系,可以互相转译,但两个通道的语言信息有共同的意义表征,共贮于一个单一的语义记忆系统中。这个假说可用图来表示(图11-9)。

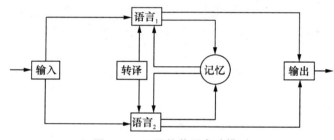

图 11-9 双语的共同存贮模型

共同存贮说得到一些实验的支持。Taylor(1971)对双语者做过自由联想实验,发现被试的反应词既可以与刺激词同属一种语言,也可分属不同的语言,虽以属于同一语言者居多,但分属两种语言的刺激词和反应词有着语义联系。这说明两种语言的联系处于语义水平。Glanzer 和 Duarte(1971)所做的自由回忆实验表明,当字表中的字词用另一种语言的对应词加以重复,所产生的促进效果与用同一种语言加以重复的效果是一样的,甚至还要更好。这表明两个语言通道的字词激活了语义记忆中的一个单一的语义表征。Meyer 和 Ruddy(1974)在字词识别实验中确定,当两个字词之间存在着语义联系,如"医生-护士",不管第一个词(语境词)和第二个词(靶子词)同属一种语言或分属两种不同的语言,语境词对靶子词识别所产生的促进作用是一样的。这也说明两种语言的对应的字词有着共同的语义表征。Caramaza 和 Broune(1980)对英语、西班牙语双语者进行过范畴匹配实验。每次试验给被试呈现一个范畴词(如家具)和一个例词(如椅子),要求他们尽快地判定例词是否属于范畴词所指的范畴。每对范畴词-例词可同属一种语言,也可分属不同语言。结果表明,被试在同一语言和不同语言条件下,进行例词-范畴词匹配所需时间相同,而且在两种条件下,均出现典型性效应和语义距离效应。这表明两种语言的语义信息共同存贮于一个单一的语义记忆系统之中。

三、单独存贮说

单独存贮说与共同存贮说相对立,认为从两个语言通道获得的信息各有进行加工和存贮的单独系统,不仅信息编码、语法分析等是分开进行的,而且各有自己的语义表征和存贮,也即存在两个语义记忆系统或记忆库;两个语言的记忆库的联系通过两个语言之间的转译来实现。这个假说可表示为图 11-10。将图 11-10 和图 11-9 加以比较,可清楚地看出这两个假说的区别。

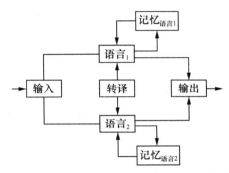

图 11-10 双语的单独存贮模型

单独存贮说也得到一些实验支持。Goggin 和 Wickens(1971)在短时记忆实验中发现,当被试连续学习几个用同一种语言书写的各种动物名称的字表后,会形成前摄抑制,减弱对同一种语言的同类字表的回忆效果(参看"短时记忆"),但对另一种语言的同样字表的回忆却无抑制效应。这种从前摄抑制下的释放表明两种语言有独立的语义表征。Kirsner 等(1980)对英语、印第语双语者进行的词汇判定实验表明,当单词以同一语言重复,则有利于将单词判定为词,而用不同语言的对应词加以重复,则没有这种促进效应。这也说明两个语言通道的信息各有单独的语义表征。

四、有关两种存贮说的矛盾结果

虽然上述两种对立的假说都分别得到一些实验支持,但是存在着一些矛盾的或不相吻合的实验结果。例如,前面提到,字表中的字词用不同语言加以重复所产生的回忆效果与用同一种语言加以重复是一样的(Glanzer & Duarte,1971)。Kolers(1956)也发现,不同语言混合的字表的回忆效果优于单一语言的字表。但 Tulving 和 Colotla(1970)发现,从短时记忆的回忆效果来看,双语言的字表乃至三语言的字表与单一语言的字表是一样的;而从长时记忆的回忆效果来看,单一语言字表优于不同语言混合的字表。由此他们认为,语义组织本是长时记忆的典型特点。在长时记忆中,对不同语言混合的字表难以形成一个统一的语义组织。这些实验结果彼此不尽吻合。双语形式的颜色词试验(Stroop Test,也称斯特鲁普测验)也有类似的情况。这种试验的典型情况是,当一个颜色词如汉语的"红"字被用蓝颜色写成,即字词的意义与其书写的颜色不一致时,对蓝色的命名即说出"红"字被书写的那个颜色,就会受到"红"字的语义干扰,与字词的意义和书写的颜色相一致的情况相比(如汉语中的"红"字用红色书写并要求说出红色),命名所需的时间增多。有些实验发现,对于双语被试者,当颜色词是一种语言,而用另一种语言对它被书写的颜色进行命名,所产生的干扰与用同一种语言一样大(Dyer,1971;Hamers & Lambert,1972)。这提示两种语言的语义信息有共同贮存。但是,Lambert 和 Preston(1967)发现,不同语言间的这种干扰要小于同一语言内的干扰。这又说明两种语言的语义表征是在某种程度上分开的,然而不同语言间的干扰毕竟还是存在,所以两种语言的分开也是不完全的。此外,字词的自由联想实验的结果,包括前面提到的 Taylor(1971)的结果,也不都具有单一的意义。

总起来看,在同一类实验中,出现不尽一致的结果,极有可能与双语被试者的个别差异有关,具体地说,与双语者的类型有关。合成性双语者的两种语言有严格的语义等价,似可有共同的语义表征和贮存。并列性双语者没有这种严格的语义等价,两种语言的意义可有单独的表征和贮存。并且可以设想,绝大多数双语者处于这两种类型之间。这些个别差异会对实验结果产生重大影响,出现不相一致的情况。另外也要看到,支持两种对立的假说的某些实验采用了不同的作业,因而涉及言语系统的成分也有不同。例如,词汇判定实验要求被试判定字母串是否为词,这种作业更多地依赖词法分析,需要辍字知识,因而可带有语言特定性,其实验结果自然倾向支持单独存贮说。范畴匹配实验要求被试判定例词是否属于范畴词所指的范畴,这个作业的重点在于语义加工,不带有语言特定性,其实验结果显然有利于共同存贮说。这个情况说明,两个语言的语义表征和存贮与当前的任务有密切关系。在目前的研究水平上,如果将双语者类型和当前任务两个方面合起来看,那么两个语言的语义表征和贮存既可以是共同的,也可以是单独的,视具体条件而定,因而没有必要将单独存贮和共同存贮对立起来。

在前面的"表象"一章中,曾经引述了 Paivio 的两种编码说。他将这个理论也应用于双语的研究,提出了双语的两种编码说(Paivio & Desrochers,1980;Paivio & Lambert,1981)。这个理论认为,双语者的两种语言各有其独立的加工和存贮系统,即语言特定的系统,另有一个加工非言语信息的表象系统。这 3 个系统在功能上既彼此独立,又互相联系。两个语言系统之间有着直接联系,可以互相转换,同时它们又都与表象系统相联系,通过表象系统而又有间接联系,即发生间接的转换。并且,这 3 个系统既可以单独地活动,也可以同时活动。Paivio 的这个双语理论实际上只是对他原来提出的两个信息加工系统(语言系统和表象系统)增加了另一个语言系统,而且是单独存贮说的一种变式。

参 考 文 献

Anderson J R (1976). Language, Memory and Thought. Hillsdale: Erlbaum Associates

Anderson J R (1978). Arguments concerning representations for mental imagery. Psychological Review, 85: 249~277

Anderson J R (1980). Cognitive Psychology and It's Implication. San Francisco: Freeman

Anderson J R & Bower G H (1972). Recognition and retrieval processes in free recall. Psychological Review, 79: 97~123

Anderson J R & Bower G H (1973). Human Associative Memory. Washington, D C: Winston

Atkinson R C & Juola J F (1973). Factors influencing speed and accuracy of word recognition. In S Kornblum (Ed), Attention and Performance, Vol 4. New York: Academic Press

Atkinson R C & Shiffrin R M (1968). Human memory: A Proposed system and its control precesses. In K W Spence & J T Spence (Eds), The Psychology of Learning and Motivation: Advances in Research and Theory, Vol 2. New York: Academic Press

Averbach E & Croiell A S (1961). Short-term memory in vision. Bell System Technical Journal, 40: 309~328

Baddeley A D (1972). Retrieval rules and semantic coding in short-term memory. Psychological Bulletin, 78: 379~385

Baddeley A D (1976). The Psychology of Memory. New York: Basic Books

Baddeley A D & Ecob J R (1973). Reaction time and short-term memory: Implications of repetition effects for the high-speed exhaustive scan hypothesis. Quarterly Journal of Experimental Psychology, 25: 229~240

Baddeley A D & Hitch G (1974). Working memory. In G H Bower (Ed), The Psychology of Learning and Motivation, Vol 8. New York: Academic Press

Baddeley A D & Warrington E K (1970). Amnesia and the distinction between long-and short-term memory. Journal of Verbal Learning and Verbal Behavior, 9: 176~189

Baddeley A D, Thomson N, & Buchanan M (1975). Word length and the structure of short-term memory. Journal of Verbal Learning and Verbal Behavior, 14: 575~589

Bartlett F C (1932). Remembering: A Study in Experimental and Social Psychology. Cambridge: Cambridge University Press

Biederman I (1972). Perceiving real-world scenes. Science, 177: 77~80

Bourne L E Jr (1974). An inference model of conceptual rule learning. In R Solso (Ed), Theories in Cognitive Psychology. Washington, D C: Lawrence Erlbaum Associates

Bourne L E Jr, Dominowski R L, & Loftus E F (1979). Cognitive Processes. Englewood Cliffs, NJ: Prentice Hall, Inc

Bourne L E Jr, Ekstrand B R, & Dominowski R L (1971). The Psychology of Thinking. Englewood Cliffs, NJ: Prentice Hall, Inc

Bower G H & Karlin M B (1974). Depth of processing pictures of faces and recognition memory.

Journal of Experimental Psychology, 104: 751~757

Bower G H & Trabasso T (1964). Concept identification. In R C Atkinson (Ed), Studies in Mathematical Psychology. Stanford, Calif.: Stanford University Press

Bransford J D & Johnson M K (1972). Contexual prerequisites for understanding: Some investigations of comprehension and recall. Journal of Verbal Learning and Verbal Behavior, 11: 717~726

Bransford J D & Johnson M K (1973). Consideration of some problems in comprehension. In W G Chase (Ed), Visual Information Processing. New York: Academic Press

Broadbent D E (1958). Perception and communication. New York: Pergamon Press

Brown J (1958). Some tests of the decay theory of immediate memory. Quarterly Journal of Epxerimental Psychology, 10: 12~21

Bruner J S, Goodnow J J, & Austin G A (1956). A study of thinking. New York: Wiley

Cavanaugh J P (1972). Relation between the immediate memory span and the memory search rate. Psychological Review, 79: 525~530

Cerase J & Provitera A (1971). Sources of error in syllogistic reasoning. Cognitive Psychology, 2: 400~410

Chapman I L & Chapman J R (1959). Atmosphere effect re-examined. Journal of Experimental Psychology, 58: 220~226

Chase W G & Calfee R C (1969). Modality and similarity effects in short-term recognition memory. Journal of Experimental Psychology, 81: 510~514

Chase W G & Simon H A (1973). The mind's eye in chess. In W G Chase (Ed), Visual Information Processing. New York: Academic Press

Cherry E C (1953). Some experiments on the recognition of speech with one and with two ears. Journal of Acoustical Society of America, 25: 975~979

Chomsky A N (1956). Three models for the description of language. IRE Transactions on Information Theory, IT-2-(3): 113~124

Chomsky A N (1957). Syntactic structures. The Hague: Mouton

Chomsky A N (1965). Aspects of the theory of syntax. Cambridge, Mass: MIT Press

Clark H H (1969). Linguistic processes in deductive reasoning. Psychological Review, 76: 387~404

Clark H H & Clark E V (1977). Psychology and Language: An Introduction to Psycholinguistics. New York: Harcourt Brace Jovanovich

Cohen G (1983). The Psychology of Cognition. London: Academic Press

Collins A M & Loftus E F (1975). A spreading activation theory of semantic processing. Psychological Review, 82: 407~428

Collins A M & Quillian M R (1969). Retrieval time from semantic memory. Journal of Verbal Learning and Verbal Behavior, 8: 240~247

Conrad C (1972). Cognitive economy in semantic memory. Journal of Experimental Psychology, 92: 149~154

Conrad R (1963). Acoustic confusions and memory span for words. Nature, 197: 1029~1030

Conrad R (1964). Acoustic confusions in immediate memory. British Journal of Psychology, 55:

75~84

 Conrad R (1970). Short-term memory processes in deaf. British Journal of Psychology, 61: 179~195

 Conrad R & Hull A J (1964). Information, acoustic confusion and memory span. British Journal of Psychology, 55: 429~432

 Cooper L A & Shepard R N (1973). Chronometric studies of the rotation of mental images. In W G Chase (Ed), Visual Information Processing. London: Academic Press

 Craik F I M (1979). Human memory. Annual Review of Psychology, 30: 63~102

 Craik F I M & Jacoby L L (1975). A process view of short-term retention. In R Rastle (Ed), Cognitive Theory, Vol. 1. Potomac, Md. : Erlbaum Associates

 Craik F I M & Lockhart R S (1972). Levels of processing: A framework for memory research. Journal of Verbal Learning and Verbal Behavior, 11: 671~684

 Craik F I M & Tulving E (1975). Depth of processing and the retention of words in episodic memory. Journal of Experimental Psychology: General, 104: 268~294

 Craik F I M & Watkins M J (1973). The role of rehearsal in short-term memory. Journal of Verbal Learning and Verbal Behavior, 12: 599~607

 Darwin C J, Turvey M T, & Crowder R G (1972). An auditory analogue of the Sperling partial report procedure: Evidence for brief auditory stoarge. Cognitive Psychology, 3: 255~267

 De Groot A D (1965). Thought and Choice in Chess. The Hague: Mouton

 Deese J (1965). The Structure of Asociations in Language and Thought. Baltimore: Johns Hopkins

 Dember W N & Warm J S (1979). Psychology of Perception, (2nd. edition). New York: Holt, Rinehart and Winston

 Deutsch J A & Deutsch D (1963). Attention: Some theoretical considerations. Psychological Review, 70: 80~90

 Deutsch J A & Deutsch D (1967). Comments on "Selective attention: Perception or response?". Quarterly Journal of Experimental Psychology, 19: 362~363

 Dreyfus H L (1972). What Computer Can't Do. New York: Harper and Row

 Earhard B (1980). The line-in-object superiority effect in perception: It depends on where you fix your eyes and what is located at the point of fixation. Perception and Psychophysics, 28: 9~18

 Erikson C W & Collins J F (1967). Some temporal characteristics of visual pattern perception. Journal of Experimental Psychology, 74: 476~484

 Evans J ST B T (1982). The Psychology of Deductive Reasoning. London: Routledge & Kegan Paul

 Eysenck M W (1984). A Handbook of Cognitive Psychology. London: Lawrence Erlbaum Associates

 Finke R A & Kosslyn S M (1980). Mental imagery acuity in the peripheral visual field. Journal of Experimental Psychology: Human perception and peformance, 6: 126~139

 Franks J J & Bransford J D (1971). Abstraction of visual patterns. Journal of Experimental Psychology, 90: 65~74

Freedman J L & Loftus E F (1971). Retrieval of words from long-term memory. Journal of Verbal Learning and Verbal Behavior, 10: 107~115

Garrett M, Bever T, & Foder J (1966). The active use of grammar in speech perception. Perception and Psychophysics, 1: 30~32

Gibson J J (1966). The Senses Considered As Perceptual System. Boston: Houghton Mifflin

Glanzer M & Cunitz A R (1966). Two storage mechanisms in free recall. Journal of Verbal Learning and Verbal Behavior, 5: 351~360

Glanzer M & Duarte A (1971). Repetition between and within languages in free recall. Journal of Verbal Learning and Verbal Behavior, 10: 625~630

Greeno J G (1974). Hobbits and orcs: Acquisition of a sequential concept. Cognitive Psychology, 6: 270~292

Greeno J G (1978). The nature of problem solving abilities In W K Estes (Ed), Handbook of Learning and Cognitive Processes, 5, Human information processing. Hillsdale: Lawrence Erlbaum Associates

Gregory R L (1970). The Intelligent Eye. New York: McGraw-Hill

Harris G J & Fleer R E (1974). High-speed memory scanning in mental retardness: Evidence for a central processing deficit. Journal of Experimental Child Psychology, 17: 452~459

Hayes J R (1978). Cognitive Psychology. Homewood, Ⅲ.: Dorsey

Hayes J R (1973). On the function of visual imagery in elementary mathematics. In W G Chase (Ed), Visual Information Processing. New York: Academic Press

Hilgard E R (1980). Consciousness in contemporary psychology. Annual Review of Psychology, 31: 1~26

Hunter I M L (1957). The solving of three series problems. British Journal of Psychology, 48: 286~298

Hutternlocher J (1968). Constructing spatial images: A strategy in reasoning. Psychological Review, 75: 550~560

Jeffries R, Polson P G, Razran L, & Atwood M (1977). A process model for missionaries and cannibals and other river crossing problems. Cognitive Psychology, 9: 412~440

Johnson-Laird P N & Wason P C (1970). A theoretical analysis of insight into a reasoning. Cognitive Psychology, 1: 134~148

Johnson-Laird P N & Steedman M (1978). The psychology of syllogism. Cognitive Psychology, 10: 64~98

Kahneman D (1973). Attention and effort. Englewood Cliffs, N J: Prentice Hall, Inc

Kahneman D & Tversky A (1972). Subjective probability: A judgement of representativeness. Cognitive Psychology, 3: 430~454

Kahneman D & Tversky A (1973). On the psychology of prediction. Psychological Review, 80: 273~251

Katz J J & Fodor J A (1963). The structure of semantic theory. Language, 39: 170~210

Kirsner K, Brown H L, Abrol S, Chadha N K, & Sharma N K (1980). Bilingualism and lexical representation. Quarterly Journal of Experimental Psychology, 32: 585~594

Klatzky R L (1975). Human Memory: Structures and processes. San Francisco: Freeman

Klein R (1978). Visual detection of line segments: Two exceptions to the object superiority effect. Perception and Psychophysics, 24: 237~242

Kolers P A (1965). Bilingualism and bicodalism. Language and Speech, 8: 122~126

Kosslyn S M (1973). Scanning visual images: Some structural implications. Perception and Psychophysics, 14: 90~94

Kosslyn S M (1975). Information representation in visual images. Cognitive Psychology, 7: 341~370

Kosslyn S M (1980). Image and mind. Cambridge. Mass.: Harvard University Press

Kosslyn S M (1981). The medium and the message in mental imagery: A theory. Psychological Review, 88: 46~66

Lambert W E & Preston M S (1967). The interdependencies of the bilingual's two languages. In K Salzinger & S Salzinger (Eds), Research in Verbal Behavior and Some Neurophysiological Implications. New York & London: Academic Press

Levine M (1966). Hypothesis behavior by humans during discrimination learning. Journal of Experimental Psychology, 71: 331~338

Levine M (1975). A Cognitive Theory of Learning. Hillsdale: Lawrence Erlbaum Associates

Lindsay P H & Norman D A (1977). Human Information Processing: An Introduction to Psychology. New York: Academic Press

Loftus E F (1973). Activation of semantic memory. Amiercan Journal of Psychology, 86: 331~337

Lynch S & Yarnel P R (1973). Retrograde amnesia: Delayed forgetting after concussion. American Journal of Psychology, 86: 643~645

Maier N R F (1940). The behavior mechanisms concerned with problem solving. Psychological Review, 47: 43~53

Mayzner M S (1972). Visual information processing of alphabetic inputs. Psychonomic Monograph Supplements, 4: 239~243

Mehler J (1963). Some effects of grammatical transformations on the recall of English sentences. Journal of Verbal Learning and Verbal Behavior, 2: 346~351

Meyer D E (1970). On the representation and retrieval of stored semantic information. Cognitive Psychology, 1: 242~300

Meyer D E (1975). Long-term memory retrieval during the comprehension of affirmative and negative sentences. In R A Kennedy & A L Wilkes (Eds), Studies in Long-term Memory. London: Wiley

Meyer D E, Schvaneveldt R W, & Ruddy M G (1974). Loci of contexual effects on visual word recognition. In P M A Rabbit & S Dornic (Eds), Attention and Performace, 5. London: Academic Press

Miller G A (1956). The magical number seven, plus or minus two: Some limits on our capacity for processing information. Psychology Review, 63: 81~97

Miller G A & McKean K O (1964). A chronomatic study of some relations between sentences.

Quarterly Journal of Experimental Psychology, 16: 297~308

Miller G A & Selfridge J A (1950). Verbal context and the recall of meaningful material. American Journal of Psychology, 63: 176~185

Minsky M (1975). A framework for representing knowledge. In P Winston (Ed), The Psychology of Computer Vision. New York: McGraw-Hill

Moray N (1969). Attention, Selective Processes in Vision and Hearing. New York: Academic Press

Moray N, Bates A, & Barnett T (1965). Experiments on the four-eared man. Journal of the Acoustical Society of America, 38: 196~201

Mrudock B B Jr (1974). Human memory: Theory and data. Potomac, Md. : Erlbaum Associates

Murdock B B Jr (1961). The retention of individual items. Journal of Experimental Psychology, 62: 618~625

Murdock B B Jr (1962). The serial position effect of free recall. Journal of Experimental Psychology, 64: 482~488

Neisser U (1967). Cognitive Psychology. New York: Appleton-Century-Crofts

Neisser U (1972). Changing conceptions of imagery. In P W Sheehan (Ed), The Function and Nature of Imagery. London: Academic Press

Newell A (1967). Studies in problem sovling: Subject 3 on the crypt-arithmetic task, DONALD Plus GERALD Equals ROBERT. Pittsburgh: Carnegie-Mellon Institute

Newell A (1981). Physical symbol system. In D A Norman (Ed), Perspectives on Cognitive Science. Norwood, N J: Ablex Publishing Corporation

Newell A & Simon H A (1956). The logic theory machine. IRE Transactions on Information Theory, IT-2-(3): 61~79

Newell A & Simon H A (1961). Computer simulation of human thinking. Science, 134: 2011~2017

Newell A & Simon H A (1972). Human problem solving. Englewood Cliffs, New Jersey: Prentice Hall, INC

Newell A & Simon H A (1972). Human problem solving. Englewood Cliffs: Prentice Hall Inc

Newell A, Shaw J C, & Simon H A (1958). Elements of a theory of human problem solving. Psychological Review, 65: 151~166

Newell A, Shaw J C, & Simon H A (1959). Report on a general problem solving programme. In Proceedings of the International Conference on Information Processing. Unesco House, Paris

Norman D A (1976). Memory and Attention. New York: Wiley

Norman D A (1981). Twelve issues for cognitive science. In D A Norman (Ed), Perspectives on Cognitive Science. Norwood, New Jersey: Ablex Publishing Cortporation

Norman D A & Bobrow D G (1975). On data-limited and resource-limited processes. Cognitive Psychology, 7: 44~64

Norman D A & Rumelhart D E (1975). Exploration in Cognition. San Francisco: Freeman

Paivio A (1971). Imagery and Verbal Precesses. New York: Holt, Rinehart, & Wiston

Paivio A (1975). Perceptual comparisons through the mind's eye. Memory and Cognition, 3: 635

~647

Peterson L R & Peterson M J (1959). Short-term retention of individual verbal items. Journal of Experimental Psychology, 58: 193~198

Phillips S & Levine M (1975). Probing for hypotheses with adults and children: Blank trials and introtacts. Journal of Experimental Psychology: General, 104: 327~354

Pomerantz J R, Sager L C, & Stoever R J (1977). Perception of wholes and of their parts: Some configural superiority effects. Journal of Experimental Psychology: Human Perception and Performance, 3: 422~435

Posner M I & Keele S W (1967). Decay of visual information from a single letter. Science, 158: 137~139

Posner M I & Konick A F (1966). On the role of interference in short-term retention. Journal of Experimental Psychology, 72: 221~231

Posner M I, Boies S J, Eichelman W H, & Taylor R L (1969). Retention of visual and name codes of single letters. Journal of Experimental Psychology, 79: 1~16

Pylyshyn Z W (1973). What the mind's eye tells the mind's brain: A critique of mental imagery. Psychological Bulletin, 80: 1~24

Pylyshyn Z W (1979). Imagery theory: Not mysterious-just wrong. Behavioral and Brain Sciences, 2: 561~563

Reber A S & Anderson J R (1970). The perception of clicks in linguistic and nonlinguistic messages. Perception and Psychophysics, 8: 81~89

Reed S K (1973). Psychological Precesses in Pattern Recognition. New York: Academic Press

Reicher G M (1969). Perceptual recognition as a function of meaningfulness of stimulus material. Journal of Experimental Psychology, 81: 275~280

Reitman W R (1965). Cognition and Thought: An Information Processing Approach. New York: Wiley

Rips L J (1975). Inductive judgements about natural categories. Journal of Verbal Learning and Verbal Behavior, 14: 665~681

Rips L J, Shoben E J, & Smith E E (1973). Semantic distance and the verification of semantic relations. Journal of Verbal Learning and Verbal Behavior, 12: 1~20

Rock I (1983). The logic of perception. Cambridge. Mass. : MIT Press

Rogers T B, Kulper N A, & Kirker W S (1977). Self-reference and the encoding of personal information. Journal of Personality and Social Psychology, 35: 677~688

Rosch E H (1973). Natural categories. Cognitive Psychology, 4: 328~350

Rosch E H (1975). Cognitive representations of semantic cagtegories. Journal of Experimental Psychology: General, 104: 192~233

Rosch E H & Mervis C B (1975). Family resemblances: Studies in the internal structure of categories. Cognitive Psychology, 7: 573~605

Rumelhart D E & Ortony A (1977). The representation of knowledge in memory. In R C Anderson R J, Spiro & W E Montague (Eds), Schooling and the Acquisition of Knowledge. Hillsdale: Lawrence Erlbaum Associates

Rumelhart D E, Lindsay P H, & Norman D A (1972). A process model for long term memory. In E Tulving & W Donaldson (Eds), Organization of Memory. New York: Academic Press

Schank R C (1977). Scripts, Plans, Goals, and Understanding: An Inquiry Into Human Knowledge Structures. Hillsdale: Lawrence Erlbaum Associates

Schneider W & Shiffrin R M (1977). Controlled and automatic human information processing: Detection, search and attention. Psychological Review, 84: 1~66

Schwartz S H (1971). Modes of representation and problem solving: Well evolved is half sovled. Journal of Experimental Psychology, 91: 347~350

Shepard R N (1975). Form, formation and transformation of internal representations. In R L Solso (Ed), Information Processing and Cognition: The Loyola Symposium. Hillsdale: Lawrence Erlbaum

Shepard R N & Metzler J (1971). Mental rotation of three-dimensional objects. Science, 171: 701~703

Shiffrin R M & Atkinson R C (1969). Storage and retrieval processing in long-term memory. Psychological Review, 76: 179~193

Shulman H G (1970), Encoding and retention of semantic and phonetic information in short-term memory. Journal of Verbal Learning and Verbal Behavior, 9: 499~508

Shulman H G (1971). Similarity effects in short-term memory. Psychological Bulletin, 75: 399~415

Shulman H G (1972). Semantic confusion errors in short-term memory. Journal of Verbal Learning and Verbal Behavior, 11: 221~227

Simon H A (1974). How big is a chunk? Science, 183: 482~488

Simon H A (1975). The functional equivalence of problem solving skills. Cognitive Psychology, 7: 268~288

Simon H A (1979). Information processing models of cognition. Annual Review of Psychology, 30: 363~396

Simon H A (1981). The Sciences of the Artificial. Cambridge, Mass: MIT Press

Smith E E, Shoben E J, & Rips L J (1974). Structure and process in semantic memory: A featural model for semantic decisions. Psychological Review, 81: 214~241

Solso R L (1979). Cognitive Psychology. New York: Harcourt Brace Jovanovich, Inc

Sperling G (1960). The information available in brief visual presentations. Psychological Monographs, 74: 1~29

Sternberg R J (1980). Representation and process in liner syllogistic reasoning. Journal of Experimental Psychology: General, 109: 119~159

Sternberg S (1966). High-speed scanning in human memory. Science, 153: 652~654

Sternberg S (1969). Memory scanning: Mental processes revealed by reaction-time experiments. American Scientist, 57: 421~457

Theios, J Smith, P G, Haviland S E, Traupmann J, & Moy M C (1973). Memory scanning as a serial self-terminating process. Journal of Experimental Psychology, 97: 323~336

Townsend J T (1972). Some results concerning the identifiability of parallel and serial processes.

British Journal of Mathematical and Statistical Psychology, 25: 168~199

Treisman A M (1960). Contextual cues in selective listening. Quarterly Journal of Experimental Psychology, 12: 242~248

Treisman A M (1964). Verbal cues, language, and meaning in selective attention. American Journal of Psychology, 77: 206~219

Treisman A M & Geffen G (1967). Selective attention. Perception or response? Quarterly Journal of Experimental Psychology, 19: 1~17

Treisman A M & Riley J G A (1969). Is selective attention selective perception or selective responce? Journal of Experimental Psychology, 79: 27~34

Treisman A M & Gelade G (1980). A feature integration theory of attention. Cognitive Psychology, 12: 97~136

Tulving E (1972). Episodic and semantic memory. In E Tulving & W Donaldson (Eds), Organization of Memory. New York: Academic Press

Tulving E & Colotla V A (1970). Free recall of trilingual lists. Cognitive Psychology, 1: 86~98

Tversky A & Kahneman D (1975). Availability: A heuristic for judging frequency and probability. Cognitive Psychology, 5: 207~232

Wason P C (1966). Reasoning. In B Foss(Ed), New Horizons in Psychology. London: Penguin

Wason P C (1968). Reasoning about a rule. Quarterly Journal of Experimental Psychology, 20: 273~281

Wason P C & Johnson-Laird P N (1972). The Psychology of Reasoning: Structure and Content. London: Batsford

Watkins M J, Watkins O C, Craik F I M, & Mazuryk G (1973). Effect of nonverbal distraction on short-term storage. Journal of Experimental Psychology, 101: 296~300

Waugh N C & Norman D A (1965). Primary memory. Psychological Review, 72: 89~104

Weisstein N & Harris C S (1974). Visual detection of line segments: An object-superiority effect. Science, 186: 752~755

Wickelgren W A (1965). Acoustic similarity and intrusion errors in short-term memory. Journal of Experimental Psychology, 70: 102~108

Wickelgren W A (1968). Sparing of short-term memory in an amnesic patient: Implications for stength theory of memory. Neurophychologia, 6: 235~244

Wickelgren W A (1972). Trace resistance and the decay of long-term memory. Journal of Mathematical Psychology, 9: 418~455

Wickens D D (1970). Encoding categories of words: An empirical approach to meaning. Psychological Review, 77: 1~15

Wickens D D (1972). Characteristics of word encoding. In A Melton & E Martin (Eds), Coding Processes in Human Memory. Washington D C: Winston

后　　记

认知心理学在20世纪50年代兴起后不久,我国心理学界就接触到这一新的心理学思潮。那时,我国的《心理学译报》译载了 G. A. Miller 关于短时记忆容量的著名论文"神奇数7加减2:我们加工信息能力的某些限制";《心理学报》也刊登过少数几篇带有某些认知心理学色彩的实验报告。但是,认知心理学在我国传播开来却始于80年代初期。中国心理学会普通心理和实验心理专业委员会为此作出许多努力。1980年在广州召开的第一届普通心理和实验心理学术会议已涉及认知心理学。1983年初在昆明召开的第二届学术会议上,组织了认知心理学专题座谈会。此后在它主办的各种学术会议和培训班上都介绍过认知心理学。1983年春,认知心理学奠基人之一、著名美国学者 H. Simon 博士在北京大学系统讲授认知心理学,为期近3个月,对认知心理学在我国的传播起了积极作用。我国几所高等院校相继开设了认知心理学课程,一些科研机构和高等院校也开展了认知心理学研究。认知心理学从此在我国逐渐传播开来,受到我国心理学、计算机科学、神经科学以及其他邻近学科的重视。

自80年代初期,我在北京大学心理学系开设认知心理学课程,并进行有关课题的研究,也曾应邀到上海、天津、浙江等地讲学,还写过一些介绍认知心理学的文章。为了适应教学的需要,后来我决定写一部关于认知心理学的教材,并被列入国家教委高校教材出版计划。当时杭州大学汪安圣同志表示愿与我合作完成此书,我欣然同意并和他作了分工。最后确定由汪安圣同志负责撰写关于记忆和问题解决部分共4章,其余各章由我撰写并由我负责全书统稿。我担任的部分于1988年初完成。但汪安圣同志因工作繁重,一直未能动笔。1989年春,汪安圣同志因病猝然去世,由我来补写他未能撰写的那几章。这两年我也特别忙,难有执笔时间,写作时断时续,又花了一年多时间才写完。我将这几章仍然看作是由汪安圣同志撰写的,以此来纪念他。

这本书介绍了认知心理学的一般理论原则和方法,以及从知觉到言语诸认知过程的基本问题。作为一部教材,本书在内容安排上选择了较有典型意义的研究成果,注意动用丰富的实验结果来说明理论问题,将具体资料与理论分析紧密地结合起来,因而着重介绍了各个领域的认知模型及其存在的问题,以期有助于读者较深入地掌握认知心理学的研究成果并作进一步的思考。本书叙述力求简明扼要,并根据著者的教学经验对某些难点作了必要的解释,注意将前后的有关内容联系起来。

北京大学出版社为本书的出版尽了最大的力量,提供了许多帮助和方便。本书的责任编辑朱新郃同志精心校阅书稿,提出了许多宝贵意见,为提高本书质量做了大量工作。我国心理学界许多同志和朋友也都关心此书的出版。我谨致以诚挚的谢意。北京大学和杭州大学两校心理学系的同志都给予许多帮助,我很感激。

限于著者的水平,本书肯定存在不少缺点,欢迎批评指正。我希望以后有机会能对本书进行修订,使之较好地反映认知心理学的新发展。

王 甦

1991 年 7 月 10 日北京大学中关园